看書學 Photoshop 不容易

除了強大的自律性、超人的毅力

還需要技巧補充 與 無所不在的叮嚀

--- 我是陪著大家一起努力的楊比比

為什麼是 Photoshop ？沒有第二個選擇（真的）Photoshop 已經是影像處理的代名詞，隨口都能說一句「PS 了嗎？」，就能知道 Photoshop 已經強勢流入每一個設計人的血液；還有 Photoshop 超高的支援度，數千萬筆的素材、濾鏡在網路中隨手可得，絕對是攝影人、設計者唯一的選擇。

該怎麼自學 Photoshop ？兩個方向「看書學」、「看影片學」。但在沒有人監督的狀態下，還能「自律」的學習，就要加入「有趣」這個元素；書的範例精彩、書的內容有趣，就容易「堅持」下去，而我「楊比比」，剛好就是那種「內心戲」很多、沒事也要演上一兩回的人，文字輕鬆幽默，能讓同學秒速進入學習狀態，Photoshop 再也不難~ GO ！ GO ！ GO ！

更有系統的學習方式。Adobe 提供的 Photoshop 原廠手冊，就是指標性的學習方向（後面的同學請收起懷疑的小眼神），但原廠手冊的確有點不接地氣、文字稍稍生硬（講得真含蓄），別擔心，我們雖然以原廠手冊為最高指導原則，但還是楊比比的方式、楊比比的邏輯，讓同學看的清楚、學得容易。

下載
書本範例與素材

請到「楊比比 Photoshop 線上學習網」下載書本需要的範例檔案與相關的素材檔案，謝謝！

https://yangbibi375.com/booklist/

單響「書籍封面」就可以看到「範例下載」

歡迎加入 楊比比 線上學習網

楊比比 Photoshop 線上學習網：yangbibi375.com

楊比比 Facebook 社群：www.facebook.com/photoshopyangbibi

01 環境介面。工具面板

新人必學 找不到工具？翻一翻吧

10組精彩問答

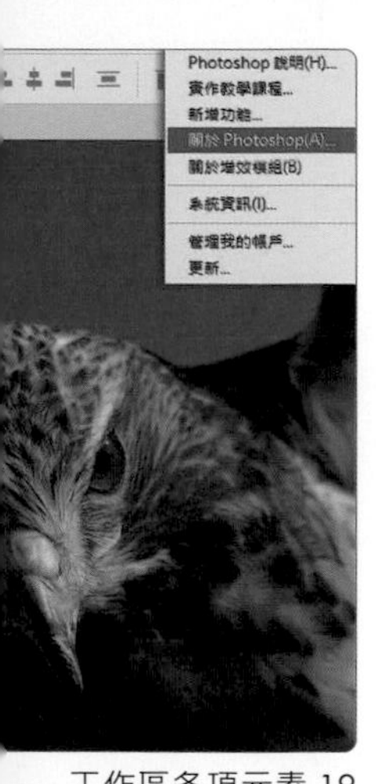

工作區各項元素 19

02

實用。數位影像編輯

色彩模式轉換與變化

單色調擴散 32

13組色彩模式轉換與圖層練習

層次細膩灰階影像 36

漫畫網狀線 40

手指塗抹繪畫 52

數位濾鏡出新招 66

03

正確建立。數位影像檔案

建立新文件 完整概念

影像置入 82

行動裝置使用的檔案 88

莫藍迪色調海報 96

5組範例學習印刷、行動裝置、網頁、版權設定方式

04

影像的質感色調

實用色彩美學

HSB 調色控制法 104

刷出多彩背景 110

相近色配出好看的漸層色 116

漸層色彩與混合模式 120

浪浪貓的方形黑白廣告 128

05

脫穎而出的文字排版

文字工具與繪圖工具

靈活配色文字四重奏 166

框線架構與段落文字 180

折角立體堆疊效果 190

路徑延伸技法 200

05

脫穎而出的文字排版
文字工具與繪圖工具

弗朗明哥剪裁遮色片 206

06

完美選取。快速去背

選取與新一代去背工具

06 完美選取。快速去背

選取與新一代去背工具

精細去背（二）252

07

全面精進。影像編輯技法

充滿創意的純粹技法

逼真的岩石雕像合成技法 288

Adobe Photoshop

22.4.3 版本

Thomas Knoll, John Knoll, Mark Hamburg, Seetharaman Narayanan, Russell Williams, Ja
Erickson, Sarah Kong, Jerry Harris, Mike Shaw, Thomas Ruark, Yukie Takahashi, David
Jerugim, Judy Severance, Yuko Kagita, Foster Brereton, Meredith Stotzner, Tai Luxon, V
Maria Yap, Pam Clark, Kyoko Itoda, Steve Guilhamet, David Hackel, Eric Floch, Judy L
Hanson, Brittany Hendrickson, Ivy Mak, Tushar Turkar, Jared Wyles, Tanu Agarwal, Er
Rachel Castillo, Louise Huang, Claudia Rodriguez, Daniel Presedo, Jenée Langlois, Xiaoyu
Gannaway, Seth Shaw, Aanchal Jain, Anirudh Singh, Jesper S. Bache, Joel Baer, Micha
Krishnamurthy, Neeraj Arora., Sohrab Amirghodsi, David Mohr, Jeanne Rubbo, Vicky S
Gardner, Melissa Levin, Poonam Bhalla, Matt Fuerch, John Metzger, Joseph Hsieh, Mohi
Aygun, Guotong Feng, Noel Carboni, Betty Leong, Dongmei Li, Kiyotaka Taki, Ridam B
Rajneesh Chavli, John Townsend, Rohit Garg, Carlene Gonzalez, Derek Novo, Pete Fal
Safdarnejad, Prachi Chaudhari, Hannah Nicollet, Chhavi Jain, Rick Mandia, Kavana Ana
Tambe, Ryan Gates, Jeff Sass, Neha Sharan, Sivakumar T A, David Howe, Andrew S
Salian, Ashish Chandra Gupta, Michael Orts, Zijun Wei, Amit Kumar, Cody Cuellar, Prav
Anand, Poonam Bhalla, Ramanarayanan Krishnaiyer, Adam 'TJ' Johnson, Raman Kumar
Johanna Smith-Palliser, Nishant Gupta, Ajay Bedi, Pulkit Jindal, Damon Lapoint, Mark N
Khalfallah, Mark Dahm, Shanmugh Natarajan, Chad Rolfs, Charles F. Rose III, Heewo
Desai, Sunil Kumar Tandon, Zhengyun Zhang, Sympa Allen, Jack Sisson, Stephen Niels
Petri, He Zhang, I-Ming Pao, Tom Attix, Melissa Monroe, Rishu Aggarwal, Sarah Stucke
Gagan Singhal, Quynn Megan Le, John Fitzgerald, Tom Pinkerton, Yinglan Ma, Mark Ma

麻煩大家先檢查版本
楊比比使用的 Photoshop 版本 v22.4 就是現在的 2021 版

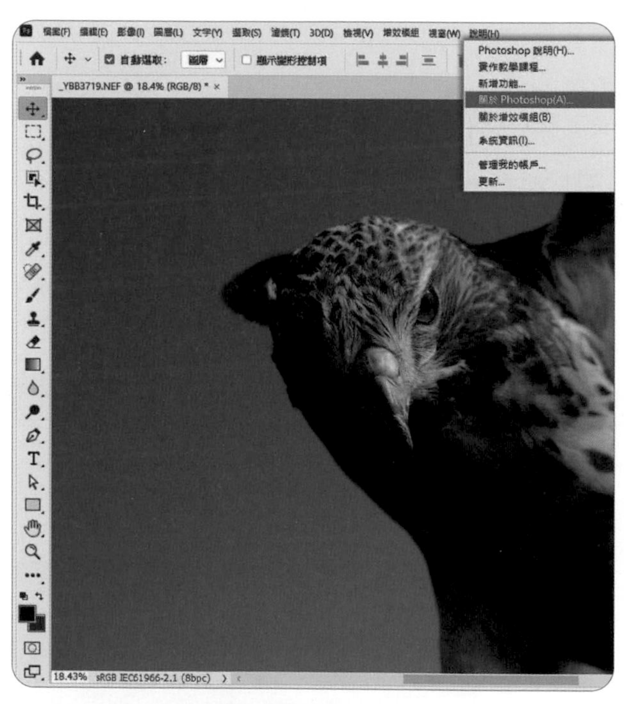

Photoshop 工作區的各項元素
工具列、選項列、功能表、面板

快速鍵 F
快速切換螢幕顯示的三種模式

工具裡面都會包著好幾個工具
工具列的工具可以自己增加（自訂工具列）

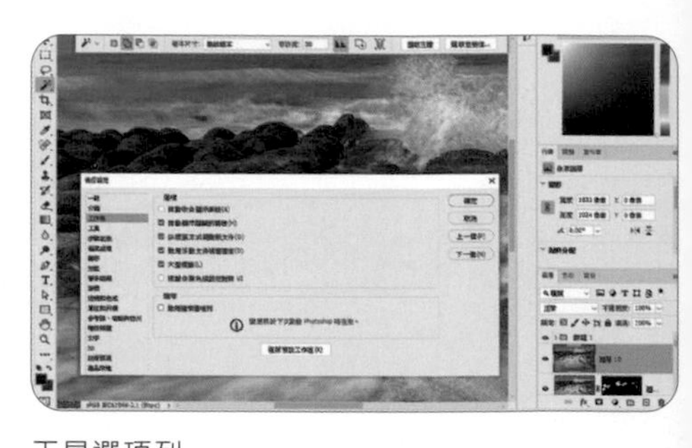

工具選項列
可以在「偏好設定 - 工作區」中設定

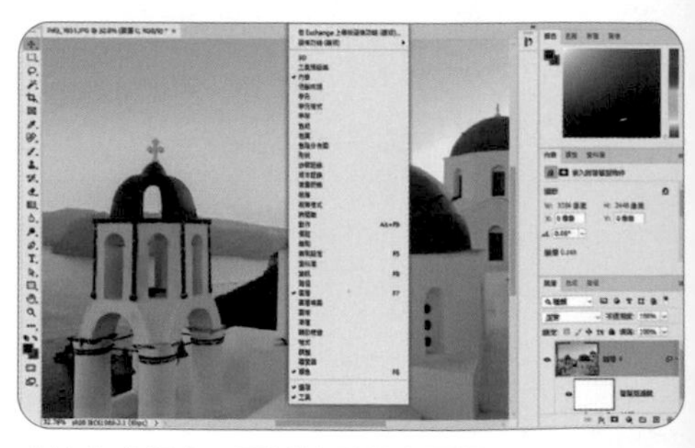

功能表「視窗」可以找到所有面板
功能表「檢視」放了一些參考線、尺標等等

01 工具面板 環境介面

新人必學 找不到工具？翻一翻吧

確認 Photoshop 版本

在同學準備大聲哀號找不到工具、面板或是指令之前，麻煩先確認一下目前的 Photoshop 版本，如果版本不對，或者是版本太舊，那就不用花時間了，可能同學的版本，根本就沒有這個指令！先確認版本。

注意作業系統

Windows 跟 MacOS 這兩個作業系統，檢查版本的功能表位置不同。

Windows ：功能表「說明 - 關於 Photohop...」
MacOS：功能表「Photohop - 關於 Photohop...」

Adobe Photoshop 的版本有兩種表示方式：

-- 年代序號

-- 版本編號

左圖紅框處 22.XX 就是「版本編號」，對應到的「年代序號」是 2021。

Photoshop 2021
版本：22.XX

Photoshop 2020
版本：21.XX

Q002 工作區與環境界面

主要是統一楊比比跟大家之間對於 Photoshop 環境的一些名詞，這樣我們才好溝通，知道哪裡是工具列？哪裡是選項列？（知道哪裡是選項列嗎？）哪些是面板？哪些是功能表？名詞統一才好溝通，只有這一頁，來看一下！

Photoshop 工作區的各項元素

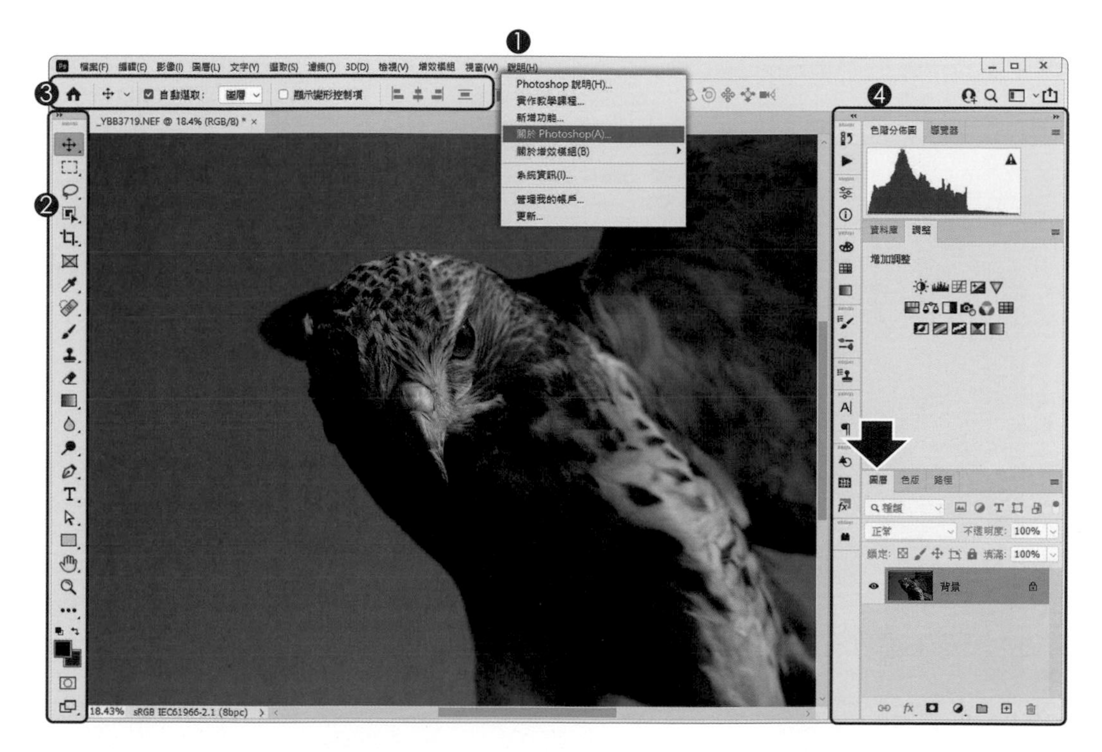

1. 功能表。畫面中顯示「說明」功能表選單。
2. 工具列。工具列這幾年變化很大，找不到工具多半是版本的問題。
3. 工具選項列。挑選「工具列」上的工具，就可以在這裡調整與設定參數。
4. 面板。Photoshop 的面板很多，最重要的就是「圖層」（紅箭頭）

入門界面 基本工作區

Photoshop 給我們一個「基本」工作區，常用的都有，不常用的也不會出現在「基本」工作區；等同學對 Photoshop 再熟悉一些，可以依據自己的工作習慣，建立一個專屬的工作區，現在先看看「基本」工作區的位置與設定。

基本工作區：功能表「視窗 - 工作區」中開啟「基本功能」

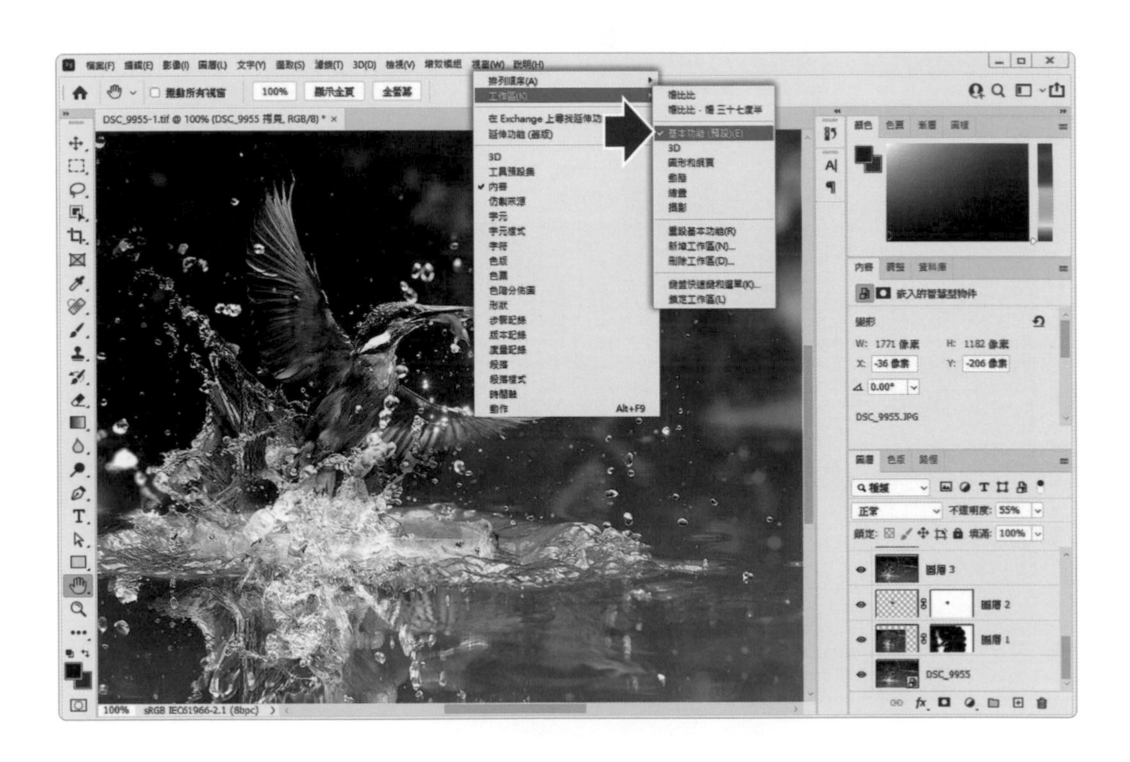

快速恢復弄亂的工作區

剛開始學 Photoshop，很容易把面板拉的到處都是，還可能在無意識的狀態下，關了一些必要的面板。沒事！完全不用緊張，同學可以執行：**功能表「視窗 - 工作區 - 重設基本功能」**就能恢復「基本」工作區原來的狀態了。

Q004 工具面板都消失了？

找不找的到是一回事，完全不見？就是大事。狀況有三種，一種是切到「全螢幕」模式，第二種是按到「Tab」按鍵，隱藏左右兩側的工具與面板，最後一種是切到「首頁」環境（比較新一點的版本才有「首頁」模式）。

全螢幕模式：快速鍵 F

▲ 按 F 能切換三種螢幕模式（同學試試）

隱藏面板與工具：快速鍵 Tab

▲ 按 Tab 能「隱藏 / 開啟」左右兩側工具與面板

點擊「首頁」按鈕進入首頁

▲ 「偏好設定 - 一般」中可以開啟「首頁」模式

這就是「首頁」畫面

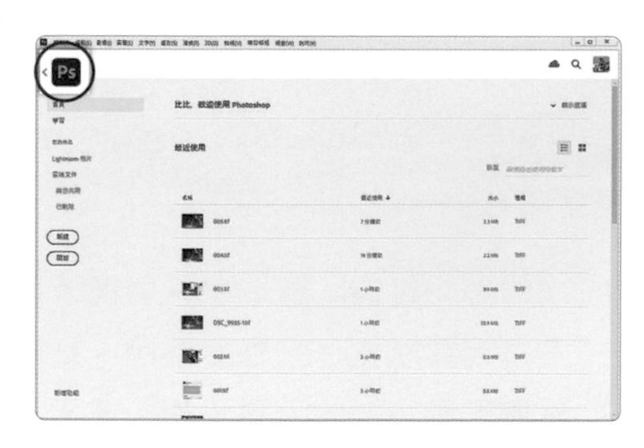

▲ 點擊「PS」按鈕可以回到「工作區編輯」模式

工具列
選項列都不見了？

工具列、工具選項列，這兩組重要性不亞於「圖層」的工具列，是一定（講三次）要存在 Photoshop 視窗，搞丟了，就是我們的錯（絕對是自己的錯）麻煩同學到功能表「視窗」選單的最下方，把工具與工具選項列拉出來。

功能表「視窗」選單最下方，開啟「工具」與「選項」

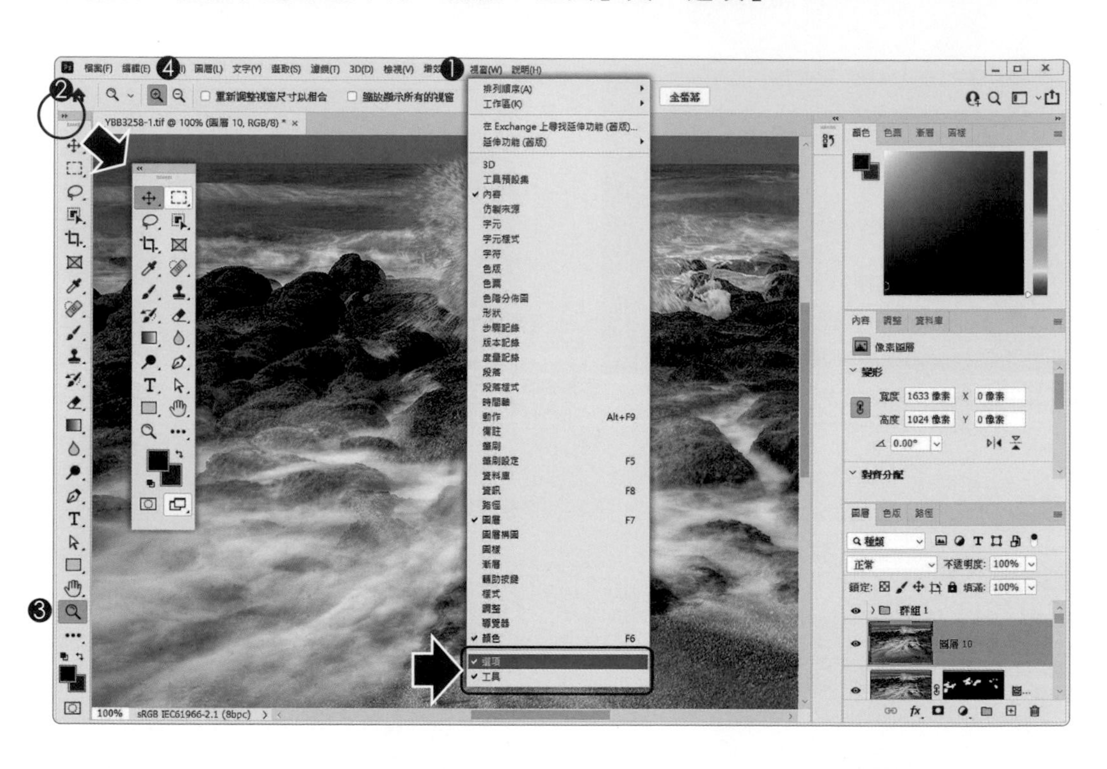

1. 功能表「視窗」選單中，開啟「選項」與「工具」（一定要開啟）
2. 工具列在左側，點擊雙箭頭（紅圈）可以變為兩列
3. 點擊工具箱中的工具（如：放大鏡）
4. 選項列中就會顯示與工具相對應的各項參數

工具選項列沒有說明文字？

Photoshop 的工具選項列（就是功能表下面那一列顯示工具參數的）有兩種顯示方式，第一種（也是最常用的）以文字顯示，第二種以圖形顯示（很難辨識，不推薦）這兩種方式，可以在「偏好設定」中進行切換。

偏好設定 - 工作區：關閉「啟用縮窄選項列」

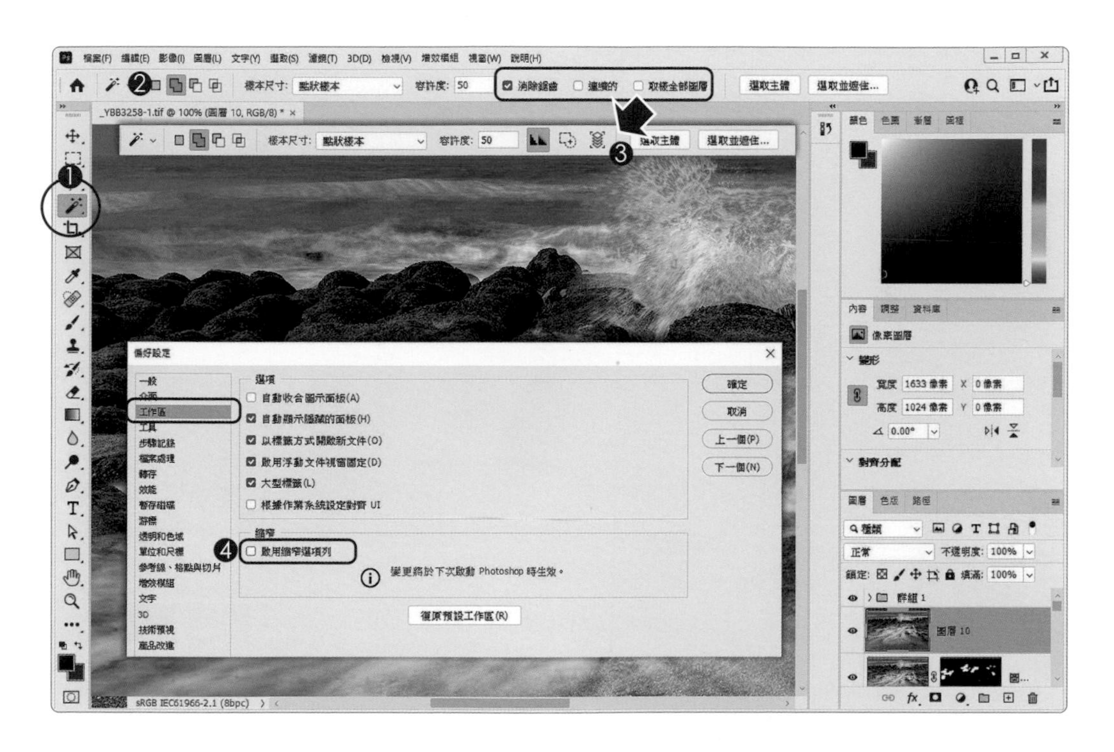

1. 點擊「魔術棒工具」（快速鍵 W）
2. 工具選項列就會顯示跟「魔術棒」相關的各項參數
3. 如果發現選項以圖示顯示
4. 偏好設定「工作區」中，關閉「啟用縮窄選項列」並重新啟動 Photoshop

▲ Windows：功能表「編輯 - 偏好設定」 ｜ MacOS：功能表「Photoshop - 偏好設定」

怎麼沒有這個工具呀？

只要是老牌的軟體，工具數量都不會少（就跟家裡一樣東西到處塞呀），為了能在有限的工具列空間中塞進常用工具，工具列上的每個按鈕，往往都藏著兩三個、四五個工具，找不到工具的同學看看這一頁。

工具按鈕右下角有個小小的三角形圖示，表示按鈕中包含工具選單

1. 常用的方式：按著工具按鈕不放（超過一秒）就會出現工具選單
2. 第二種方式：工具按鈕上「按右鍵」就可以出現工具選單
3. 點擊工具後，上方工具選項列，就會顯示跟工具相關的各項參數
4. 工具選單中出現的英文字母就是工具的快速鍵

▲ Shift + 工具快速鍵：工具選單中循環工具（例如：Shift ＋W 可以循環切換魔術棒選單中的三款工具）

Q008 工具列中的工具可以自己調整

只要是老牌的軟體，工具數量都不會少（這句剛剛講過了）。但說穿了，我們常用的工具也就那幾款，既然如此，就把常用的擺出來，不用的、或是不常使用的先藏著，以後需要再開啟，這樣工具列會清爽很多喔！

自訂工具列中的工具：功能表「編輯 - 工具列」

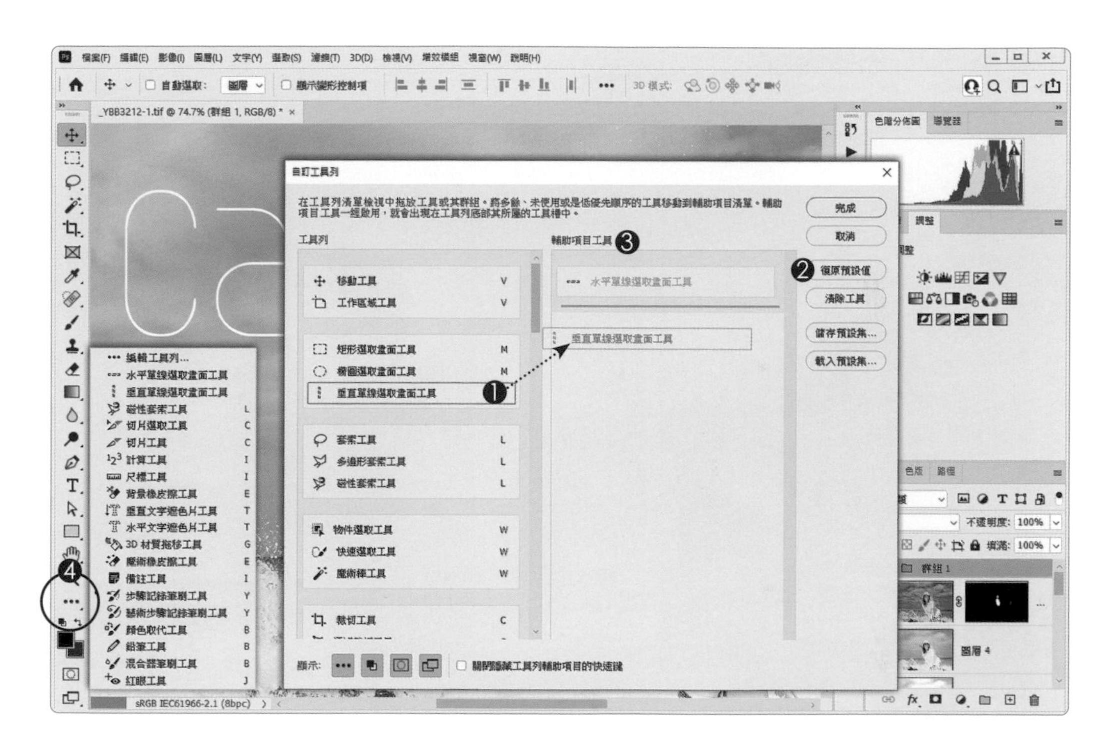

1. 不常用的工具可以拖曳到「輔助項目工具」中（需要可以再拉回來）
2. 單響「復原預設值」按鈕，可以還原工具列預設狀態
3. 藏在「輔助項目工具」中的工具
4. 隱藏的工具會顯示在「編輯工具列」這個選單中

找不到需要的面板？

Photoshop 是業界中金字招牌的軟體，工具多、指令多、面板多，還有快速鍵，快速鍵真是多到讓人傻眼（報告楊比比，我們這頁講的是面板～～收到了）。Photoshop 的面板集中在功能表「視窗」中管理，來看一下。

Photoshop 所有的面板，都可以在功能表「視窗」中找到（重要）

同學記得，找不到需要的面板，指標往上找到「視窗」功能表，專心的看（不要草率）一定能找到需要的面板，如果找不到，那就再看一次（報告！還是沒有耶），那肯定是版本的問題，檢查一下目前的 Photoshop 版本吧！

Windows ：功能表「說明 - 關於 Photohop...」

MacOS：功能表「Photohop - 關於 Photohop...」

Q010 關閉 Photoshop 中參考控制元素

楊比比上實體課程的時候（現在多數都是線上上課，見真人的機會比較少）只要看到疑惑的小眼神，就知道 Photoshop 大概又跑出什麼關不掉的「參考線」或是「格點」，這是很小的事，控制位置在功能表「檢視」。

編輯過程中建立基準位置的「尺標、參考線、格點」等等都在功能表「檢視」

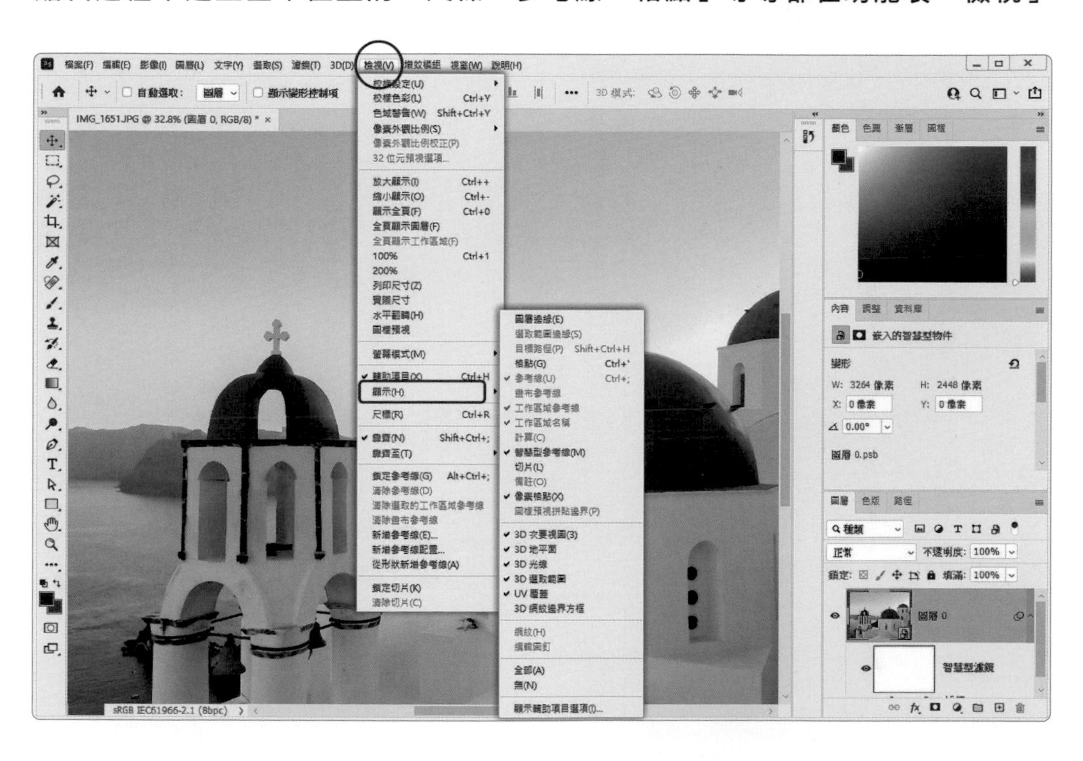

功能表「檢視」主要的作用是控制各種「印不出來」的參考線條（像是網頁切片、參考線、像素格點），以及編輯區中圖片的檢視比例。請記得，所有的參考線、格點等，都可以在「檢視」或是「檢視 - 顯示」選單中開啟或關閉。

試著點擊「檢視 - 尺標」編輯區上方以及左側會出現尺標
再次點擊「檢視 - 尺標」就可以關閉編輯區中的尺標列

密技充電站

Photoshop 必學偏好設定

楊比比在影像後製這個行業，摸爬滾打也熬了20幾年，算是個資深的老狐狸了，同學只要認真的把這本書學好，老狐狸不敢說，年輕狐狸肯定能排上號（回頭看到滿滿小狐狸～～哈哈）。

楊比比在章節最後會配合章節內容，安排一些學習跨度比較大的主題，所謂的跨度大，就是比較難，少人知道，想多學點東西的同學，就在這一頁貼個標籤，需要的時候，隨時翻一下。

不同的作業系統，偏好設定的位置不同，同學注意一下囉！

Wins：編輯 - 偏好設定

MacOS：Photoshop - 偏好設定

偏好設定 快速鍵

Ctrl + K | CMD + K (MacOS)

常用「一般」設定

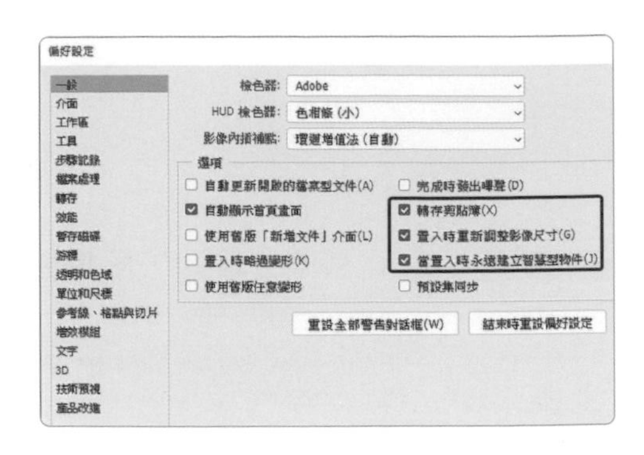

紅色框框起來的三個項目記得勾選起來，上面的「檢色器」也要選「Adobe」這樣工作起來才方便。

介面：環境顏色主題

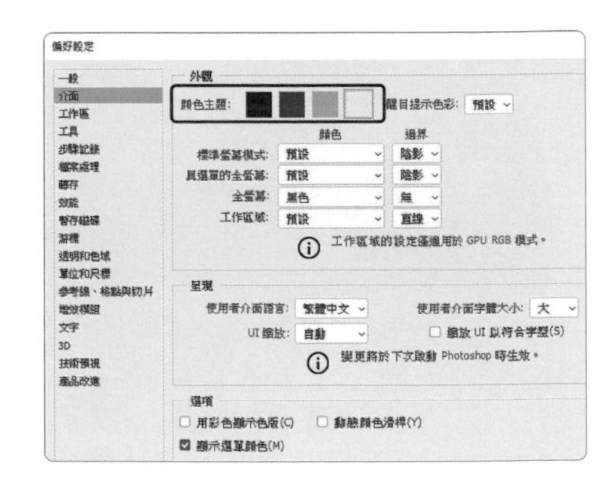

單響「顏色主題」旁的色塊，就可以立即變更 Photoshop 介面顏色。

工作區：縮窄選項列

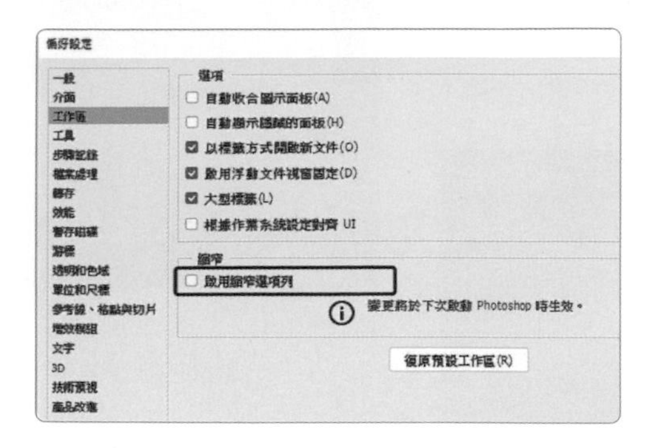

建議不要勾選「啟用縮窄選項列」這樣工具選項列中的各項參數，才能以文字清楚標示（講兩次囉）。

效能：使用圖形處理器

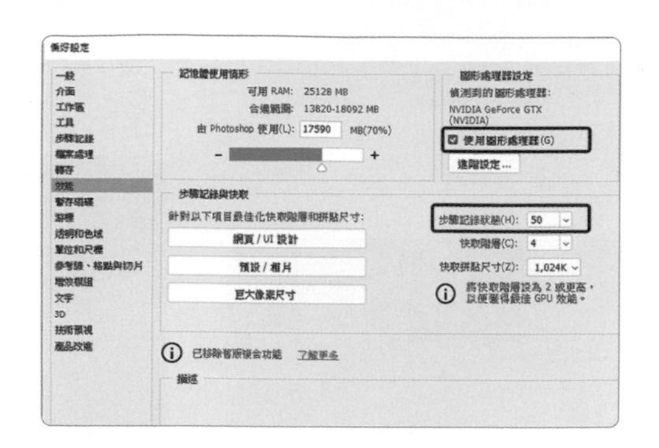

如果不能啟動「圖形處理器」，表示電腦沒有獨立顯卡，Photoshop 會有部份的功能無法正常執行。

工具：常用選項

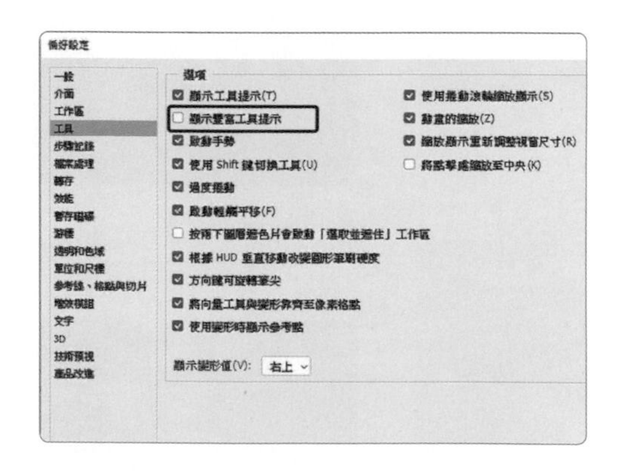

顯示豐富工具提示（這個不要勾）其他的選項就參考楊比比的設定。

文字：注意兩個項目

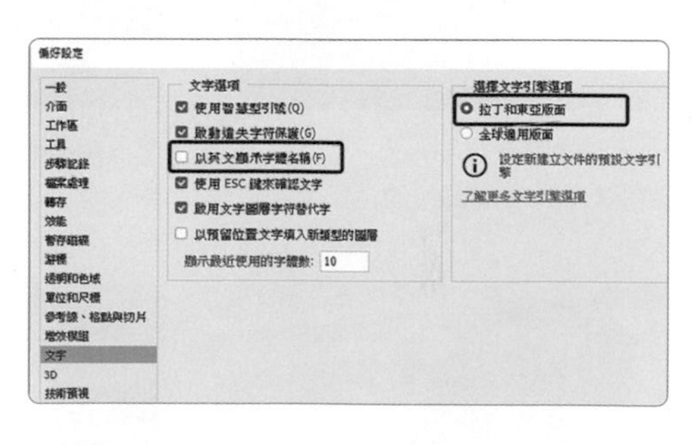

關閉「以英文顯示字體名稱」文字選單「中文字體」才能顯示中文。

開啟「拉丁和東亞版面」才能切換文字方向「直向 / 橫向」。

RGB → 單色調
再加入顆粒擴散

RGB → 灰階
使用狀態列檢查圖片的色彩模式

RGB → 點陣圖
這是一種相當受歡迎的半網屏風格

RGB → 雙色調 / 三色調
懷舊氣氛十足還有細膩的色調變化

全自動色調
修復泛黃照片絕佳的工具

銳利化工具
強度極高的銳利方式（簡單直覺）

指尖工具
玩一下十分靈活的拖曳繪畫

加亮 / 加深工具
明暗之間強化照片立體感與層次

圖層混合模式
疊加運算出吸引目光的「暗調」

02 數位影像編輯實用

色彩模式轉換與變化

柔光模式
清透風格必學的方式

IG 熱門灰度色調
兩組負片效果就能呈現喔

邊緣光亮風格
練習一下數位濾鏡混搭效果

學習重點：RGB → 索引色模式 ｜ 即時切換「手形工具」Space

單色調
擴散顆粒

適用版本　Adobe Photoshop CC 以上
參考範例　Example\02\Pic001.JPG

A> 開啟範例檔案

1. 功能表「檔案 - 開啟舊檔」選取 Example/02 檔案夾 Pic001.JPG
2. 單響「開啟」按鈕
   ▲ 單響：點擊一下 / 雙響：點擊兩下

色彩模式與圖層面板

檔案開啟後，圖片會顯示在編輯區中，請同學們觀察目前檔案的色彩模式（紅圈）並確認開啟「圖層」面板（功能表「視窗」中可以開啟「圖層」，快速鍵：F7）。

B> 色彩模式與工具指令

1. 標籤中顯示檔案名稱
   色彩模式 RGB 與 8 位元
2. 狀態列也顯示色彩模式
3. 雙響「手形工具」
4. 編輯區中的圖片調整到
   視窗能顯示的最大範圍

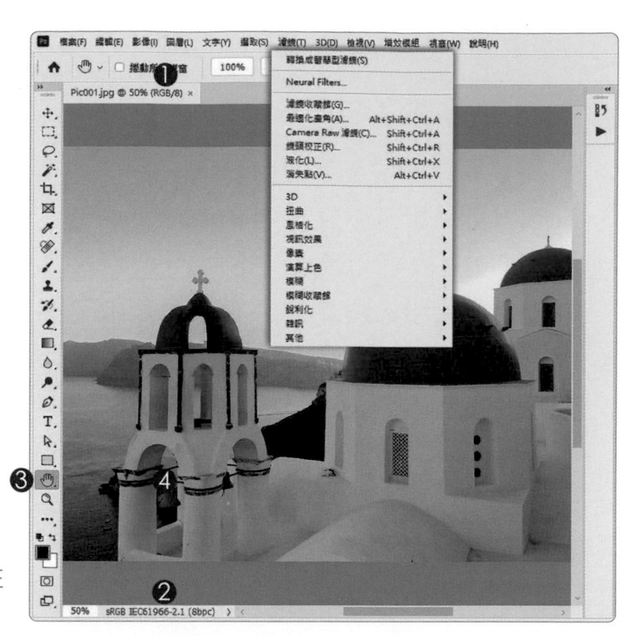

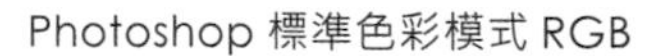
Photoshop 標準色彩模式 RGB

在 RGB 模式下，功能表、面板與工具都能正常使用（單響「濾鏡」功能表看看）。

C> 單色調擴散風格

1. 功能表「影像 - 模式」
2. RGB 模式改為「索引色」
3. 顏色「2」
4. 混色「擴散」
5. 勾選「保留精確顏色」
6. 單響「確定」按鈕

▲ 單響：點擊一下 / 雙響：點擊兩下

可以試試多幾個「顏色」

色彩學中「黑白灰」不算顏色，所以這個以藍色為主色調的畫面，稱為「單色調」。

D> 原尺寸 100%檢視圖片

1. 雙響「放大鏡」工具
2. 圖片顯示比例調整為 100%
3. 按著「空白鍵」不放
   能切換為「手形工具」
   拖曳編輯區中的圖片
4. 色彩模式為「索引」
5. 圖層面板也顯示「索引」

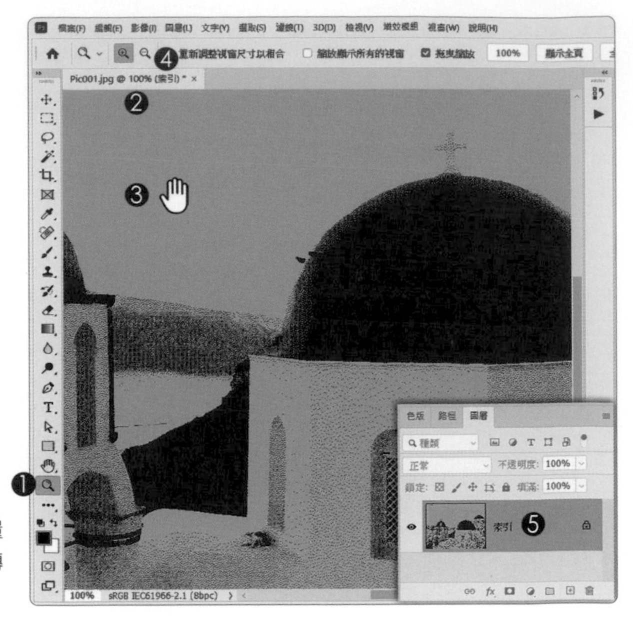

色彩模式：索引

索引是一種「有限」的顏色，因為顏色數量有限制（最多 256），所以，當色彩模式轉換為「索引」時，能使用的指令也有限制。

E> 索引模式下幾乎不能編輯

1. 標籤列顯示「索引」
2. 單響「濾鏡」功能表
   濾鏡呈現灰色文字
   表示不能使用
3. 圖層面板下面那一排功能
   也是灰色的

什麼時候會變成「索引」模式？

GIF 就是「索引」色，在 Photoshop 中開啟 GIF 格式，色彩模式就是「索引」。另外一種，就是我們自己轉換；就像現在，想換個風格的時候，就可以轉換成「索引」模式。

F> 轉換為 RGB 模式

1. 想要的風格轉換好了
   那就得趕快切回 RGB
   否則就沒有指令用了
2. 功能表「影像 - 模式」
3. 切換為「RGB 色彩」
4. 顯示「sRGB」
5. 圖層顯示「背景」

檢查一下「濾鏡」功能表

不僅「濾鏡」，其他功能表也去點點看，多數指令都能在「RGB」色彩模式下使用。

▲ 編輯完成後，執行「檔案 - 另存新檔（或是『另存副本』）」

重點 加油站

Photoshop 標準色彩模式：RGB / 8 位元

記得，在 Photoshop 中只要發現指令或是工具失效，問題多半都出在「色彩模式」或是「位元深度」，只要將「色彩模式」改為「RGB」，位元深度調整為「8 位元」，指令就能恢復正常。記得、記得、記得（很重要），如果發現指令不能用，要先看檔案「標籤列」，確認「色彩模式」與「位元深度」。

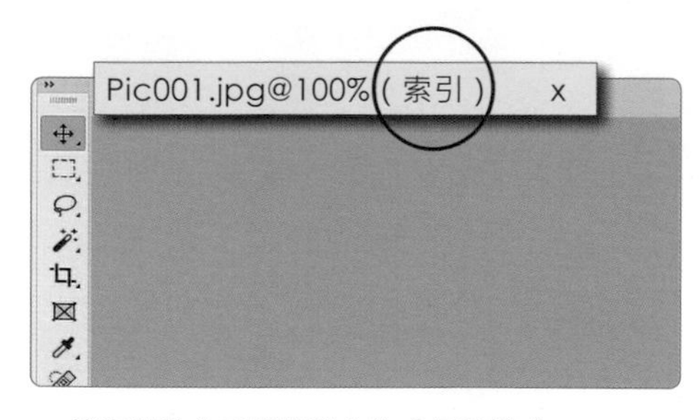

▲ 檔案開啟先看標籤列上的「色彩模式」

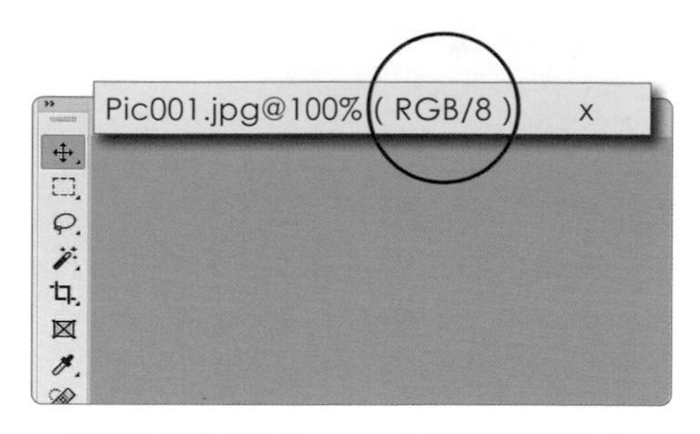

▲ 確認色彩模式是「RGB」才能正常使用指令

學習重點：RGB → 灰階模式 | 步驟記錄面板 | 回復上一個指令 Ctrl +Z

抽離色彩的灰階影像

適用版本　Adobe Photoshop CC 以上
參考範例　Example\02\Pic002.JPG

A> 檢查色彩模式

1. 開啟檔案後先看標籤列
   標籤列有檔案名稱
   顯示比例
   色彩模式與位元深度
2. 看一下「圖層」面板
   顯示「背景」圖層

RGB 能使用 Photoshop 中多數的指令

RGB 種類很多，包含的顏色數量也不同，常見的分類有 sRGB（網頁用）、Adobe RGB（色域範圍比較廣）、ProPhoto RGB（高階相機用）。不論哪一種，都算 RGB，都可以在 Photoshop 中靈活運用多數的指令。

▲ 狀態列上顯示這張圖片為 Adobe RGB

B> 轉換模式為「灰階」

1. 功能表「影像 - 模式」
2. 單響「灰階」
3. 單響「放棄」
4. 圖層面板顯示「背景」圖層
5. 狀態列顯示「Dot Gain」

轉換模式「訊息」對話框

訊息給了我們提示，建議我們可以試試『黑白』調整圖層，也能將彩色轉成『灰階』。

除非必要，很少會為了單純抽離顏色，把照片轉成灰階，但我們在練習，一定要試試看。

C> 回復開啟狀態

1. 標籤列顯示「灰色」
2. 雙響「放大鏡」
   圖片拉近到 100%
3. 按著「空白鍵」不放
   切換為「手形工具」
   編輯區中拖曳圖片
4. 開啟「步驟記錄」面板
5. 單響「開啟」

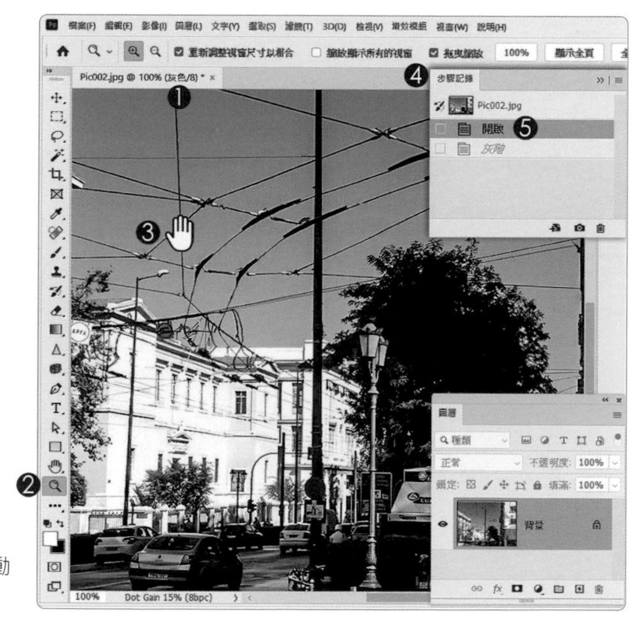

步驟記錄面板

步驟記錄面板可以保留數十個我們做過的動作，方便我們隨時回頭（很重要的面板）。

首頁
開啟檔案更直覺方便

使用 Photoshop 2019（版本編號 20.X）都能在視窗中看到「首頁」。首頁能開啟舊檔、建立新檔案、顯示之前編輯過的圖片，以及雲端資料（方便）。

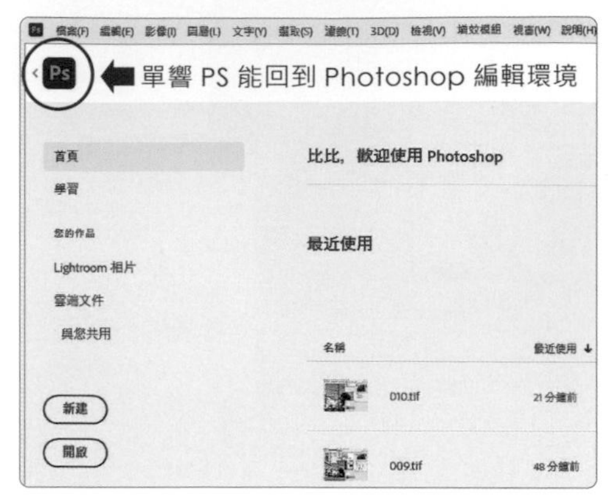

▲ 首頁中單響「開啟」按鈕，就能「開啟舊檔」

▲ 單響左上角「首頁」按鈕就可以進入首頁環境

狀態列
能顯示很多資訊

楊比比寫前一頁的時候，就想到同學的狀態列顯示的可能不是「色彩模式」（神算吧），我們在這裡補一下，看看怎麼調整「狀態列」中顯示的檔案資訊。

單響（單響就是點一下）狀態列上的小箭頭（紅圈處）就能指定「狀態列」中顯示的檔案資訊，楊比比常用：

-- 文件大小：顯示檔案容量

-- 文件描述檔：色彩模式

步驟記錄面板
回復指令很方便

我們都習慣使用 Undo (也就是 Ctrl + Z) 來退回到上一個步驟，但「步驟記錄」面板更方便，能把我們執行過的指令保留下來，隨時回頭，方便又直覺。

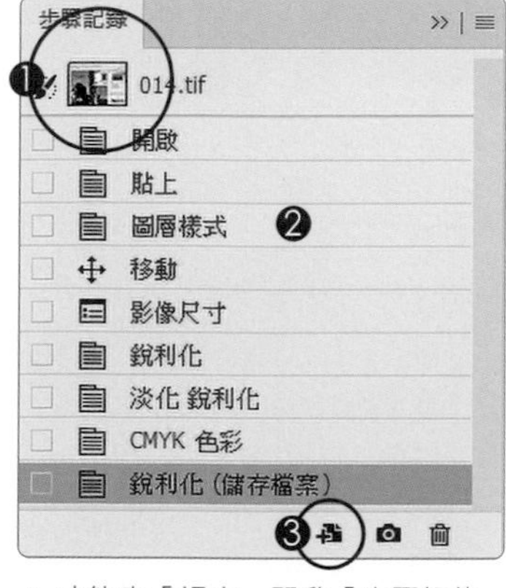

▲ 功能表「視窗」開啟「步驟記錄」

▲ 偏好設定中進入「效能」

1. 點擊最上「快照」圖示
立即回到開啟狀態
2. 點擊面板上任何一個步驟
就能回到當時的狀態
3. 依據目前的步驟狀態
複製出一個相同的檔案
4. 偏好設定「效能」中
可以指定步驟記錄數量
建議保留 50 個步驟左右

儲存檔案
的幾種方式

Photoshop 中存檔可不是「儲存檔案」那麼簡單，我們得根據「輸出需求」與「圖層結構」來決定，儲存檔案的方式也有好幾種，先學簡單的 (不急) 。

輸出需求	儲存格式	指令位置	能保留圖層數量
FB 或是 IG	JPG	檔案 - 轉存	一個圖層
Photoshop 編輯	TIF、PSD	檔案 - 另存新檔	多個圖層
其他軟體編輯	PNG、JPG	檔案 - 另存副本	一個圖層

▲ Photoshop 2021 以上的版本，才有「另存副本」指令

學習重點：RGB → 灰階 → 點陣圖 → 半色調網屏｜設定影像尺寸

漫畫
網狀線效果

適用版本　Adobe Photoshop CC 以上
參考範例　Example\02\Pic003.JPG

A> 老規矩檢查色彩模式

1. 先看檔案標籤列
   色彩模式為 RGB
2. 開啟的格式是 JPG
   所以只有「背景」圖層
3. 雙響「手形工具」
   整張圖片顯示在編輯區

▲ 狀態列上顯示的是適合使用在「網頁」中的色彩模式 sRGB

雙響「手形工具」：顯示全頁

開啟檔案後，同學可以使用快速鍵 Ctrl + 0（數字零）或是雙響「手形工具」，讓圖片快速且完整的貼合目前的視窗大小。

B> 轉換模式為「灰階」

1. 功能表「影像 - 模式」
2. 單響「灰階」
   注意選單中的「點陣圖」
   模式目前是不能使用的
3. 單響「放棄」色彩資訊

灰階是「點陣圖」與「雙色調」的中繼站

要轉換「點陣圖」或是「雙色調」模式，必須先把圖片轉換成「灰階」，灰階狀態下，才能再轉成「點陣圖」或「雙色調」模式，沒辦法（攤手）這是 Photoshop 的規矩。

C> 檢查影像尺寸

1. 功能表「影像」
2. 單響「影像尺寸」
3. 單位「像素」
4. 解析度「72」像素 / 英吋
5. 單響「確定」按鈕

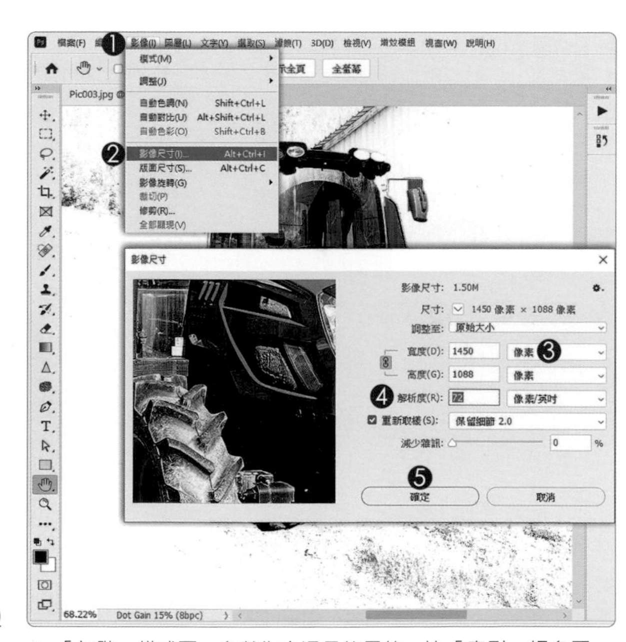

▲「灰階」模式下，多數指令還是能用的，比「索引」好多了

影像尺寸：調整圖片的大小

「影像尺寸」可以用來「限制」以及「調整」影像寬高、單位、解析度。一般來說：

<u>螢幕觀看：單位「像素」。解析度 72 - 96</u>

<u>沖洗印刷：單位「公分 / 英吋」解析度 300</u>

D> 來！轉「點陣圖」

1. 功能表「影像 - 模式」
2. 點陣圖可以選了
3. 輸出「72」像素 / 英吋
4. 使用「半色調網屏」
5. 單響「確定」按鈕

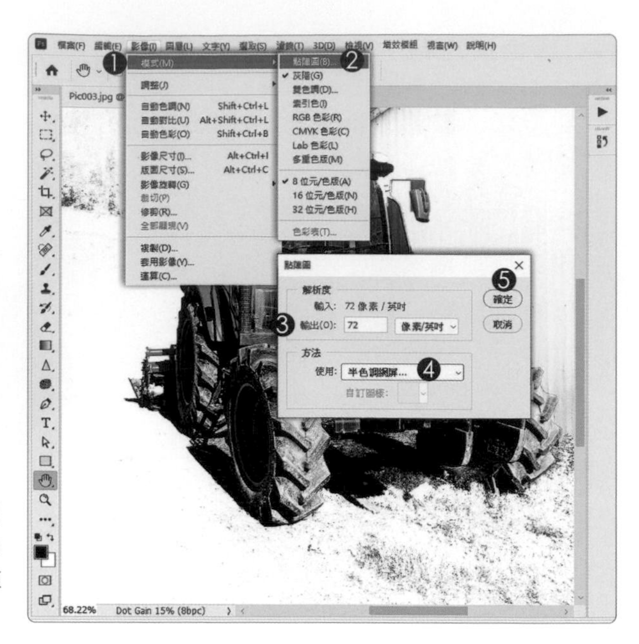

輸出像素 = 圖片原始的像素

還記得我們剛剛透過「影像尺寸」看過圖片的「解析度」也是 72 對吧！（不記得的自己檢討一下，怎這麼快就忘了）解析度數值相同，圖片尺寸才不會有變化喔！

E> 半色調網屏

1. 網線數「10」直線 / 英吋
   角度「45」度
   形狀「交叉」
2. 單響「確定」按鈕
3. 圖片呈現網線狀
4. 標籤列顯示「點陣圖」

試試不同的「半色調網屏」數值組合

除了角度之外（我喜歡 45 度），其他兩個數值可以試著調整一下「網線數」越小，網狀粗且明顯；「網線數」越大，網線細膩。

F> 準備轉換為 RGB 模式

1. 想要的效果完成後
   請轉回 RGB 才能繼續編輯
   功能表「影像 - 模式」
2. RGB 色彩不能選
   必須先切換到「灰階」
3. 尺寸比率「1」
   表示圖片大小不變
4. 單響「確定」按鈕

要先轉到「灰階」才能變回 RGB

「點陣圖」要先切到「灰階」，才能轉換為「RGB 色彩」（有點回頭的味道）。

G> 切換為 RGB 色彩模式

1. 功能表「影像 - 模式」
2. 單響「RGB 色彩」
3. 狀態列顯示 sRGB

「內容」面板也可以切換色彩模式

如果同學使用的版本比較新（Photoshop 2020 v21.X 以上），可以在「內容」面板，指定色彩「模式」與「位元深度」。

時髦的 雙色調風格

適用版本　Adobe Photoshop CC 以上
參考範例　Example\02\Pic004.JPG

雙色調是目前 IG 上非常流行且時髦的風格之一，尤其這種以「轉換色彩模式」來建立的雙色調更少見，雖說作法老舊一點，但風格更迷人，來試試。

轉換雙色調由功能表「影像 - 模式」：RGB 色彩 → 灰階 → 雙色調

1. 色彩模式已經是「灰色」
2. 可以直接轉換為雙色調
   執行「影像 - 模式」
   單響「雙色調」
   顯示「雙色調選項」
3. 挑選一個「預設集」
   如果選到多組顏色
4. 修改類型為「雙色調」
   就只會保留兩組顏色
5. 單響「確定」按鈕
6. 圖片顏色就會以雙色調顯示

範例使用 mauve 4655 bl 1 這組預設集 ►

變更「雙色調」顏色與對比

雙色調選項「預設集」中提供很多精彩又經典的配色組合（但是數量太多）同學可以單響面板中的「色塊（1）」變更顏色，或是單響「曲線（2）」調整對比。提醒一下，如果要使用其他指令，記得轉換為 RGB 喔！

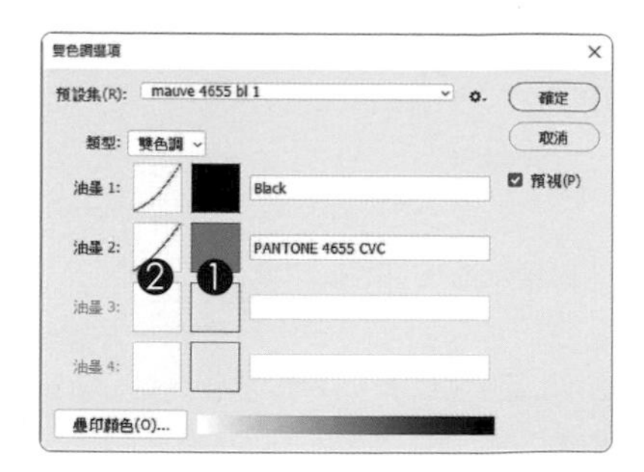

混搭出更細膩的三色調

適用版本　Adobe Photoshop CC 以上
參考範例　Example\02\Pic004.JPG

雙色調模式下，除了「雙色調」還能調配出「三色調」與「四色調」，這些色調不僅經典，還能讓畫面中顏色的層次更細膩流暢，不試試看就可惜了！

色彩選擇器

Photoshop 提供「檢色器」與「色彩庫」兩種顏色控制面板，同學單響「雙色調選項」面板中，表示色調的色塊時，就能看到這兩組不同的顏色控制面板。

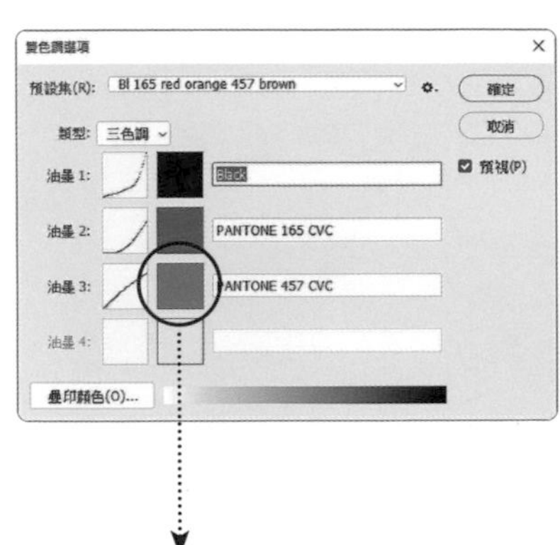

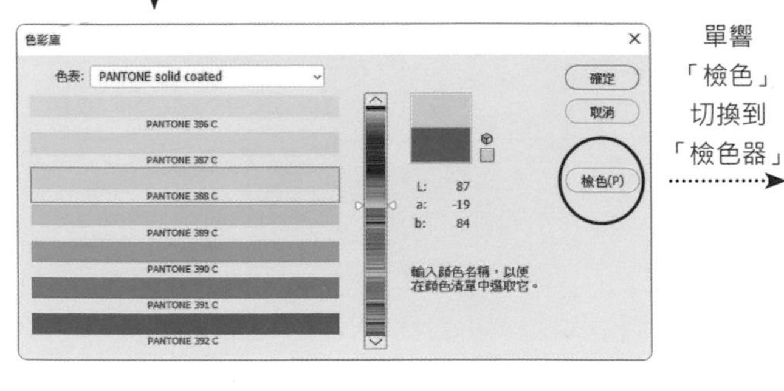

單響「檢色」切換到「檢色器」

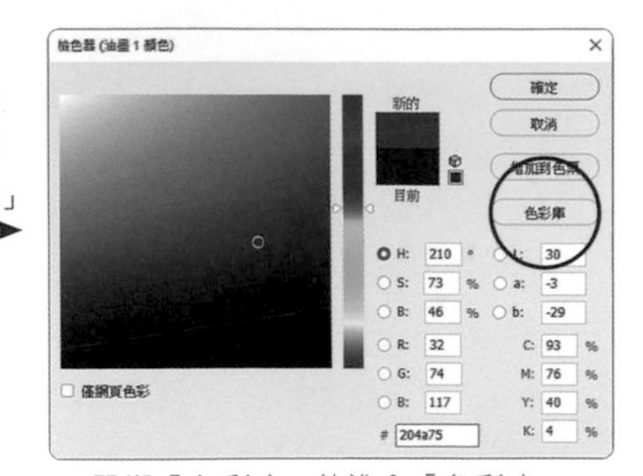

▲ 單響「色彩庫」能進入「色彩庫」

學習重點：三組自動指令 | 自動色調 | 自動對比 | 自動色彩

自動
色調與對比

適用版本　Adobe Photoshop CC 以上
參考範例　Example\02\Pic005.JPG

A> 開啟範例

1. 雙響「手形工具」
   將圖片調整到跟視窗一樣大
2. 按照慣例檢查色彩模式
3. 開啟的是 JPG 格式
   只有一個「背景」圖層

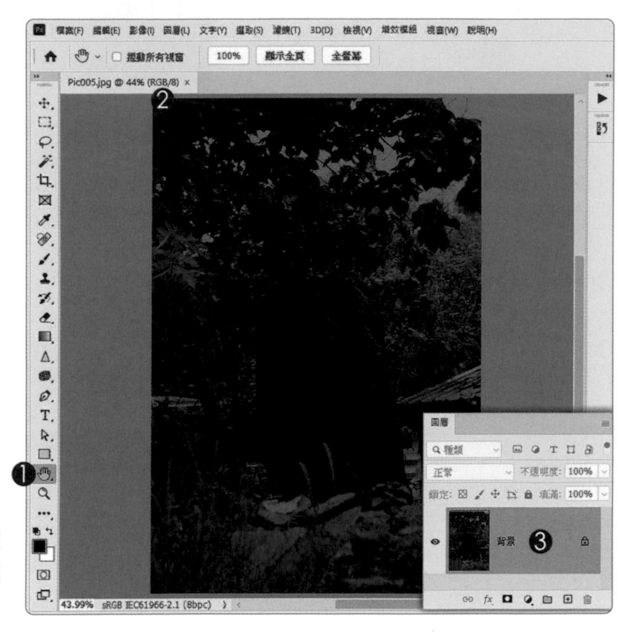

適合用在翻拍的舊照片中

接下來要練習的這幾款自動校正指令，很適合使用在「翻拍的舊照片」，改善泛黃的效果無敵快又明顯，我們馬上來試試看。

B> 自動色調

1. 功能表「影像 」
2. 單響「自動色調」
3. 顏色與曝光都正常囉

拉近圖片看一下細節

同學可以使用「放大鏡工具（紅圈）」，在編輯區的圖片上「往上」或是「往右」拖曳指標，可以拉近圖片，觀看圖片的細節。或是雙響「放大鏡」工具，以 100%檢視圖片。

C> 試試三款自動指令

1. 開啟「步驟記錄」面板
2. 回到檔案開始狀態
也就是取消「自動色調」
3. 功能表「影像」
4. 再執行其他兩款自動指令

一次測試一款指令

自動色調、自動對比、自動色彩，效果雖然很像，但還是有些細微的差異，同學可以試試看哪一款比較適合自己的圖片，使用時建議先退回原始狀態，再測試第二款指令。

學習重點 ：新增圖層 ｜ 取樣全部圖層 ｜ 銳利化工具

焦脆
細節強化處理

適用版本　Adobe Photoshop CC 以上
參考範例　Example\02\Pic006.JPG

A > 開啟範例

1. 雙響「放大鏡」工具
2. 顯示比例調整為 100%
   順便瞄一眼色彩模式
   是 RGB 沒錯
3. 開啟的是 JPG 格式
   只有一個「背景」圖層

JPG 格式只有一個圖層

JPG 是一種相當通用的格式，一旦我們將檔案存為 JPG，不論 Photoshop 裡面有多少圖層，通通會合併為一個圖層（記住喔）。

B> 建立新圖層

1. 開啟「圖層」面板
2. 單響「新增圖層」按鈕
3. 建立出一個空白的新圖層

學兩個圖層功能

雙響「圖層名稱」可以「重新命名」。如果不再需要圖層，可以將圖層拖曳到圖層面板下方的「垃圾桶」按鈕，或是按下 Del，就能刪除圖層，兩件事都要做，動作快！動作確實！

C> 銳利化工具做出焦脆感

1. 確認選取新圖層
2. 單響「銳利化工具」
3. 選項列中設定筆刷尺寸 70
4. 模式「正常」
5. 強度「100」
6. 目前圖層是空白的
   所以要拿下面圖層當樣本
   勾選「取樣全部圖層」
7. 刷吧！刷出麵包的焦脆感
8. 銳利化結果會放在新圖層中
   覺得醜可以直接刪除圖層

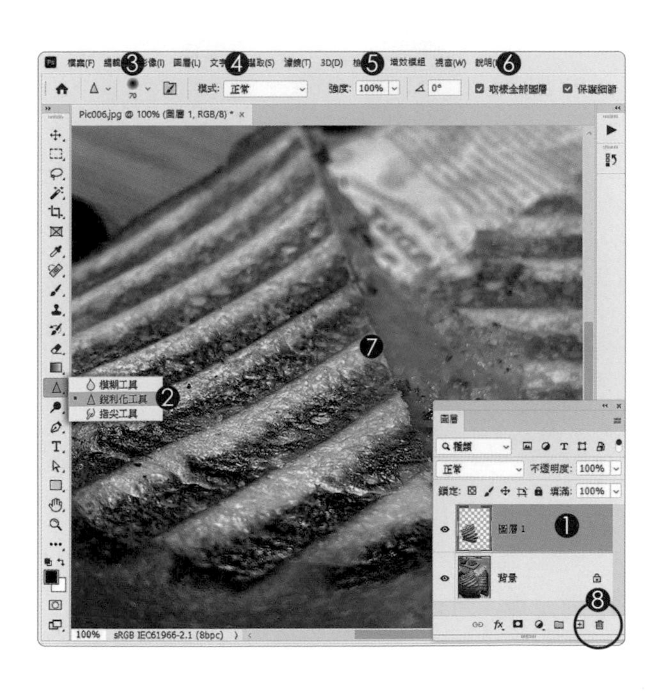

筆刷
設定與控制

Photoshop 的許多工具都需要「筆刷」來刷出需要調整的範圍，麻煩同學先把「筆刷」的基本設定學起來，才能好好的控制 Photoshop 中的工具。

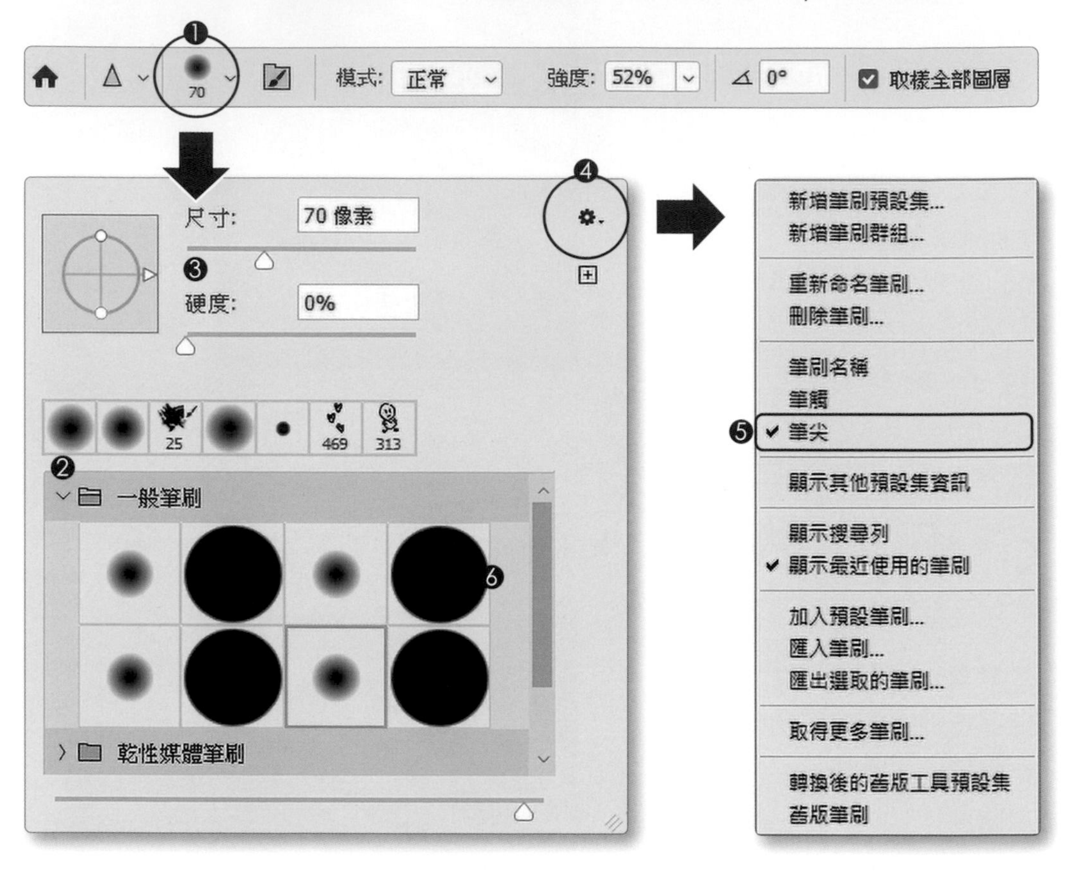

1. 單響「筆尖」圖示
2. 顯示「筆刷」的基本款面板
3. 面板中可以調整筆刷「尺寸、硬度」
4. 單響筆刷面板「選項」按鈕
5. 楊比比只開啟「筆尖」
6. 所以面板中只顯示「筆尖」圖示

筆尖尺寸 250
筆尖硬度 100%

筆尖尺寸 250
筆尖硬度 0%

火力旺盛的工具
需要取樣全部圖層

工具箱中有些「火力」比較強、破壞性比較高的工具，都會在「工具選項列」中提供「取樣全部圖層」，把編輯結果放在其他的圖層中，以保護原始圖片。

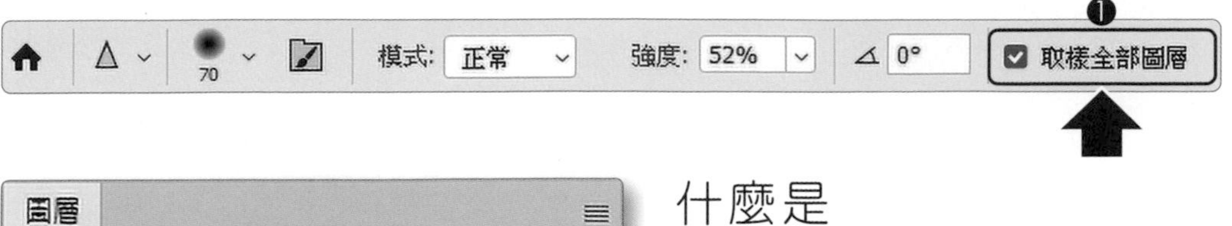

什麼是取樣全部圖層？

簡單的說，即便目前圖層是「空的」，什麼都沒有，工具還是能拿其他圖層中的畫素（也可以說是『像素』）來處理、編輯。

就像前一個範例中練習的「銳利化工具」，我們先建立了一個「空」的新圖層，照理來說，圖層上面什麼都沒有，但因為我們啟動了「取樣全部圖層」，銳利化工具會去抓其他圖層中的畫素來編輯，銳利化後的結果放置在「新圖層」中，完全不影響原始圖層，當然也不會破壞圖層中的影像內容（大拇指）。

1. 選取工具後檢查「工具選項列」
   是否有「取樣全部圖層」
   勾選「取樣全部圖層」
2. 圖層面板中「建立新圖層」
3. 編輯的結果會顯示在新圖層上
4. 降低「不透明度」可以減緩效果強度

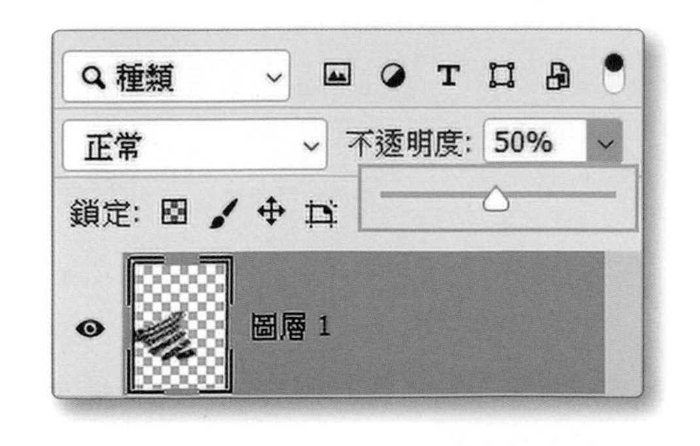

學習重點：RGB → 索引色模式 ｜ 即時切換「手形工具」Space

手指
塗抹繪畫

適用版本　Adobe Photoshop CC 以上
參考範例　Example\02\Pic007.JPG

A > 建立空白新圖層

1. 開啟範例 Pic007.JPG
2. 雙響「手形工具」
   將圖片調整到視窗大小
3. 單響「建立新圖層」按鈕
4. 新增空白圖層

整理一下檔案開啟後該做的三件事

首先，雙響「手形工具」；檢查標籤列上的「色彩模式（最理想的狀態是 RGB）」，看一下「圖層」面板中的圖層狀態。

B> 指尖工具拖曳塗抹

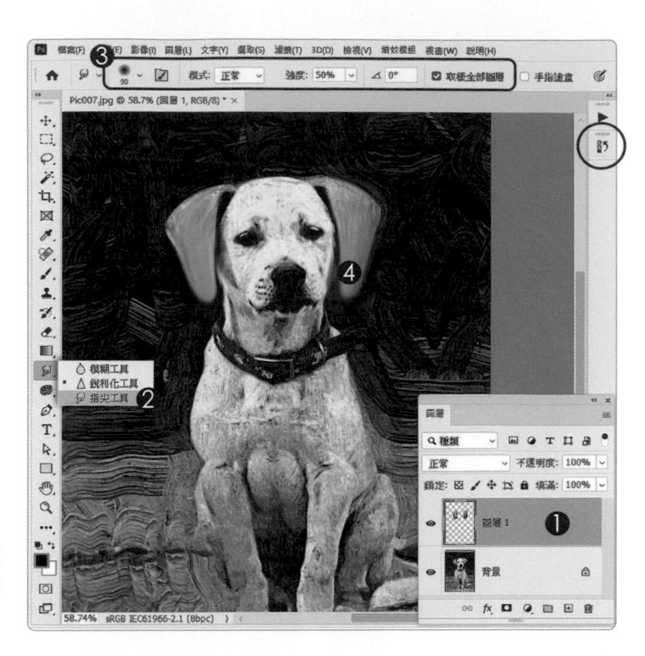

1. 選取「新圖層」
2. 單響「指尖工具」
3. 參考工具選項列參數
   設定筆尖尺寸「90」
   強度「50%」
   勾選「取樣全部圖層」
4. 筆刷向下拖曳兩側耳朵

指尖工具控制的不好怎麼辦？

同學可以開啟「步驟記錄」面板（紅圈）退回到檔案開啟的狀態，或是刪除目前圖層，重新建立一個空白圖層，再拖曳一次（加油）。

C> 讓耳朵的紋理更清晰

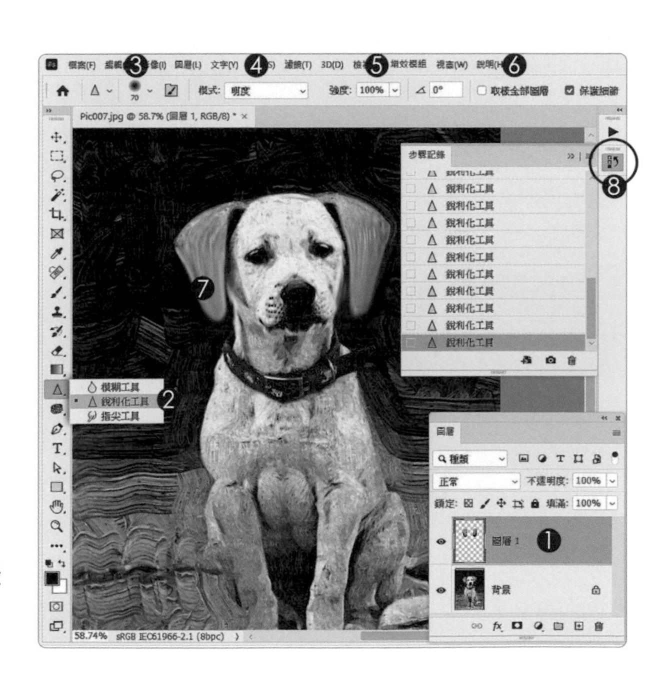

1. 確認選取新建立的圖層
2. 單響「銳利化工具」
3. 筆尖尺寸「70-90」之間
4. 模式「明度」
5. 強度「60% -100%」之間
6. 銳利化目前圖層的畫素
   不用勾選「取樣全部圖層」
7. 反覆拖曳塗抹耳朵
   讓線條紋理更清晰
8. 效果太強可以開啟步驟記錄
   退回上一個步驟

學習重點：加亮工具 / 加深工具 / 複製圖層 Ctrl + J ｜CMD + J

正反兩招
簡單控制明暗

適用版本　Adobe Photoshop CC 以上
參考範例　Example\02\Pic008.JPG

A＞複製圖層

1. 開啟範例 Pic008.JPG
2. 老規矩。雙響「手形工具」將圖片調整到視窗大小
3. 開啟圖層面板
4. 按下 Ctrl + J 複製背景成為新的圖層

Photoshop 玩家都熟 Ctrl + J

Ctrl + J / Command + J(MacOS) 是所有 Photoshop 使用者都離不開的快速鍵，使用率太高了，請同學牢牢記住（謝謝）。

B> 變暗：加深工具

1. 位於複製出來的新圖層
2. 單響「加深工具」
3. 注意工具選項列的參數
   使用大尺寸的筆尖「350」
   範圍：中間調 / 曝光度 50%
   勾選「保護色調」
4. 上下都塗抹一下加深畫面

加深工具不提供「取樣全部圖層」

沒錯！選項列沒有「取樣全部圖層」，所以才需要複製背景圖層，將「加深」效果做在另一個新圖層中，不要破壞原始圖層中的影像。

C> 讓畫面中間更亮

1. 選取「圖層 1」
2. 單響「加亮工具」
3. 參考工具選項列的參數
   使用大尺寸的筆尖「420」
   範圍：亮部 / 曝光度 50%
   記得勾選「保護色調」
4. 拖曳筆刷塗抹畫面中間

TIF 與 PSD 格式可以保留圖層結構

圖層面板已經不再是單純的一個圖層了，同學可以將檔案儲存為「TIF」或是「PSD」，就能保留完整的圖層，方便日後重複編輯圖片。

這三款修復工具 可以放在空白圖層

模糊、銳利化、指尖這三款工具，選項列都提供「取樣全部圖層」，表示我們可以在「空白圖層」中使用「模糊、銳利化、指尖」這三款修復類型的工具。

模糊工具 選項列 / Blur Tool

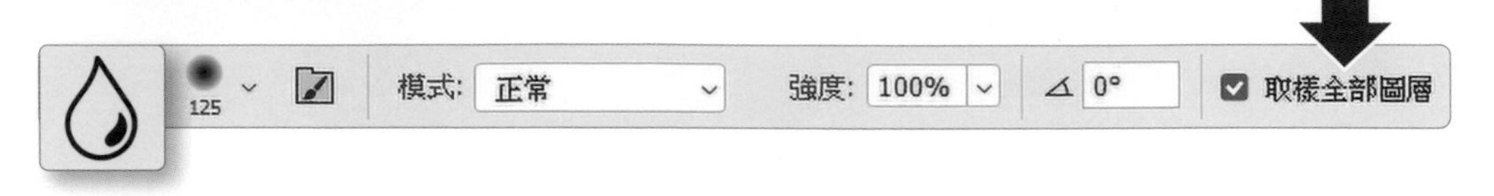

銳利化工具 選項列 / Sharpen Tool

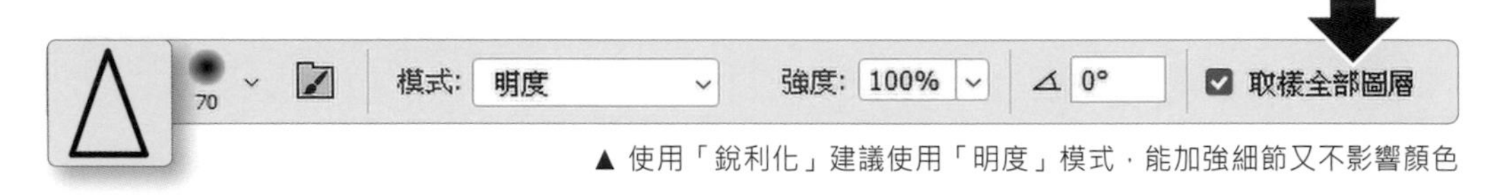

▲ 使用「銳利化」建議使用「明度」模式，能加強細節又不影響顏色

指尖工具 選項列 / Smudge Tool

獨立圖層提供絕佳的編輯彈性

只要看到選項列中顯示「取樣全部圖層」，二話不說，馬上勾選，緊接著，製作一個全新的空白圖層（紅圈），工具的編輯結果就能建立在這個「獨立圖層中」; 效果太強：調整「不透明度」。效果太差：拖曳圖層到「垃圾桶」直接刪除，方便又彈性。

這三款修復工具
需要複製圖層

加亮、加深、海綿，這三款工具不提供「取樣全部圖層」，但原始圖層還是得保護，所以使用工具前，記得先 Ctrl + J 複製圖層，再使用這三款工具。

加亮工具 選項列

快速鍵 O / Dodge Tool

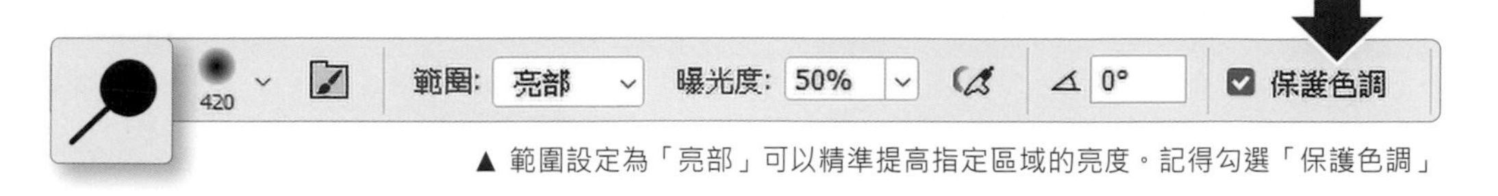

▲ 範圍設定為「亮部」可以精準提高指定區域的亮度。記得勾選「保護色調」

加深工具 選項列

快速鍵 O / Burn Tool

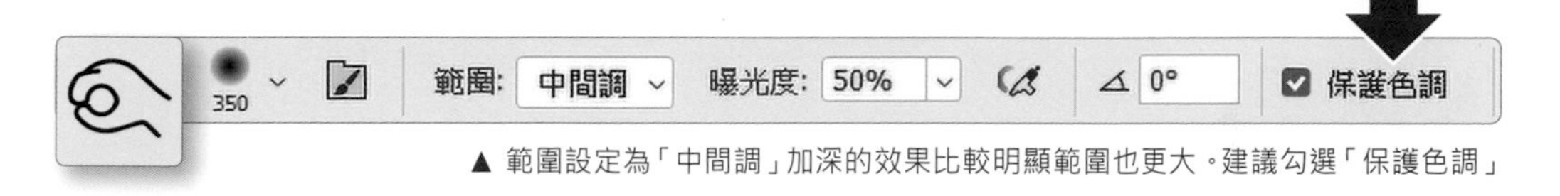

▲ 範圍設定為「中間調」加深的效果比較明顯範圍也更大。建議勾選「保護色調」

海綿工具 選項列

快速鍵 O / Sponge Tool

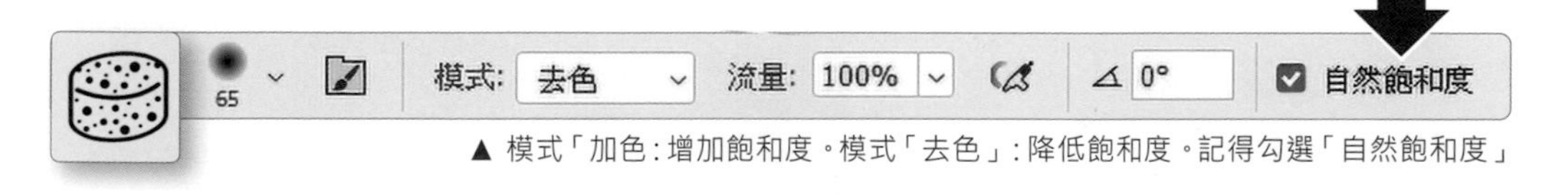

▲ 模式「加色：增加飽和度。模式「去色」：降低飽和度。記得勾選「自然飽和度」

改變圖層間畫素的運算方式

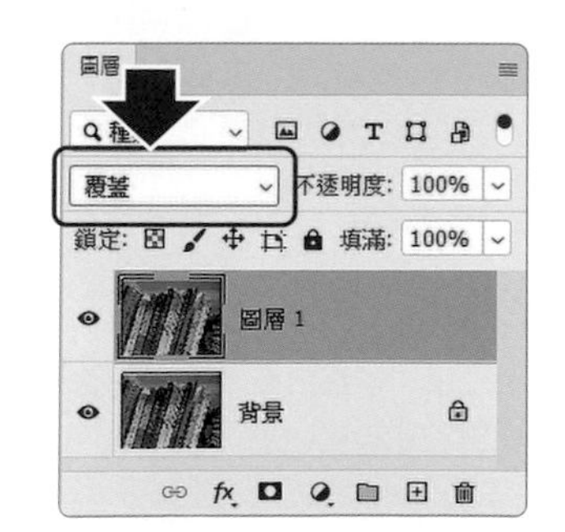

複製圖層的快速鍵，都記得了吧（大聲說出來「Ctrl + J」～～很乖）。在複製出來的圖層中使用編輯工具，除了能保護原始圖層之外，還可以透過「圖層混合模式」（紅框）來變更圖層間畫素的運算方式，非常好玩，沒玩過的同學翻下一頁，馬上試試。

學習重點 ：圖層混合模式 色彩增值 ｜ 27 組圖層混合模式

數位疊加
運算出暗調風格

適用版本　Adobe Photoshop CC 以上
參考範例　Example\02\Pic009.JPG

A > 開啟檔案的好習慣

1. 開啟範例 Pic009.JPG
2. 老規矩。雙響「手形工具」將圖片調整到視窗大小
3. 開啟圖層面板
4. 按下 Ctrl + J 複製背景複製出完全相同的圖層

色彩模式記得看一下

色彩模式盡量維持 RGB / 8 位元，才能完整運用 Photoshop 中所有的指令，記得吧！

B> 混合模式：色彩增值

1. 確認選取複製出來的圖層
2. 變更圖層混合模式
   為「色彩增值」
3. 目前圖層與下面圖層疊加
   加強暗部畫素
   照片呈現出沉穩的暗調

什麼是「圖層混合模式」？

圖層就像一張張堆疊的照片，本來我們只能看到最上面的圖層；但透過「圖層混合」，就能把兩個圖層間的畫素，依據「明暗與顏色」重新運用，結合出另一種新的效果。

C> 讓主角更亮一點

1. 確認選取複製出來的圖層
2. 單響「加亮工具」
3. 參考工具選項列的參數
   中尺寸的筆尖「約 100」
   範圍：亮部 / 曝光度：50%
   勾選「保護色調」
4. 刷一下兩個酒瓶

保護色調

刷過的區域不會亮到看不出顏色，這就是「保護色調」的作用。取消勾選「保護色調」，在相同的「曝光度」下，變亮的效果會更明顯。

D> 讓顏色更鮮艷

1. 確認選取上面的複製圖層
2. 單響「海綿工具」
3. 參考工具選項列的參數
   小尺寸的筆尖「約 90」
   模式「加色」
   流量「80-100%」之間
   勾選「自然飽和度」
4. 拖曳塗抹啤酒瓶

自然飽和度

啟動「自然飽和度」，就不會有「顏色飽和度」超標，導致於顏色裂化、斷層。如果需要「顏色」很明顯的「鮮艷」可以取消勾選。

E> 試著再多一個圖層

1. 按下 Ctrl + J 再複製一層
2. 變更圖層混合模式
   為「線性加深」
3. 效果太強
   可以降低圖層「不透明度」

暗部畫素的五種混合模式

「圖層混合模式」選單中，「變暗、色彩增值、加深顏色、線性加深、顏色變暗」都是混合上下圖層中比較暗的畫素，只是運算的方式不同，同學可以每個都試試看。

F> TIF 格式能保留圖層結構

1. 圖層面板有三個圖層
2. 功能表「檔案 - 另存新檔」
   指定格式為「TIF」
3. 單響「存檔」按鈕
4. 影像壓縮「LZW」
   其餘參數維持預設值
5. 單響「確定」

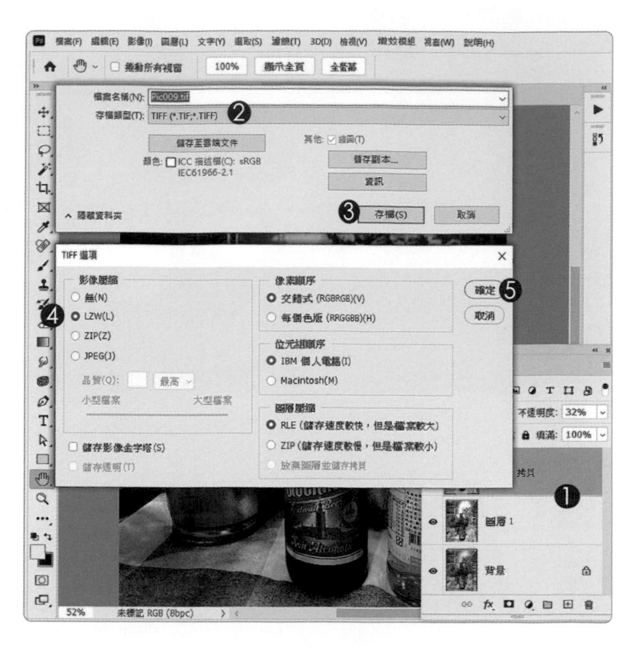

TIF 與 PSD 能保留完整的圖層結構

兩個以上的圖層，建議儲存為 TIF 或是 PSD 格式，方便以後可以反覆編輯圖層。

重點 加油站

27 組圖層混合模式

每個圖層的預設模式都是「正常」，就是一層疊一層，只能看到最上面那一個圖層內容。其他的模式都可以將目前的圖層跟下面圖層畫素進行混合，混合的結果，就看我們選取的模式。模式大致分類如下：

混合暗部	混合亮部	加強對比	反向模式	條件混合
變暗	變亮	覆蓋	差異化	色相
色彩增值	濾色	柔光	排除	飽和度
加深顏色	加亮顏色	實光	減去	顏色
線性加深	線性加亮	強烈光源	分割	明度
顏色變暗	顏色變亮	線性光源		
		小光源		
		實色疊印混合		

學習重點：圖層混合模式：濾色 ｜ 海綿工具：讓顏色更鮮艷

數位疊加
運算出清透明亮

適用版本　Adobe Photoshop CC 以上
參考範例　Example\02\Pic010.JPG

A> 開啟檔案老規矩

1. 開啟範例 Pic010.JPG
   標籤列顯示色彩模式 RGB
2. 老規矩。雙響「手形工具」
   將圖片調整到視窗大小
3. 開啟「圖層」面板

養成習慣很重要

這個章節，楊比比會反覆提醒大家，檔案開後該注意的事項，請忍耐一個章節。堅持！

B> 混合模式：濾色

1. 單響「放大鏡」
   拖曳指標略為拉近圖片
2. 複製圖層 Ctrl + J
3. 混合模式改為「濾色」
4. 畫面瞬間清透明亮

保留亮部畫素的混合模式

圖層混合模式選單「變亮」到「顏色變亮」這五種混合方式，都可以保留圖層間的比較亮的畫素，使用率最高的是「變亮」跟「濾色」。

C> 加點鮮艷的顏色

1. 確認選取上方圖層
2. 單響「海綿工具」
3. 參考工具選項列參數
   筆尖尺寸約「90」
   模式「加色」
   流量「80-100%」之間
   勾選「自然飽和度」
4. 拖曳筆刷塗抹花瓣

開啟 / 關閉圖層

單響「眼睛」圖層，看一下圖層「開啟」跟「關閉」的差異（馬上練習～動作快）。

學習重點：圖層混合模式 柔光 ｜ 反向處理：負片效果 Ctrl + I / CMD + I

負負得正
IG 熱門灰度色調

適用版本　Adobe Photoshop CC 以上
參考範例　Example\02\Pic011.JPG

A> 都知道要做什麼了吧

1. 開啟範例 Pic011.JPG
2. 雙響「手形工具」
   將圖片調整到視窗大小
3. 開啟圖層面板
4. 按下 Ctrl + J 複製背景
   複製出完全相同的圖層
5. 圖層混合模式「正常」

照片有點偏暗

從時鐘邊緣的陰影，可以看得出來，現場有多組光線，但光線不強，所以看起來有點暗。

B> 把明暗反過來

1. 確認選取上方複製的圖層
2. 功能表「影像 - 調整」
3. 單響「負片效果」
4. 照片的顏色以及明暗
   都反過來了

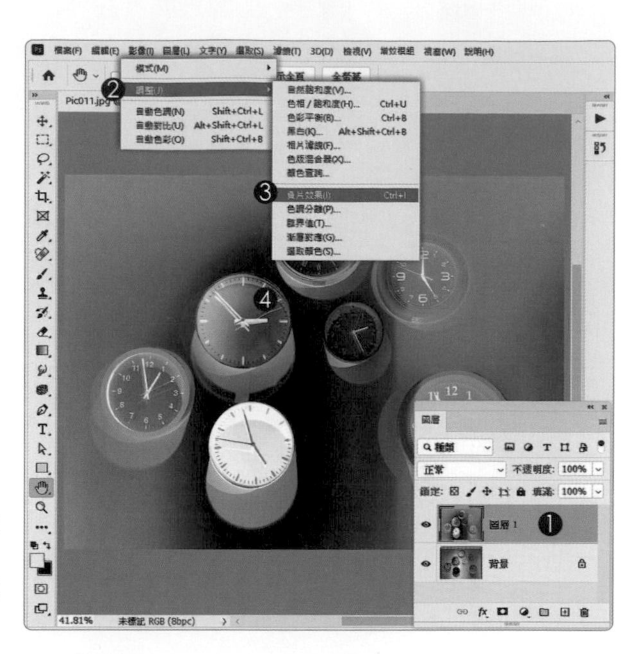

負片效果

早期的相機是運用「底片」來記錄拍攝的畫面，底片長的就像套用了「負片效果」的圖片一樣，顏色、明暗都反過來，在影像處理的領域中，也是一種相當特別的風格。

C> 混合模式：柔光

1. 確認選取上方複製的圖層
2. 混合模式「柔光」
3. 大幅降低了照片明暗反差
   這就是在 IG 中相當熱門的
   灰色調風格

負片效果 + 柔光模式

先把明暗反過來，在利用「柔光」混合上下圖層中的畫素，能中和強烈的明暗反差，光線平均柔和，也是日式色調常用的手法之一。

學習重點：內容面板 ｜ 濾鏡收藏館：邊緣光亮化 ｜ 圖層混合模式：柔光

數位濾鏡出新招

適用版本　Adobe Photoshop CC 以上
參考範例　Example\02\Pic012.JPG

A > 開啟範例圖片

1. 開啟範例 Pic012.JPG
2. 雙響「手形工具」
   將圖片調整到視窗大小
3. 開啟「圖層」面板
4. 顯示「背景」圖層
   不論原始檔案有多少圖層
   轉存為 JPG 格式
   會自動合併為一個圖層

章節的最後一個範例，來！我們總複習

楊比比打算藉由這個範例，學點新的（像是濾鏡），複習點舊的（就是前面講過的）。

B> 濾鏡功能表有很多濾鏡不能使用？

還記得楊比比說過的，檔案開啟後，要先雙響「手形工具（快速鍵 Ctrl + 0）」將圖片調整到視窗大小。緊接著，要做什麼？工具指令不能使用了，要檢查哪裡？我們把答案保留到下一頁；先一起來複習 Photoshop 的環境介面。

1. 功能表「視窗 - 工作區」中設定工作區為「基本功能」
2. 看一下檔案標籤列
3. 狀態列可以指定文件資訊
4. 按著工具按鈕不放可以顯示工具選單

內容面板

連著幾個版本，大幅增加了「內容」面板中能顯示的資訊：在背景圖層被選取的狀態下（5），內容面板可以顯示檔案的尺寸、方向、色彩模式、解析度與位元深度（沒顯示這些資訊的，就是版本舊了，能更新就找時間更新吧）。

C> 轉換模式為 RGB

1. 功能表「影像 - 模式」
2. 轉換為「RGB 色彩」
3. 版本新一點的同學
   也可以在「內容」面板
   轉換色彩「模式」
4. 現在是 RGB 沒錯了

Photoshop 與 RGB 模式

只有在「RGB / 8 位元」這個組合下，才能完整使用 Photoshop 中所有的指令與工具，或許以後的版本會擴大模式，但就目前來說，就是「RGB / 8 位元」請牢牢記住。

D> 濾鏡收藏館

1. 按 Ctrl + J 複製圖層
2. 功能表「濾鏡」
   執行「濾鏡收藏館」
3. 顯示比例「符合視圖」
4. 單響「風格化」類別
   套用「邊緣亮光化」

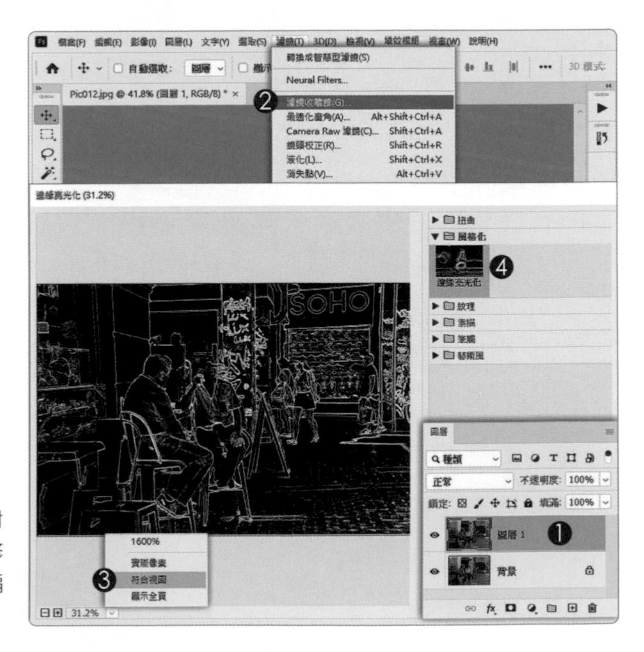

什麼是「濾鏡」？

就像手機中各種不同風格的 App，可以針對照片的顏色、畫素結構，做一個大幅度的修改；濾鏡既能展現圖形特色、又可以節省編輯時間，同學可以花點時間好好研究一下。

E> 提高邊緣亮度

1. 邊緣寬度「2」
   圖片畫素越高「寬度」越大
2. 邊緣亮度「18」
3. 平滑度「5」
   數值越高細節越少
4. 單響「確定」按鈕

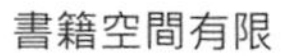

書籍空間有限

為了能將資訊塞進同一個畫面，楊比比會稍稍調整一下參數或是功能表位置，請包容。

F> 來！混合一下吧

1. 確認選取上方圖層
2. 變更混合模式為「覆蓋」
   也可以使用溫和的「柔光」
3. 單響「加亮工具」
4. 參考工具選項列的設定
5. 塗抹中間的人物加亮邊緣

有兩個圖層，該存哪一種格式？

要把兩個圖層完整的保留下來，可以儲存為「TIF」或是「PSD」。若是要上傳到 FB 或是 IG，那就存成 JPG，JPG 會自動合併圖層，這表示我們沒有辦法再修改圖層內容。

TIF 與 PSD 格式
保留圖層

同學記得，只要「圖層」面板中有兩個以上的圖層，建議先以「TIF」或是「PSD」格式存個檔案，藉以保留完成的檔案資訊以圖層內容，方便日後編輯。

儲存 TIF 格式 / 保留圖層結構、能壓縮、多數印刷廠與系統都支援 ** 推薦使用 **

▲ 多個圖層，記得存 TIF 格式

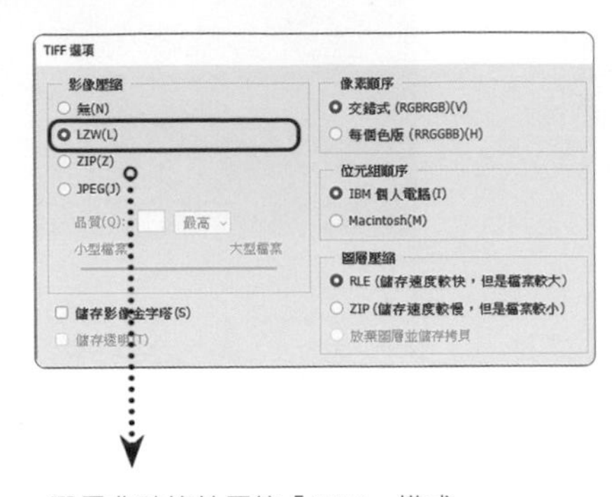

選用非破壞性壓縮「LZW」模式

▲ 再次開啟 TIF 圖層結構完整

儲存 PSD 格式 / 保留圖層結構、Photoshop 的標準格式

PSD 跟 TIF 一樣能保留完整的 Photoshop 檔案資訊（圖層、路徑、色版等等），但 PSD 有兩個比較明顯的缺點：

**** PSD 檔案容量限制為 2G（大於 2G 請存為 PSB）**

**** 系統中無法顯示 PSD 格式縮圖**

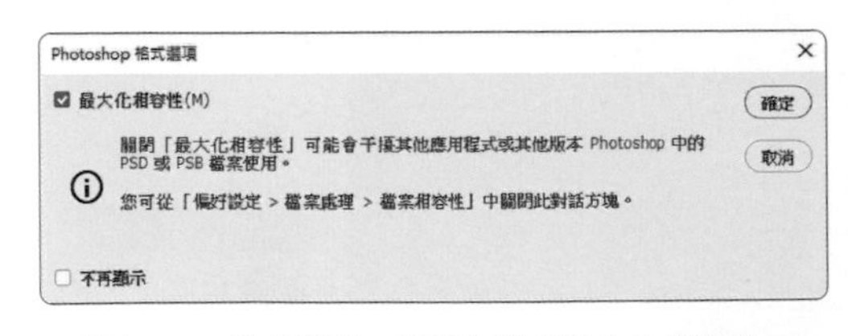

▲ 儲存 PSD 格式選項。建議勾選「最大化相容性」

▲ 存成 PSD
看不到影像縮圖

▲ 存成 TIF
就能看到影像縮圖

轉存 JPG
快速又方便

JPG 格式大家都熟，手機相機都能拍 JPG，FB、IG、網頁平台、數位沖印也都支援 JPG 格式。普及率能這麼高，有個很大的特色，就是檔案小、傳輸快。

轉存為 JPG

/ 指令位置：功能表「檔案 - 轉存 - 轉存為」 **JPG 格式會合併所有圖層 **

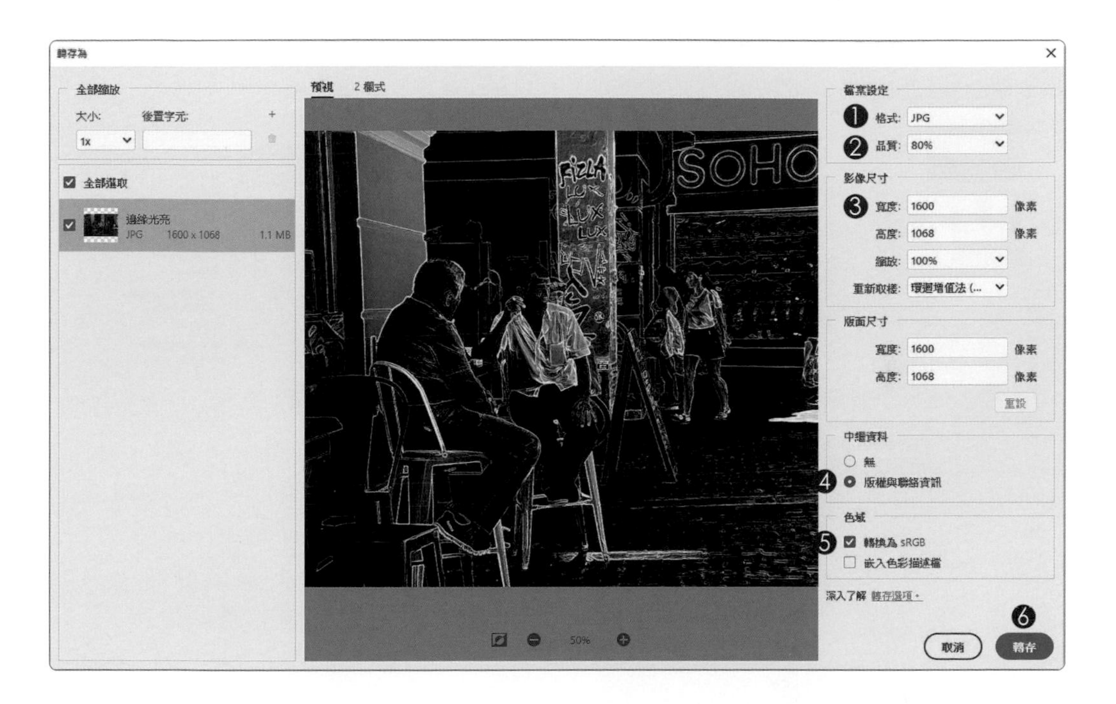

1. 指定格式「JPG」
2. 網頁使用：品質 80%
   沖洗印刷：品質 100%
   放在 FB 或 IG 品質 80%
3. 適度調整「影像尺寸」
4. 勾選「版權與聯絡資訊」
5. 勾選「轉換為 sRGB」色域
   sRGB 是網頁常用的色彩模式
6. 單響「轉存」按鈕

有兩個以上的圖層，記得先存 TIF (或 PSD) 再存 JPG；**JPG 不會保留圖層，不論有多少圖層，存成 JPG 都會合併為一個圖層。**

密技充電站

圖層縮圖大小

圖層縮圖上，單響「右鍵」，從「右鍵選單」中指定圖層的縮圖大小。

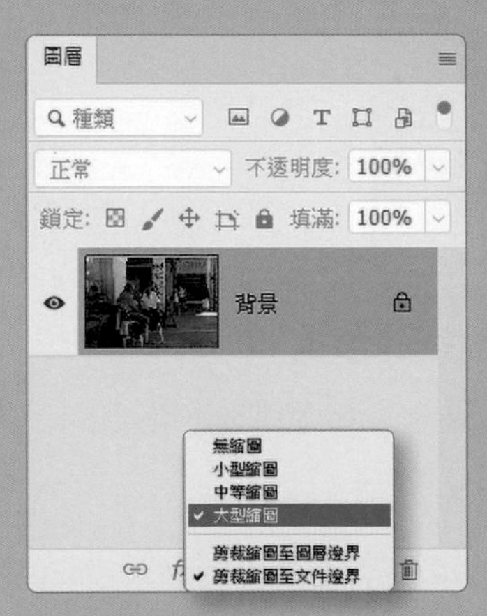

單一圖層時，必須在面板空白區域單響「右鍵」才能從選單中設定。

注意圖層的右鍵選單

圖層面板上有三組右鍵選單，眼睛圖示、圖層縮圖，以及圖層名稱。

▲ 圖層名稱上，單響右鍵，顯示的右鍵選單內容

面板選單

單響面板右側的「選項按鈕」，就能顯示與面板相關的各項設定。

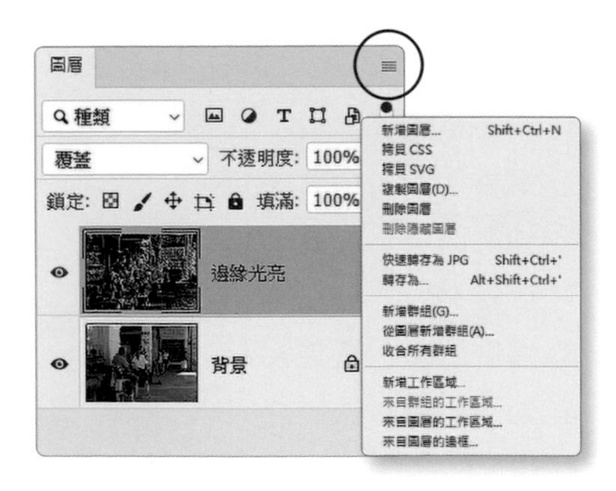

快速調整筆尖尺寸

使用快速鍵控制「筆尖尺寸」會比輸入數字更直覺，一起來試試。

縮小筆尖尺寸 [（左方括號）

增加筆尖尺寸]（右方括號）

提醒：關閉中文輸入法再使用快速鍵

縮小筆尖硬度 {（左括號）

增加筆尖硬度 }（右括號）

開啟 / 關閉筆尖外觀

選用圓形筆尖圖樣時，如果看不到筆尖外觀，可能是開啟「大寫鍵」。

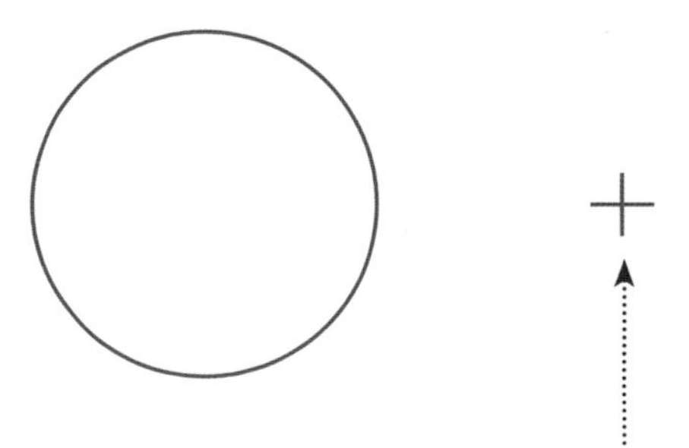

開啟「大寫鍵 Caps Lock 」筆尖外觀會以「十字」標誌顯示。

筆尖圖案游標設定

偏好設定的「游標」類別中，可以設定筆尖樣式，建議選用「正常筆尖」（紅框）最常用也最清楚。

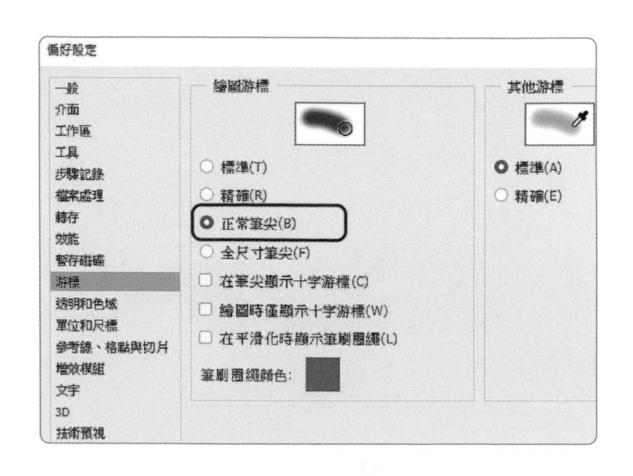

轉存的偏好設定

偏好設定的「轉存」類別中，可以指定常用的轉存「格式」與「設定」。

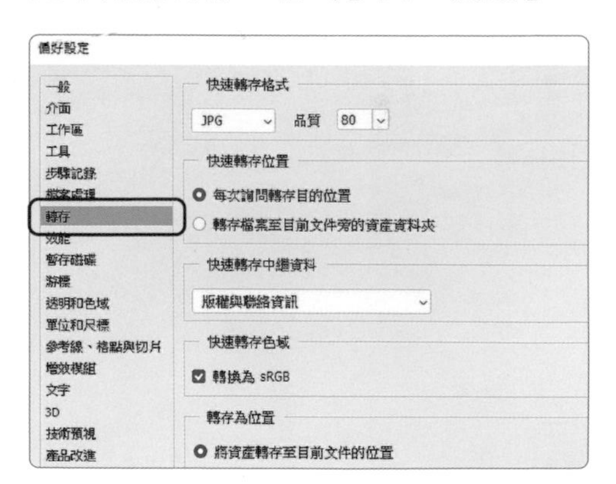

檢色器指定背景顏色
置入嵌入智慧型物件

YANG。
BiBi

適合行動裝置使用的工作區

印刷輸出必學 CMYK 的校樣設定

03

正確建立數位影像檔案

建立新文件 完整概念

這個章節的範例不多，但需要靜下心來
好好了解如何在 Photoshop 中建立
網頁用、印刷用、行動裝置
使用的新檔案，加油喔

Photoshop 橫跨 31 年 指令差異很大

本來想直接開始範例，陪同學在 Photoshop 中建立一個「全新的檔案」，但「新、舊」版本的「開新檔案」差異實在太大，在不確定同學版本的情況下，我們把新舊版本的「開新檔案」都看一次，但講解還是以新版為主（擊掌）。

Photoshop 新版「開新檔案」

1. 功能表「檔案 - 開新檔案」快速鍵 Ctrl + N
2. 提供不同輸出類別（相片、列印）的預設集
3. 提供可以節省大量時間的免費「範本」
4. 建立新檔案的主要控制區
   舊版的「開新檔案」只有這個部份

Adobe 攝影計畫

同學可以搜尋一下 Adobe 提供的攝影計畫方案，月租費在合理範圍內，一個帳號可以在兩台電腦上使用。

雖然不建議
仍然可以切換到舊版

Photoshop CC 2015.5（大概是 2015 年 6 月份）之前的版本用的都是傳統的「開新檔案」環境，要說差異不大，也真不大，該有的都有，檔案的寬高尺寸、單位、背景顏色、位元深度、色彩模式都能設定，來看一下。

Photoshop 舊版「開新檔案」

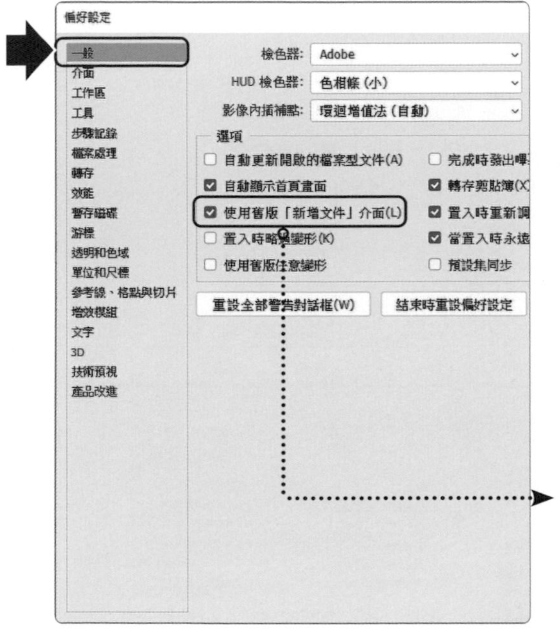

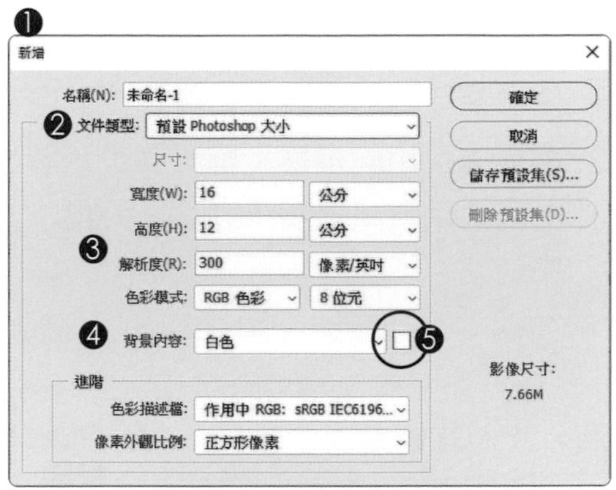

▲ Photoshop CC 2015.5 以前的「開新檔案」

同學可以在「偏好設定」的「一般」類別中（箭頭），勾選「使用舊版『新增文件』介面」。不需要重新啟動 Photoshop，就能切換到舊版囉！

1. 功能表「檔案 - 開新檔案」快速鍵 Ctrl + N
2. 單響「文件類型」可以指定輸出類別
3. 指定「寬度、高度、解析度、色彩模式與位元深度」
4. 指定「背景內容」的顏色
5. 單響色塊可以在「檢色器」中指定背景顏色

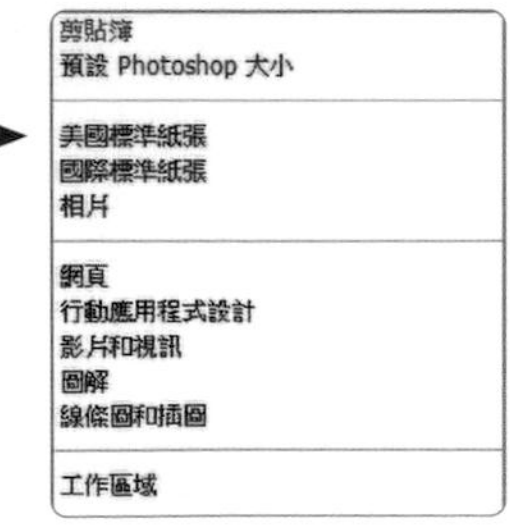

建立網頁使用的新檔案

使用版本　Adobe Photoshop 2021

建立一個新檔案，首先要考慮的是「輸出方式」，也就是檔案要「印」出來，還是要放在「網頁」中觀看，確定好輸出方式，才能指定輸出單位。

學習重點

1. 建立網頁用的檔案，影像單位設定為「像素」。
2. 網頁中使用的檔案，解析度設定為「72 像素 / 英吋」。
3. 常用的網頁格式為「JPG、PNG、GIF」。色彩模式為 sRGB。

A> 進入首頁畫面

1. 功能表「編輯」
2. 偏好設定「一般」類別中
3. 開啟「自動顯示首頁畫面」
   啟動 Photoshop
   就會直接進入「首頁」
4. 單響「PS」能進入編輯區

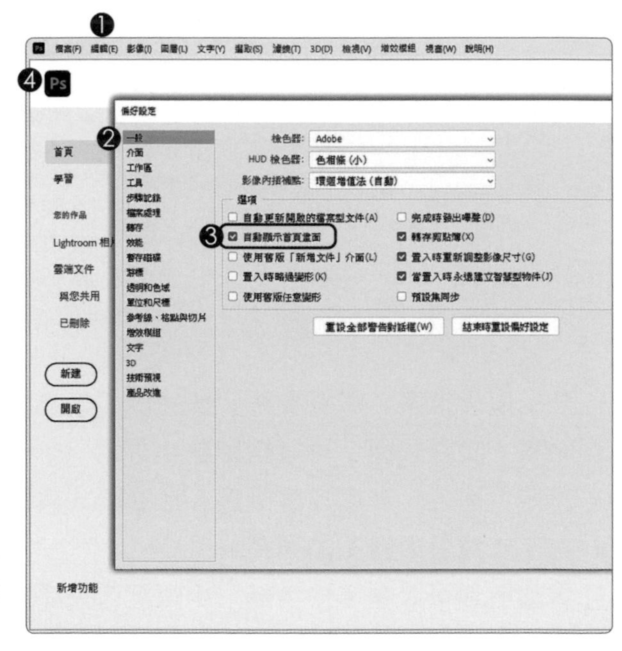

跟新同學報告一下

早期寫稿是按「字數」算稿費的，所以把「左鍵點一下」濃縮成「單響」。「左鍵快速點兩下」就是「雙響」，報告完畢。

B> 套用網頁預設集

1. 單響「新建」按鈕
2. 單響「網頁」類別
3. 選取需要的網頁尺寸
4. 檔案的寬高解析度都在這裡
5. 網頁解析度 72 像素 / 英吋
6. 取消「工作畫板」勾選
7. 單響「建立」按鈕

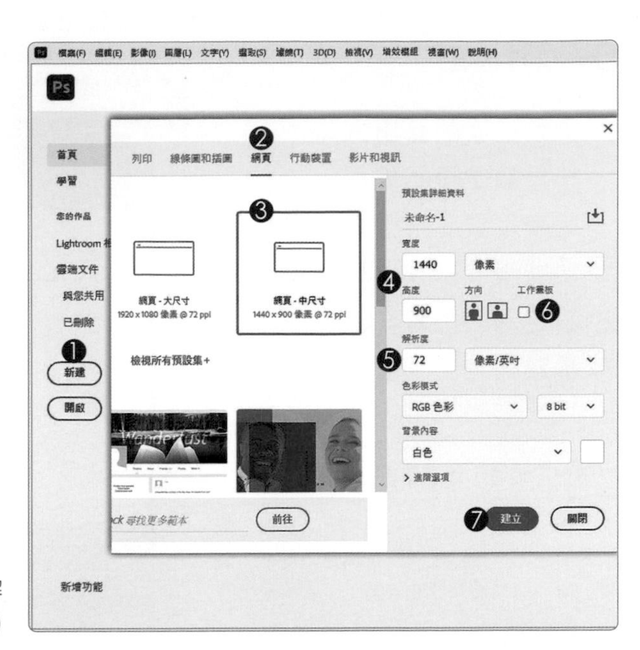

轟炸式記憶法

網頁常用解析度 72 像素 / 英吋。沖印常用解析度300 像素 / 英吋。(來！我們一起唸 3 遍)

C> 檢查一下新檔案

1. 雙響「手形工具」
   圖檔調整到視窗大小
2. 圖層面板有「背景」
   背景圖層顯示「白色」
3. 標籤列顯示「RGB/8」

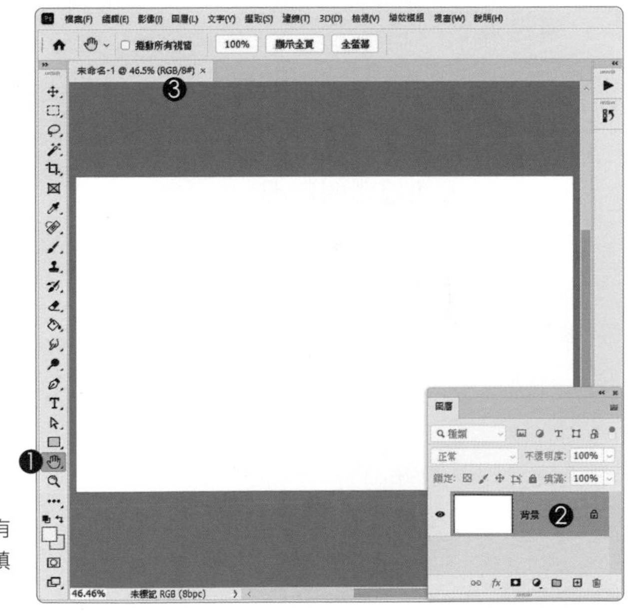

很熟了吧

新檔案一旦建立完成，跟「開啟舊檔」沒有兩樣，唯一的差異是新檔案是空的，需要填點素材進去，其他的操作程序都相同。

D> 校樣設定

1. 這份檔案的輸出方向
   已經鎖定是「網頁」
   就表示要在「螢幕」觀看
   功能表「檢視 - 校樣設定」
2. 設定為「螢幕 RGB」
3. 標題列加了「螢幕」字樣

先做好「校樣」才名正言順

為了擔心接下來的影像編輯超出「螢幕」能顯示的範圍，所以我們先把顏色限制在「螢幕」中，這樣檔案放在網頁中，才不會出現讓人嚇一跳的色偏（記住喔）。

E> 編輯檔案內容

1. 新檔案建立好
   接下來就是編輯
   這個階段需要很多的時間
   想法與精力（加油）
   同學可以使用工具
2. 搭配圖層來建立新檔案

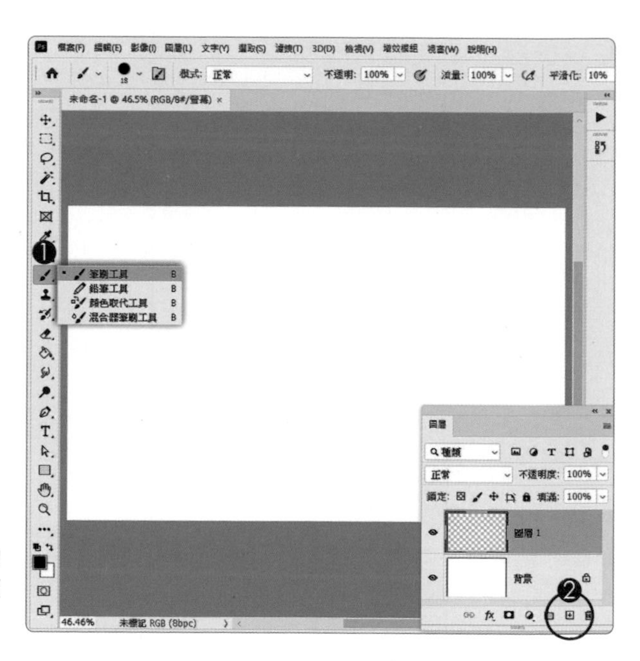

大量閱讀才能設計出好作品

20 年了，楊比比每天都會閱讀 10 份左右的作品，把「排版方式」、「字體狀態」、「顏色組合」記錄下來，累積成自己的養分。

F> 建立版權

1. 功能表「檔案 - 檔案資訊」
2. 在「基本」類別中
3. 輸入個人資訊與版權
4. 版權狀態「版權所有」
5. 版權記號才會加入檔案中
6. 版權設定完成後
   可以儲存下來反覆使用

批次套用版權

Adobe 有一套檔案管理軟體 Bridge（也包含在攝影計畫中），可以一次在大批影像檔案中套用版權設定，既快速又方便。

G> 轉存網頁檔案

1. 網頁格式的檔案的
   建議使用「檔案 - 轉存」
   執行「轉存為」
2. 格式「JPG」
3. 網頁用品質「80%」
4. 前面設定好的版權也加進去
   設定「版權與聯絡資訊」
5. 色域「轉換為 sRGB」
6. 單響「轉存」按鈕

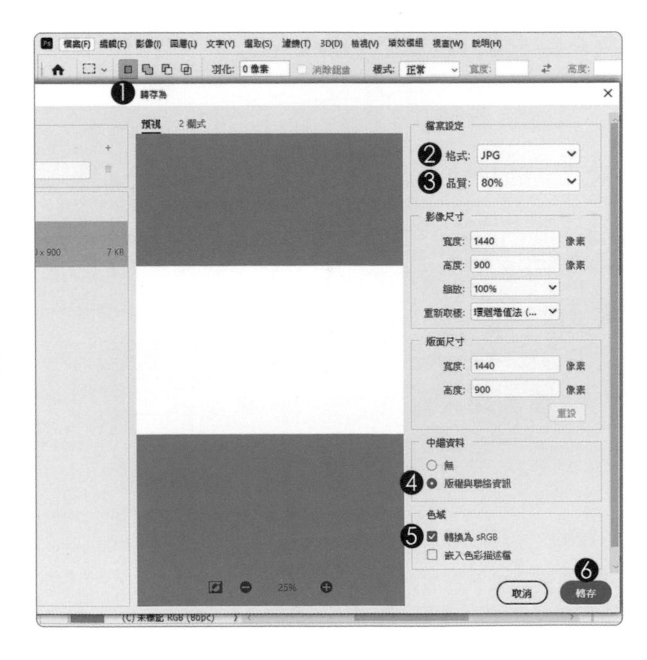

學習重點：填入背景顏色 | 置入嵌入的物件 | 移動工具：顯示變形控制項

新檔案中
填色與影像置入

參考範例　Example\03\Pic001.PNG

A> 建立網頁格式的新檔案

1. 單響「新建」
2. 單位「像素」
3. 寬度 1600 高度 800
4. 方向「橫向」
5. 解析度「72 像素 / 英吋」
6. RGB 色彩 / 8 bit
7. 背景內容「白色」
8. 單響「建立」按鈕

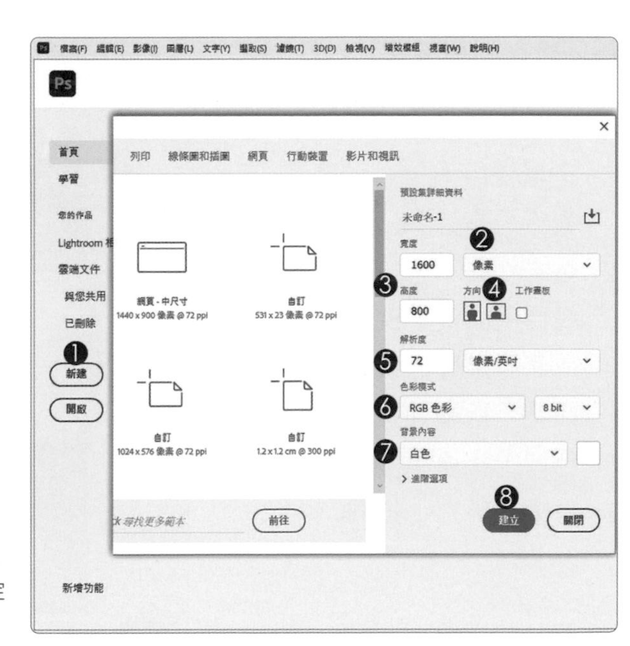

網頁單位與解析度

只要是透過螢幕觀看的檔案，單位請設定「像素」，解析度則是「72 像素 / 英吋」。

B> 校樣設定

1. 雙響「手形工具」
   將圖片調整到視窗大小
2. 圖層面板顯示白色「背景」
3. 功能表「檢視 - 校樣設定」
4. 單響「螢幕 RGB」
5. 標籤列顯示 RGB/8/ 螢幕

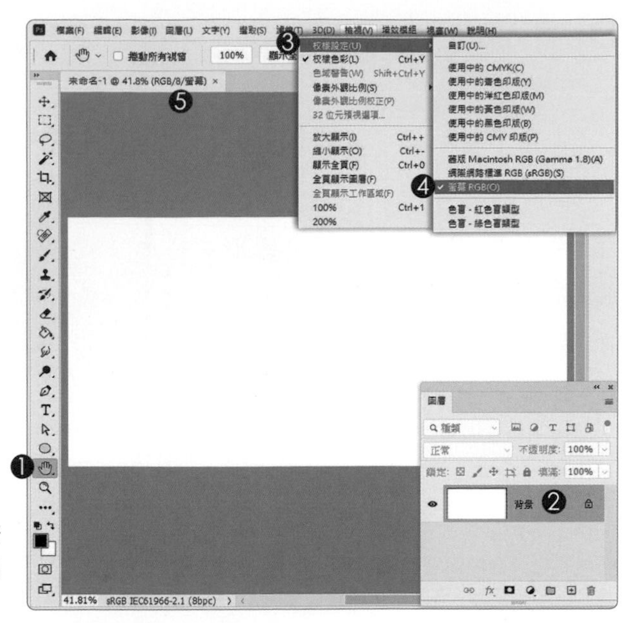

依據輸出需求設定「校樣」

檔案要輸出到網頁，也就是透過螢幕觀看，所以「校樣」設定為「螢幕」。如果是專業的出版印刷，可以指定「使用中的 CMYK」。

C> 填入背景顏色

1. 功能表「編輯」
   執行「填滿」
2. 內容「顏色 ...」
3. 色碼為「fcc728」
4. 單響「確定」
5. 再一個「確定」結束填滿

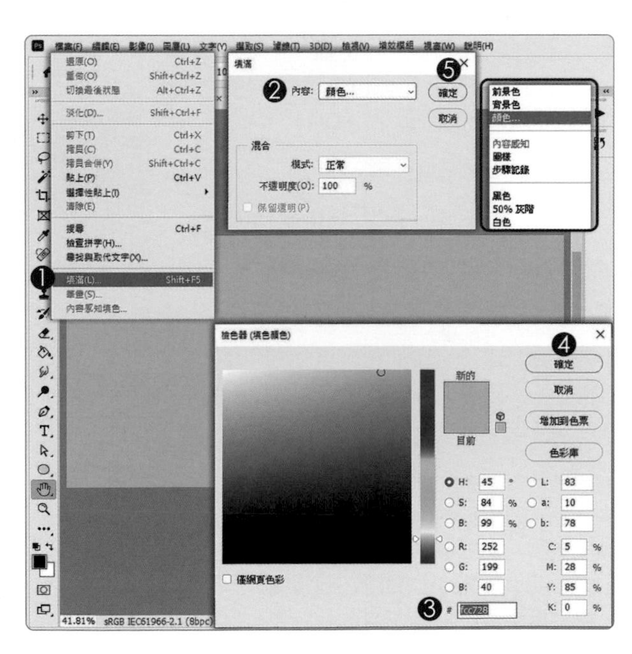

填滿 / 快速鍵 Shift + F5

同學看一下「填滿」的「內容」選單(紅框)，除了「前景 / 背景色」之外，還能填入特定的「顏色」與「圖樣」到指定的範圍中。

D> 置入圖形檔案

1. 功能表「檔案」
   執行「置入嵌入的物件」
   選取範例檔案 Pic001.PNG
2. 開啟「等比例」才不會變形
3. 拖曳控制框調整圖片大小
4. 單響「✓」結束置入程序
5. 新增 Pic001 圖層

PNG 格式能記錄透明區域

人物以外的區域都是透明的，必須以 PNG 格式存檔，才能保留透明範圍；這張黑白圖片的效果不錯吧，不急！我們後面會學。

E> 調整一下圖片位置

1. 確認選取圖層 Pic001
2. 單響「移動工具」
3. 拖曳調整圖片顯示位置
4. 勾選「顯示變形控制項」
5. 圖片外側出現變形控制框
   可以再次調整圖片大小

顯示變形控制項

開啟「顯示變形控制項」目前圖層的圖片外側會顯示「控制框」，拖曳控制框可以調整圖片大小，調整完畢記得按「Enter」。如果同學不想看到變形控制外框，只要關閉「顯示變形控制項」的勾選就可以了。

F> 存檔前記得加上版權

1. 功能表「檔案 - 檔案資訊」
   單響「基本」類別
2. 輸入個人相關資訊
3. 版權狀態「版權所有」
4. 輸入個人網址或是 FB

儲存版權資訊

5. 單響「範本資料夾」
6. 單響「轉存」
   將目前的資料保留下來
   下次直接套用就好

G> 保留圖層結構的 TIF

1. 功能表「檔案」
2. 執行「另存新檔」
3. 儲存為能保留圖層的 TIF
   影像壓縮「LZW」
   其餘參數不變

儲存為網頁用的 JPG 格式

4. 功能表「檔案 - 轉存」
5. 執行「轉存為」
6. 網頁 JPG 品質「80%」就好
7. 記得加入版權資訊

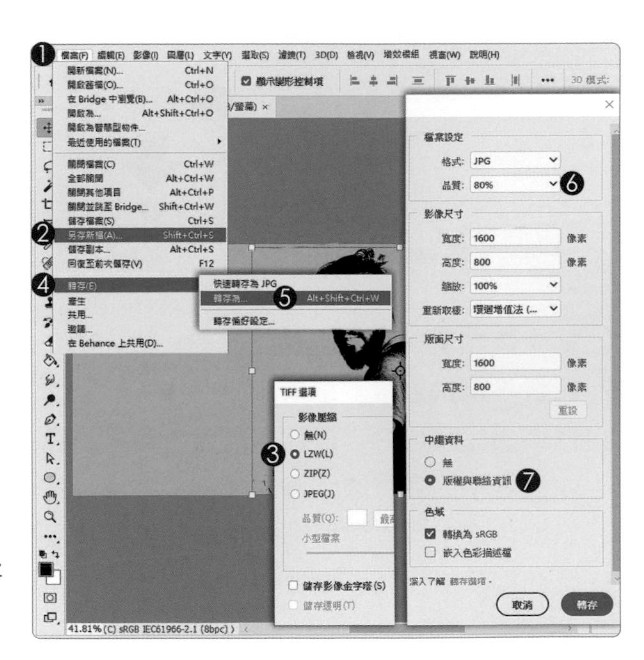

指定新檔案的背景顏色

Adobe 在 2015.5 這個版本修改建立新檔案的方式後，調整檔案的背景顏色，在 Adobe 的論壇突然成了熱門話題（晚上睡不著的時候我都看 Adobe 論壇，五分鐘入睡），變更顏色的位置那麼明顯，怎麼會有那麼多人找不到？

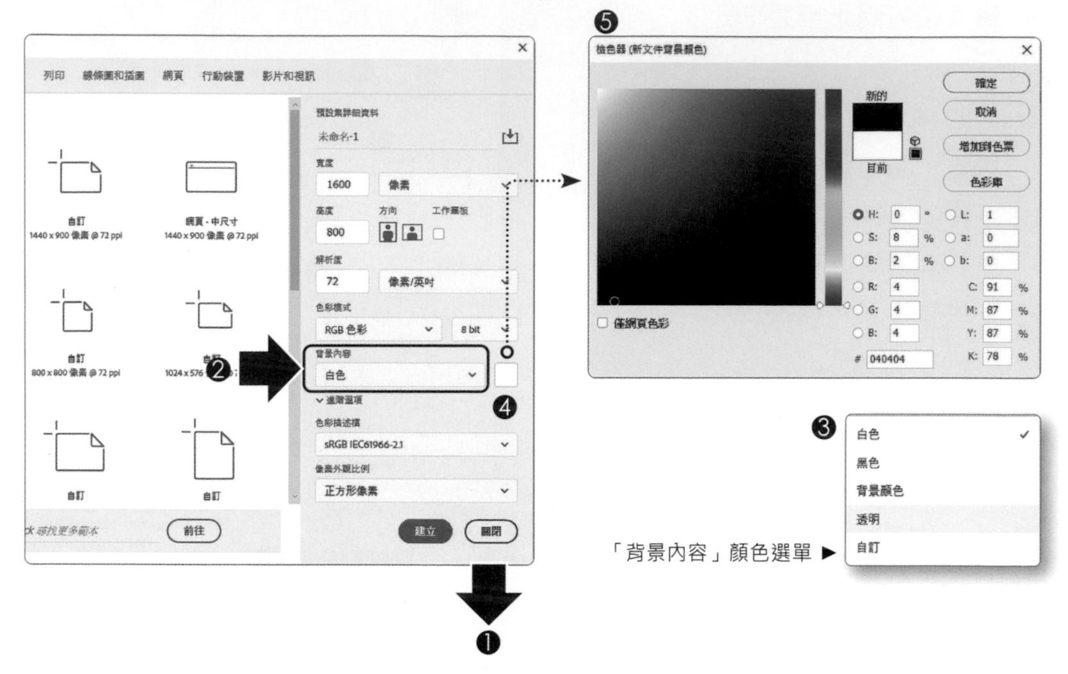

指定新檔案背景顏色　注意這幾點

1. 把「建立新檔案」的視窗拉長一點，視窗範圍太小，看不到完整的選單
2. 單響「背景內容」選單
3. 選單的完整內容「白色、黑色、背景顏色、透明、自訂」
   如果看不到完整的「背景內容」選單，就重複第一個步驟，視窗拉長一點
4. 單響色塊，可以開啟「檢色器」自訂背景顏色
5. 這個就是 Adobe 提供的「檢色器」，在 Photoshop 配色多半靠它

保留常用的 新檔案數據 / 建立「文件預設集」

Photoshop 能把常用的「新檔案」寬、高等等的檔案數據保留下來，這種常用數據的保留，在 Photoshop 中，統一稱為「預設集」。儲存工具常用的數值，就是工具預設集；保留新檔案的數據，就稱為「文件預設集」。

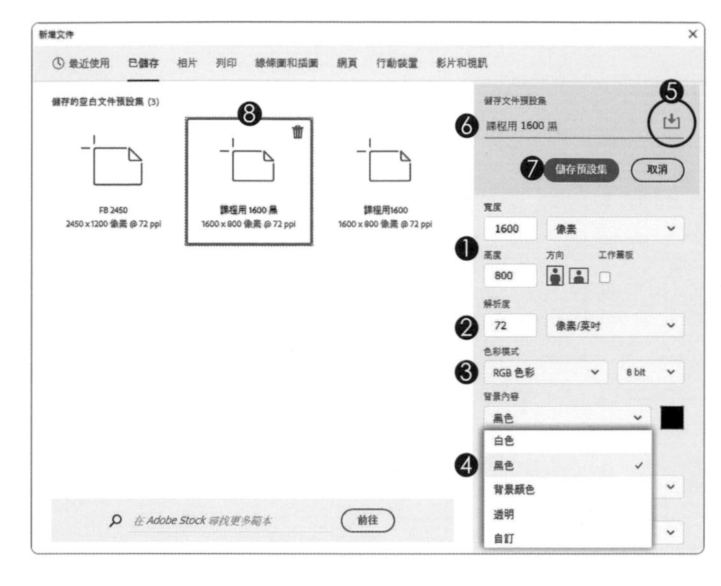

儲存文件預設集

1. 設定檔案寬高與單位
2. 指定解析度
3. 色彩模式 / 位元深度
4. 背景內容「黑色」
5. 單響「儲存」按鈕
6. 輸入預設集名稱
7. 單響「儲存預設集」
8. 加入儲存類別中
   顯示新的預設集

透明背景

「透明」表示「背景沒有畫素」，空的、什麼都沒有；背景透明的檔案使用的範圍很廣，網頁設計、平面設計都需要，來看看 Photoshop 中的透明背景。

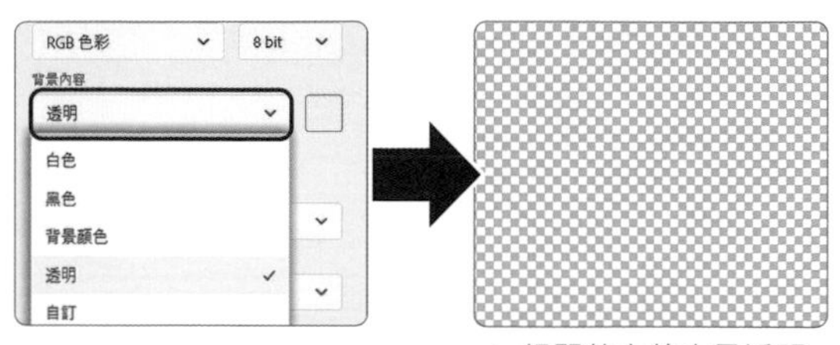

▲ 相間的方格表示透明

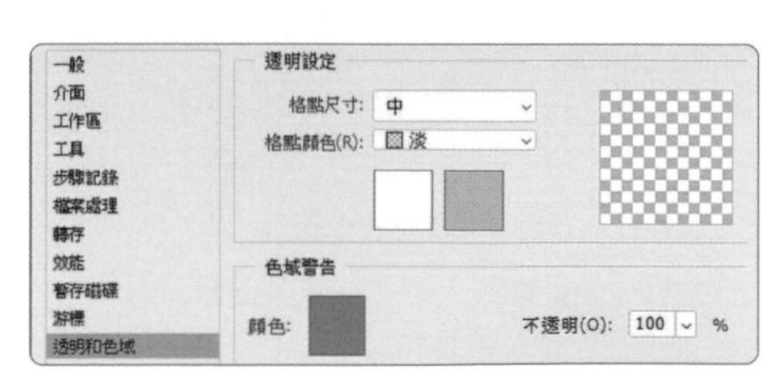

▲ 偏好設定 - 透明和色域：可以調整透明設定

建立行動裝置使用的新檔案

適用版本　Adobe Photoshop 2015 以上
參考範例　Example\03\Pic002.PNG

現在的網頁設計，需要放置在不同尺寸的行動裝置中（手機、PAD），為了確保畫面的排列方式一致，可以使用「工作區域」來安排我們的作品。

學習重點

1. 使用「行動裝置」類別中的範本來建立新檔案。
2. 工作區域工具可以調整「工作區域」的範圍、顏色，並增減工作區域。
3. 將圖片置入在不同尺寸的「工作區域」中。

A > 建立行動裝置的工作區

1. 單響「新建」
2. 單響「行動裝置」
3. 單響適合的尺寸
4. 這裡還有其他尺寸
5. 預設集中顯示目前裝置大小
6. 勾選「工作畫板」
7. 單響「建立」按鈕

尺寸還可以改

我們在「行動裝置」中，先選個大概，進入 Photoshop 後，再調整裝置的尺寸。

B> 顯示工作區域

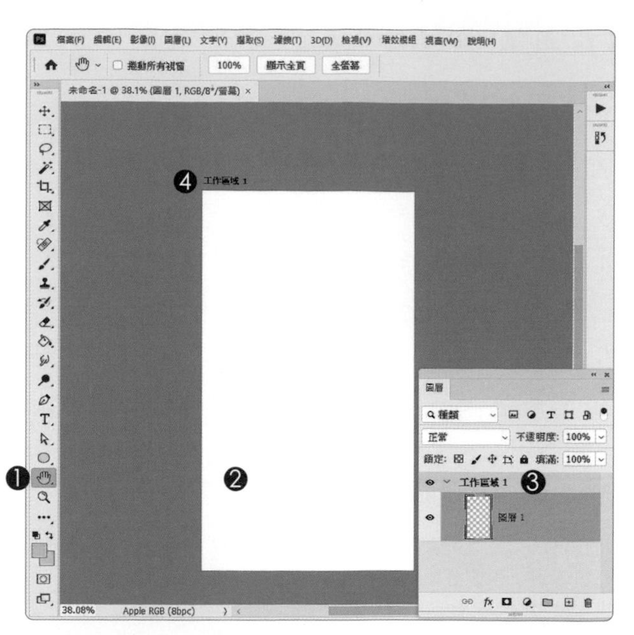

1. 選取「手形工具」
2. 拖曳調整工作區的顯示位置
3. 圖層面板顯示的是
   工作區域 1
4. 跟編輯區的名稱相同

修改工作區域的名稱

雙響「圖層」面板上「工作區域 1」，就可以修改工作區的名稱；圖層面板上的名稱修改後，編輯區上的工作區域名稱也會跟著變更。

C> 工作區域專用工具

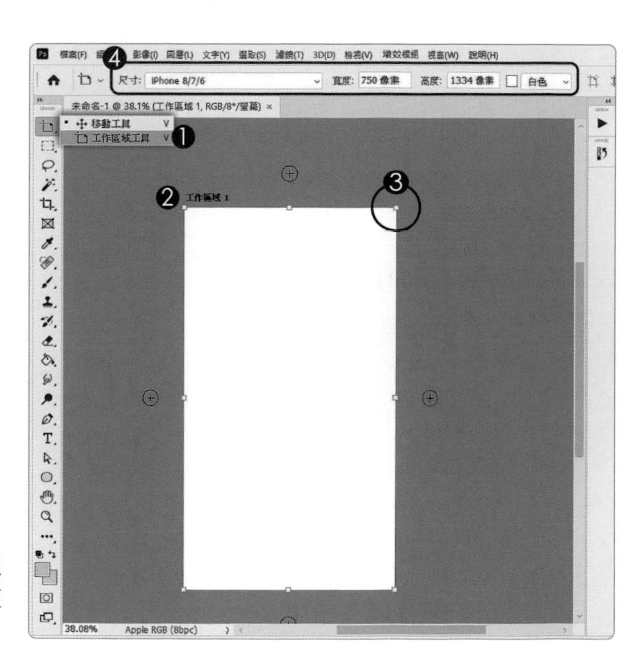

1. 單響「工作區域工具」
2. 單響「工作區域 1」名稱
3. 工作區域外側顯示控制點
   拖曳控制點可以調整
   工作區域大小
4. 工具選項列也顯示
   工作區域的各項設定

變更工作區尺寸

單響工具區域工具選項列中的「尺寸」可以透過選單，指定不同的輸出裝置，同時變更編輯區中「工作區域」的寬高。

D> 變更工作區域底色

1. 使用「工作區域工具」
2. 確認選取工作區域 1
3. 選項列中單響「色塊」
4. 開啟「檢色器」
   輸入色碼 fcc728
5. 單響「確定」結束檢色器
6. 變更工作區域底色

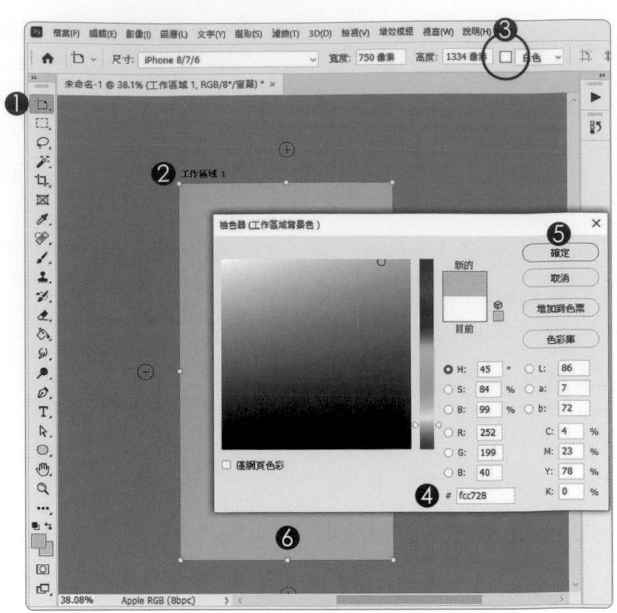

工作區域沒有背景圖層

工作區域就是個範圍，底色可以填進來，也可以不填（不填就是透明範圍），每個工作區域有獨立的顏色與範圍，彈性很大。

E> 新增 iWatch 工作區

1. 使用「工作區域工具」
2. 單響「工作區域 1」
   確認選取這個工作區
3. 工作區四周會顯示「+」
   單響「+」複製出新工作區
4. 單響「工作區域 2」名稱
5. 修改尺寸為
   Apple Watch 42mm
   工作區域 2 尺寸也跟著調整
6. 也可以直接修改選項列中的
   寬度與高度

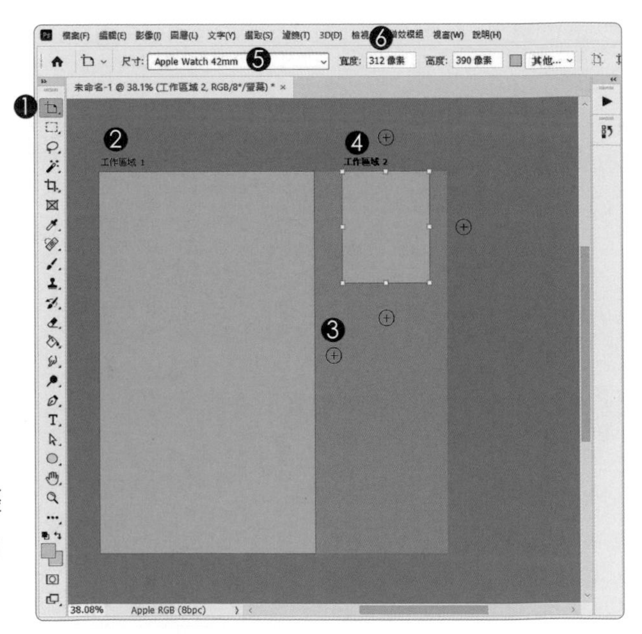

F> 置入圖片

1. 單響「工作區域 1」
2. 功能表「檔案」
   執行「置入嵌入的物件」
   選取 Pic002.PNG
   置入到工作區域中
3. 確認開啟「等比例」模式
4. 拖曳控制框調整圖片大小
5. 單響「✓」結束圖片調整
6. 工作區域 1 的群組中
   加入了圖層 Pic002

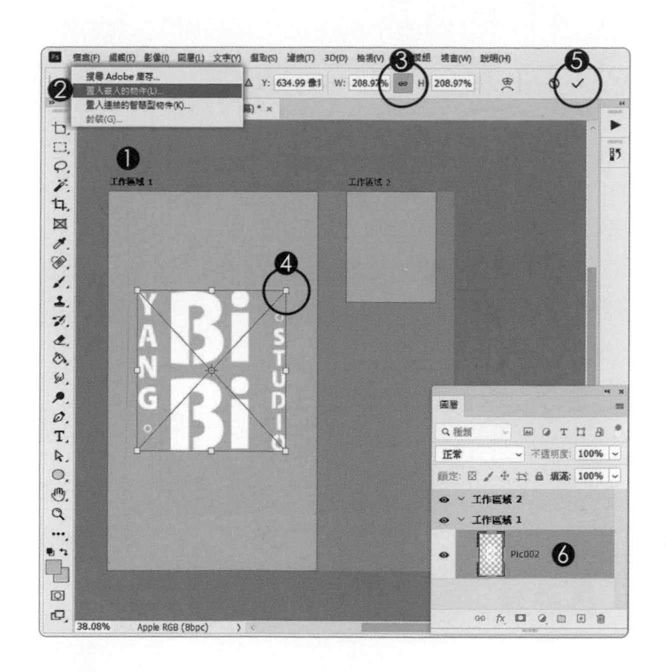

G> 再置入一次

1. 單響「工作區域 2」名稱
2. 功能表「檔案」
   執行「置入嵌入的物件」
   選取 Pic002.PNG
   置入到工作區域中
3. 等比例要記得開啟
4. 拖曳控制點調整圖片寬高
   才不會變形喔
5. 單響「✓」結束調整
6. 工作區域 2
   新增圖層 Pic002

工作區域
究竟是作什麼的？

在 Photoshop 中，一份文件只能有一組寬高，如果需要不同寬高的檔案，就要開一份新的檔案，重新製作（以前我們都是這樣做的）。工作區突破了這個限制，只要使用工作區，同一份檔案可以有多種不同的寬高尺寸，方便呀！

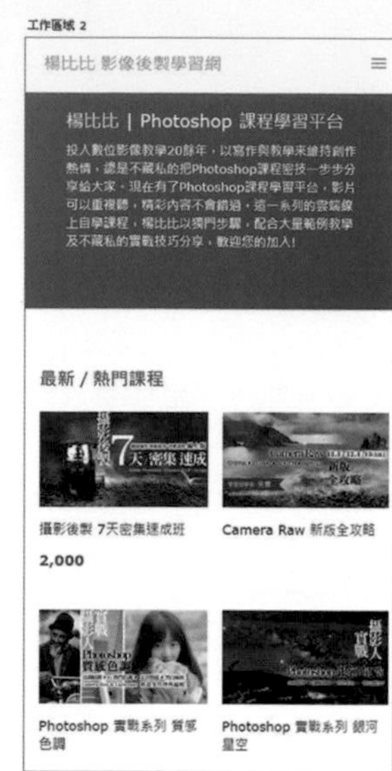

保留完整工作區域的儲存格式

為了保留工具區中所有的「工作區範圍」與「圖層」結構，必須以 Photoshop 的標準格式「PSD」或是提供非破壞性壓縮的「TIF」格式存檔，才能保留完整的工作區資訊，儲存的方式大家還記得吧！

PSD：檔案限制 2GB

PDB：2GB 以上使用大型檔案格式

TIF：檔案上限 4GB

這三種格式能
保留完整的圖層結構

轉存
一個工作區 / 功能表「檔案 - 轉存」執行「工作區域轉存檔案」

來！我們隨堂問答一下「能記錄完整的圖層結構跟工作區域的是什麼檔案格式？」（PSD 或是 TIF，TIF 是首選）。如果只想把其中的一個工作區轉存成 JPG 或是其他格式呢？也可以，執行「檔案 - 轉存 - 工作區域轉存為檔案」。

1. 使用「工作區域工具」
2. 單響要儲存的工作區域
3. 功能表「檔案 - 轉存」
執行「工作區域轉存檔案」
4. 指定儲存檔案夾位置
5. 設定工作區域輸出參數
6. 指定檔案格式與品質
7. 勾選「包含工作區域名稱」
8. 就可以調整名稱字體大小

建立沖洗印刷用的新檔案

使用版本　Adobe Photoshop 2021

同學記得，建立新檔案的時候，一定要考慮「輸出需求」，沖印與網頁使用的「單位」與「解析度」都不一樣，設定時要特別注意（尤其是單位）。

學習重點

1. 建立沖印用的檔案，影像單位設定為「公分、公釐、英吋」。
2. 沖印使用的檔案，解析度通常設定為「300 像素 / 英吋」。
3. 常用的沖印格式「JPG、TIF、PDF」。色彩模式為 RGB 與 CMYK。

A> 首頁中建立檔案

1. 單響「新建」按鈕
2. 選取「列印」類別
3. 單響適合的預設集
4. 配合預設集調整沖印的單位與寬高
5. 沖印解析度「300」
6. 單響「建立」按鈕

建立檔案流程

-- 考慮輸出需求決定單位與解析度
-- 指定輸出顏色校樣設定
-- 存檔前加入個人版權資訊

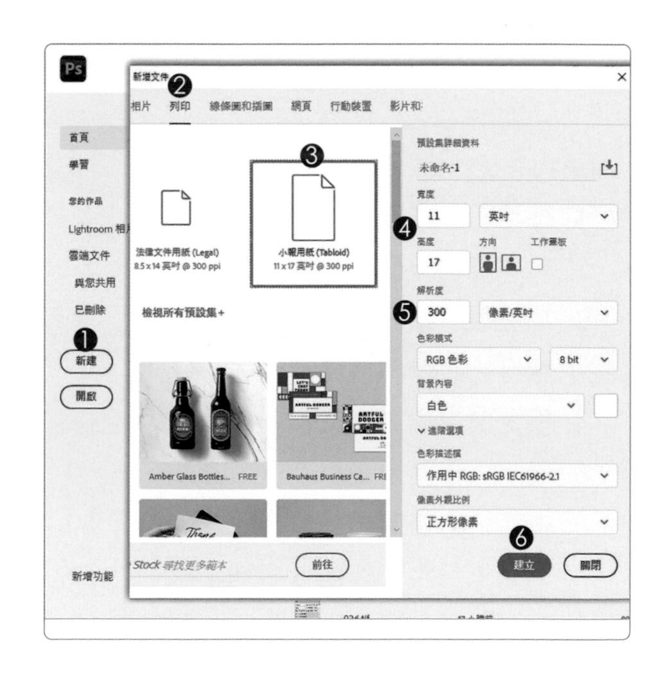

B> 四色印刷校樣設定

1. 功能表「檢視 - 校樣設定」
2. 執行「使用中的 CMYK」
3. 標籤列顯示
   檔案為 RGB/8 位元
   校樣方式為 CMYK 色彩

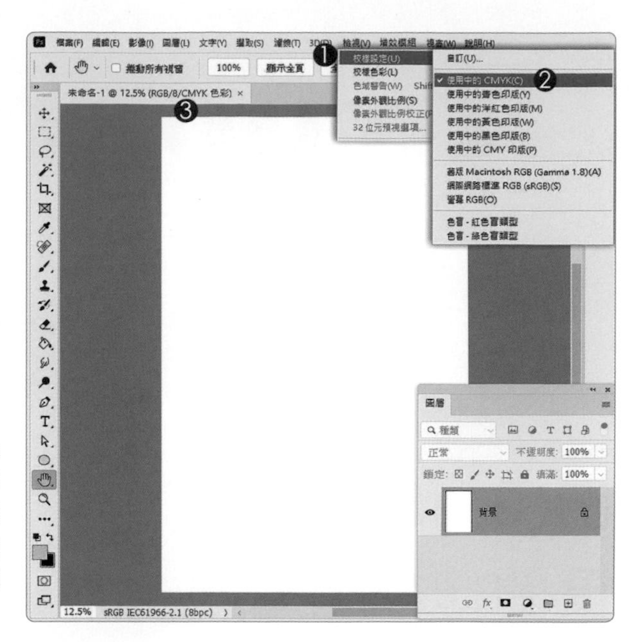

Photoshop 中以 RGB 模式為主

在 RGB/8 位元模式下才能使用 Photoshop 所有的工具與指令，如果這份檔案是輸出印刷，而且印刷廠要求「CMYK」，就必須以這樣的方式進行設定，在 RGB 模式下使用「CMYK」來校色，確保 RGB 轉 CMYK 後顏色差異不會太大（這有點難，我們慢慢聊）。

C> 編輯完畢存檔前設定版權

1. 功能表「檔案 - 檔案資訊」
2. 基本項目中
3. 加入個人資訊
4. 設定「版權狀態」
5. 標題列顯示版權記號
6. 單響「確定」按鈕

把個人版權資訊存起來吧

再提醒一次，請單響「範本資料夾」（紅框）執行選單內的「轉存」指令，將目前的設定保留成一個版權檔案，方便下次「讀入 ...」。

Typography

Yangbibi37.5 Studio

學習重點：校樣設定 CMYK 色彩 ｜ 橢圓工具 ｜ 調整形狀圖形寬高

四色列印
莫蘭迪色調海報

參考範例　Example\03\Pic003.PNG

A＞有很多預設的尺寸

1. 單響「新建」按鈕
2. 選取「列印」類別
3. 單響「檢視所有預設集＋」列出很多常用尺寸
4. 單響 A5
5. 顯示與 A5 相同的寬高
6. 單響「建立」按鈕

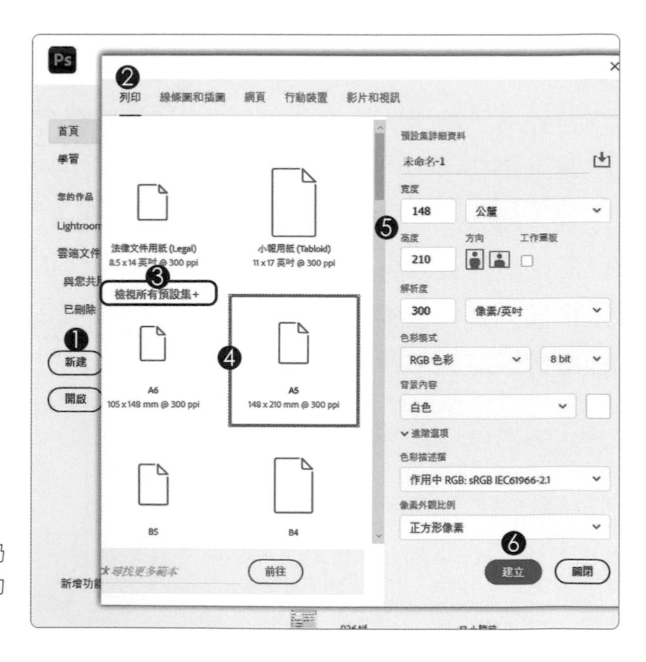

新檔案的色彩模式為 RGB

這雖然是一份需要輸出印刷的檔案，但我們仍然以 RGB 模式開啟，因為在 RGB/8 位元的模式下，才能使用 Photoshop 所有的指令。

B> 要求顏色以 CMYK 表現

1. 功能表「檢視 - 校樣設定」
2. 執行「使用中的 CMYK」
3. 標籤列顯示
   檔案為 RGB/8 位元
   校樣方式為 CMYK 色彩

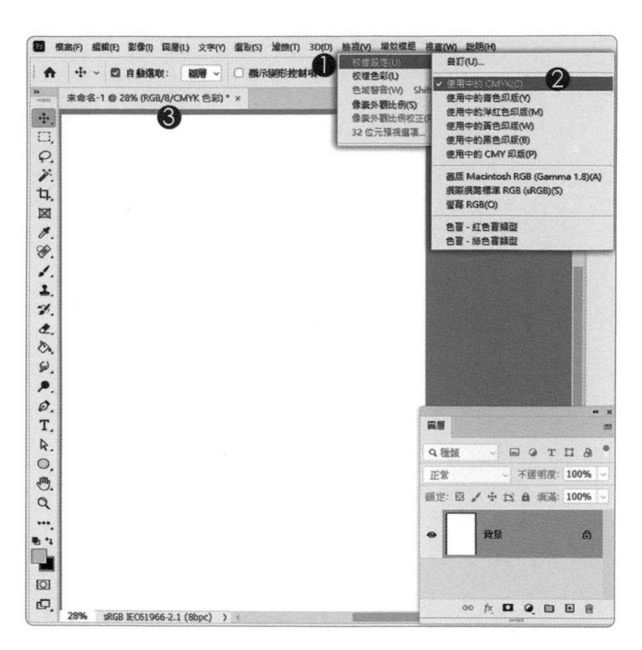

有沒有看出一點門道

為了能讓編輯能順利進行，Photoshop 的色彩模式必須為 RGB，但 RGB 的很多顏色 CMYK 表現不出來，所以我們透過「校樣設定」要求「即便在 RGB 模式下，顏色仍然保守的以 CMYK 顯示」，這樣 RGB 轉 CMYK 後，顏色的差異就不會太大喔。

C> 背景填入顏色

1. 目前選取的是「背景」圖層
2. 開啟「內容」面板
3. 單響色塊
4. 檢色器中指定顏色
   色碼 bdc999
5. 單響「確定」按鈕

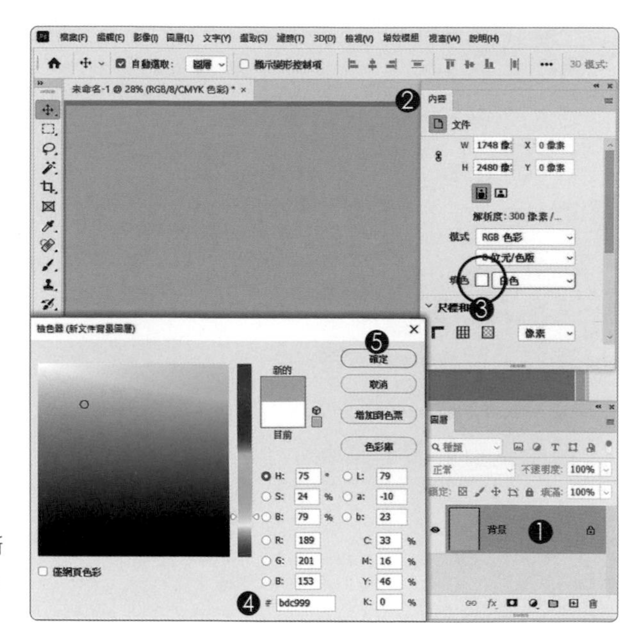

常用的填色方式

除了「內容」面板之外，我們還可在建立新檔案的時候指定背景顏色；也能使用「編輯」選單中的「填滿」指令來填入顏色。

D> 畫一個圓

1. 使用「橢圓工具」
2. 單響「填滿」色塊
3. 填滿顏色為「純色」
4. 單響「檢色器」
5. 指定色碼為「f3d17f」
6. 單響「確定」
7. 確認圖形模式為「形狀」
8. 按著 Shift 拖曳拉出圓形
9. 新增「橢圓」圖層

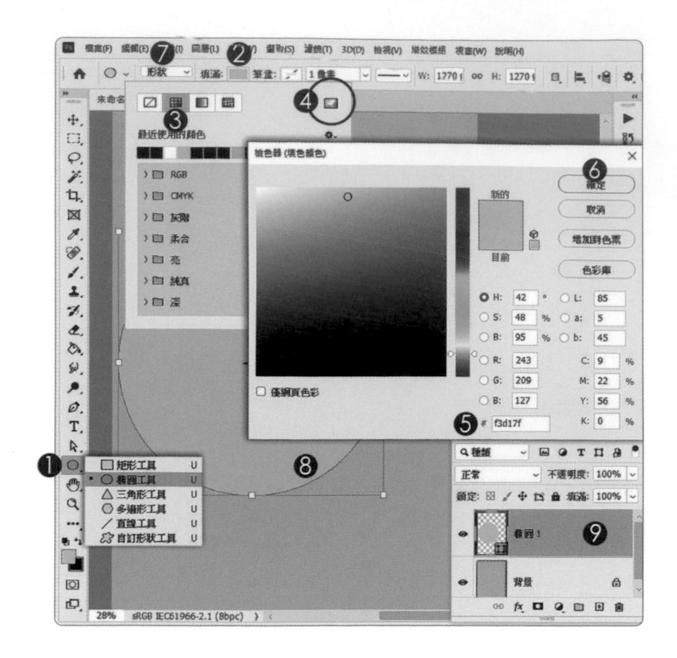

E> 調整橢圓的寬高與單位

1. 確認選取橢圓形狀圖層
2. 開啟「內容」面板
3. 寬高（WH）欄位
   單響「右鍵」
   指定單位為「公分」
4. 寬度 W「15」
5. 單響「移動工具」
6. 拖曳調整橢圓的位置

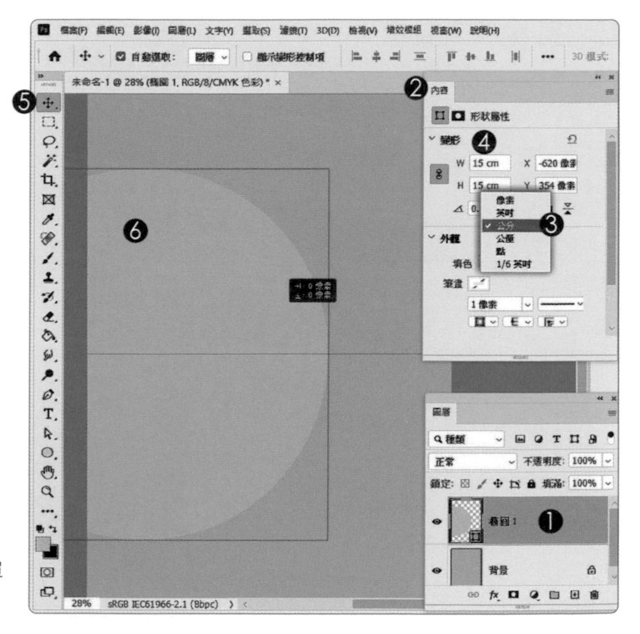

單位不要自己打進欄位

碰到需要單位（像素、英吋）的欄位，記得單響右鍵，由選單中指定單位（很重要喔）。

F> 置入圖片

1. 功能表「檔案」
   執行「置入嵌入的物件」
   選取範例 Pic003.PNG
2. 多一個 Pic003 的圖層
3. 拖曳控制框可以調整尺寸
4. 單響選項列上的「✓」
   或是按下 Enter 結束置入

置入的圖片會成為「智慧型物件」

智慧型物件能保留圖片的原始尺寸與檔案資訊，後續課程我們用的很多，慢慢聊喔！

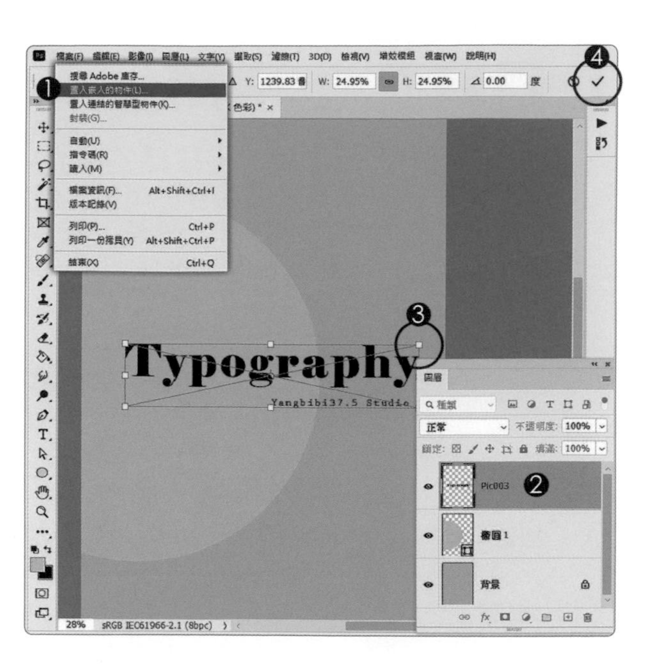

G> 轉換色彩模式為 CMYK

1. 功能表「影像 - 模式」
2. 轉換為印刷需要的 CMYK
3. 保留圖層結構「不要平面化」
4. 保留智慧型物件圖層
   不要點陣化

存成印刷廠需要的 TIF 格式

TIF 有非破性壓縮的特質，還能保留完整的圖層結構，又支援 RGB 以及 CMYK 色彩模式，多數印刷廠都接受 TIF 格式。記得，存檔前要建立版權，並且轉換色彩模式，太早轉 CMYK，會有部份指令不能正常使用喔！

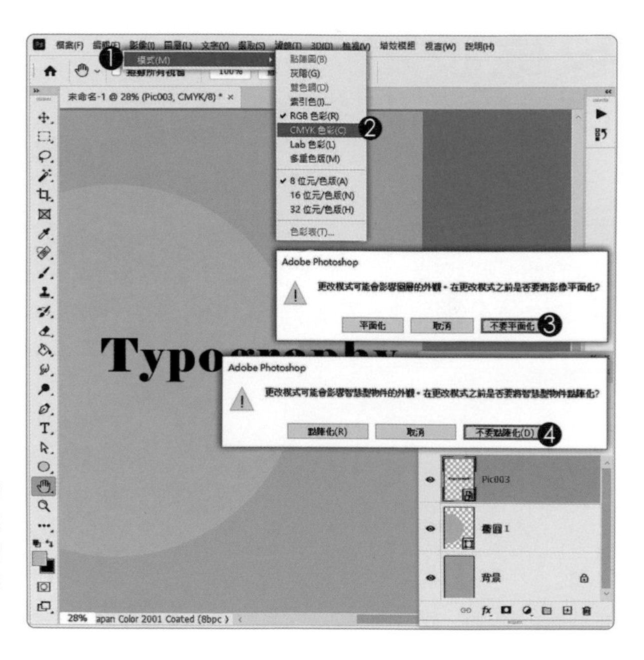

建立新檔案
我們有這些選擇

連著幾個練習，同學應該也能看得出來，建立新的文件，要先考慮好檔案的定位，這個圖檔究竟是要放在「螢幕上觀看」，還是要「沖洗印刷出來」；決定好輸出方向，才能依據方向挑選「預設集」，來設定單位與解析度。

	沖印	螢幕觀看
預設集類別	相片、列印、插畫	網頁、行動裝置、影片視訊
常用單位	英吋、公分、公釐	像素
解析度	300 像素 / 英吋	72 - 96 像素 / 英吋

校樣設定
可以減少顏色誤差 / 檔案開啟後的第一個步驟

不論是「新檔案」還是「舊檔案」，檔案開啟後，請同學依據輸出需求「設定校樣」；校樣的指定大致可以這樣分類，檔案最後會放在「螢幕上觀看的」選「螢幕 RGB」，需要四色印刷的，校樣設定為「使用中的 CMYK」。

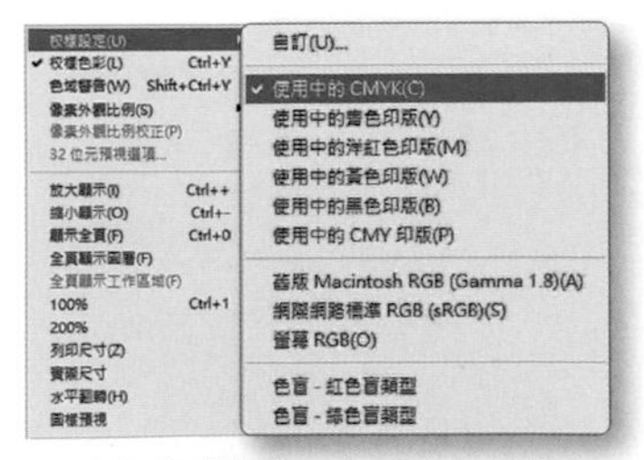

▲ 功能表「檢視」指定「校樣設定」

關閉「校樣設定」

如果碰到使用 RGB 模式的數位輸出，或是不需要「校樣設定」的輸出模式，關閉功能表「檢視」選單中的「校樣色彩」，就可以關閉校樣。

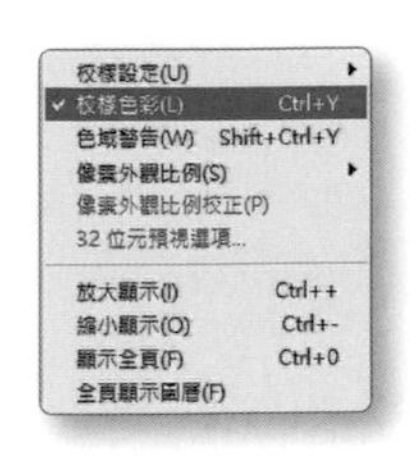

存檔前
確認色彩模式

/ 儲存檔案前要考慮的第一件事

如果這是一份需要 CMYK 印刷出來的圖片，校樣也指定為「使用中 CMYK」（表示我們在 RGB 模式下，以 CMYK 色彩顯示），當檔案編輯完畢，儲存檔案前，記得將色彩模式由 RGB 轉換為 CMYK，再送印刷廠。

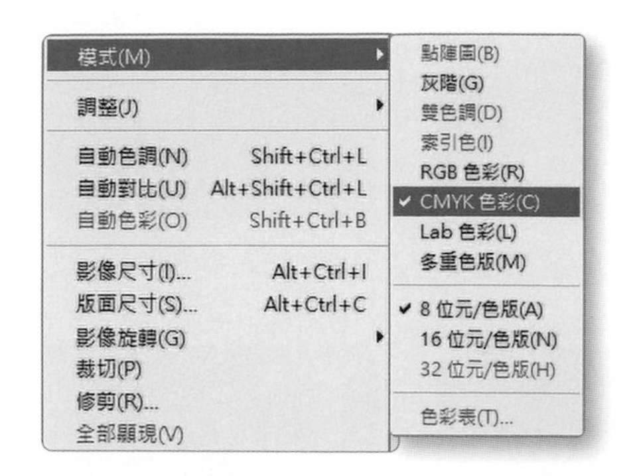

轉換過程中可能的詢問

前幾個範例練習的過程中，也談過這個問題，主要就是問我們「要不要合併圖層」（建議：不要合併）。「要不要點陣化智慧型物件圖層」（建議：不要點陣化）。簡單的說模式轉換後，盡量保持目前圖層結構的完整性就沒錯了。

存檔前設定
個人版權資訊

/ 儲存檔案前一定要記得加入版權設定

/ 指令位置：檔案 - 檔案資訊

加入「個人版權」這件事，我們前面練習過幾次，但楊比比還是要再強調一次，自己辛苦設計出來的作品，就像自己的孩子，得把生辰八字寫清楚，這年頭版權界線模糊，如果被竊取盜用，才能主張權力，證明這份作品是自己的。

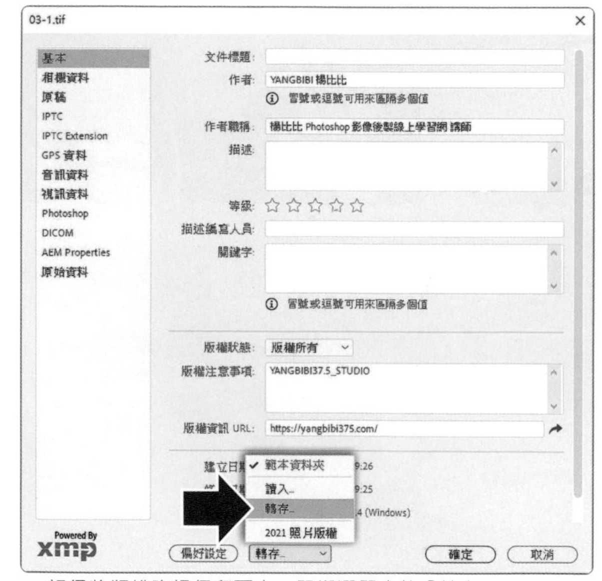

▲ 記得將版權資訊保留下來（單響選單中的「轉存」）

檢色器的 H、S、B 色彩控制

相近色容易配出好看的漸層色彩

電影色調 Banner

匯入外部色票檔案
使用筆刷工具繪製底色

色票是最好的配色工具

漸層色彩搭配混合模式

快又精準的數位換色

04 影像的質感色調

實用色彩美學

浪浪貓的方形黑白廣告

超人氣抽色技法

分割補色拼貼技巧

這是一個能把
Photoshop 顏色功能掌握好的單元
尤其是顏色搭配、調整圖層的運用
都是這個章節的重點

學習重點：從「色票」指定顏色 ｜ 檢色器的色彩控制方式「H、S、B」

HSB 調色控制法

參考範例　Example\04\Pic001.PNG

A> 使用色票指定顏色

1. 開啟範例 Pic001.PNG
2. 開啟「色票」面板
3. 單響面板中的「色塊」
4. 就能改變前景色

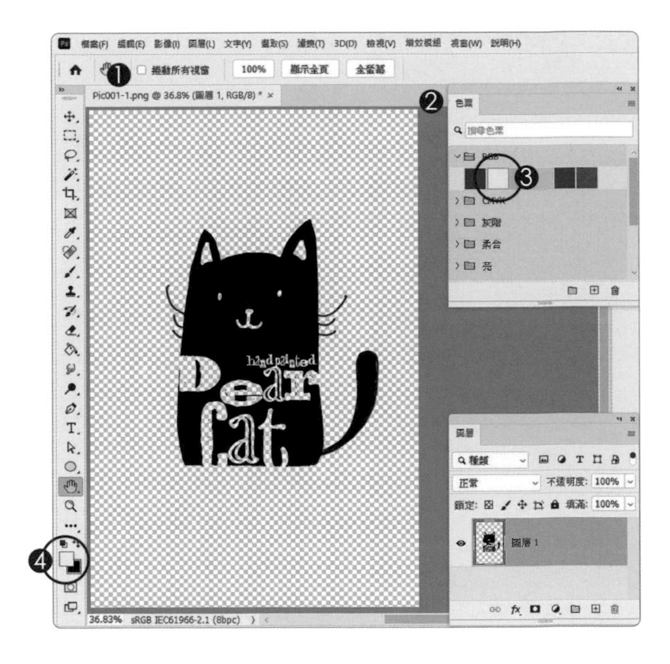

從色票中指定「前景色 / 背景色」

前景色：單響色票中的色塊
背景色：Alt + 單響色票中的色塊

B> 建立填色圖層

1. 單響「建立調整圖層」按鈕
2. 執行「純色」
3. 檢色器中顯示的是
   由「色票」指定的前景色
4. 單響「確定」按鈕
5. 建立了一個純色的填色圖層

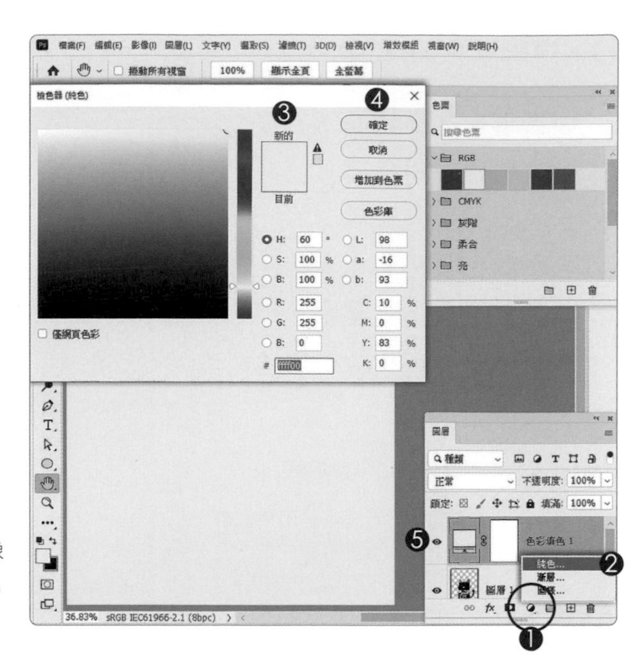

純色填色圖層的預設顏色就是「前景色」

「前景色」能影響的工具與指令很多，就像「檢色器」，會直接抓「前景色」作為「預設」顏色，這是一種很方便的作法，記住囉！

C> 調整圖層的排列順序

1. 拖曳純色填色圖層到下方
2. 圖層 1 中
   除了黑色貓咪以外的區域
   都是透明
   所以能看到下方
   純色填色圖層的顏色

PNG 格式能記錄透明區域

灰白相間的方格在影像設計這個領域，並不是什麼顏色或是圖形的組合，這些方格代表的意義是「透明」，也就是「透明區域」。

D> 調整填入的顏色

1. 雙響填色圖層縮圖
2. 再次開啟「檢色器」
3. 三角形的警告圖示
   表示顏色太亮超出列印色域
   單響「三角形」圖示
   會自動找到最接近的顏色

三角形圖示表示顏色超出印製範圍

顏色出現三角形警告圖示，多半是顏色太鮮豔，印刷印不出來，所以我們得點一下「三角形」請檢色器幫我們找一個「能印得出來」且最接近的顏色，來取代目前的顏色。

E> 色相 Hue

1. 色相「H」模式中
2. 拖曳滑桿可以改變顏色
3. 編輯區中的顏色會跟著變更

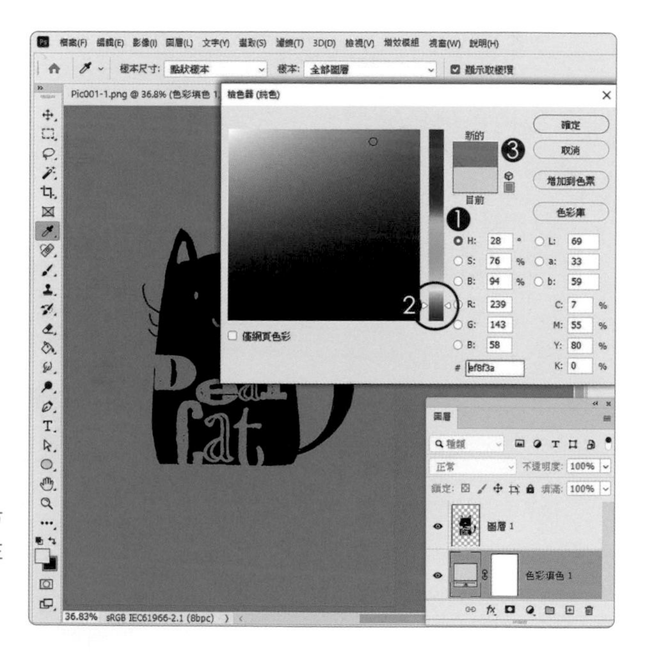

檢色器調色模式

仔細看「檢色器」面板中「H、S、B」前方都有個圓形的選項按鈕，表示我們可以在「檢色器」中透過「色相 H」、「飽和度 S」以及「亮度 B」來調整顏色。

F> 試試飽和度 Saturation

1. 單響「S」前方的圓形按鈕
2. 拖曳滑桿

   可以調整目前顏色的飽和度

檔案(F) 編輯(E) 影像(I) 圖層(L) 文字(Y) 選取(S) 濾鏡(T) 3D(D) 檢視(V) 增效模組 視窗(W) 說明(H)
樣本尺寸: 點狀樣本 樣本: 全部圖層 顯示取樣環
Pic001-1.png @ 36.8% (色彩填色 1,
檢色器 (純色)
確定
取消
新的
增加到色票
目前
色彩庫
H: 28 ° L: 78
S: 47 % a: 18
B: 94 % b: 36
R: 239 C: 8 %
G: 180 M: 37 %
B: 128 Y: 51 %
efb480 K: 0 %
僅網頁色彩
圖層
種類
正常 不透明度: 100%
鎖定: 填滿: 100%
圖層 1
色彩填色 1
36.83% sRGB IEC61966-2.1 (8bpc)

飽和度 = 顏色鮮艷的程度

透過「色相 H」找到適合的顏色之後，可以使用「飽和度 S」控制目前顏色鮮艷的程度。數值範圍在「0 - 100」之間，數值「0」就是「白色」，數值越大顏色越鮮艷飽和。

G> 控制亮度 Brightness

1. 單響「B」前方的圓形按鈕
2. 拖曳滑桿調整亮度
3. 調色完成後

   單響「確定」結束檢色器

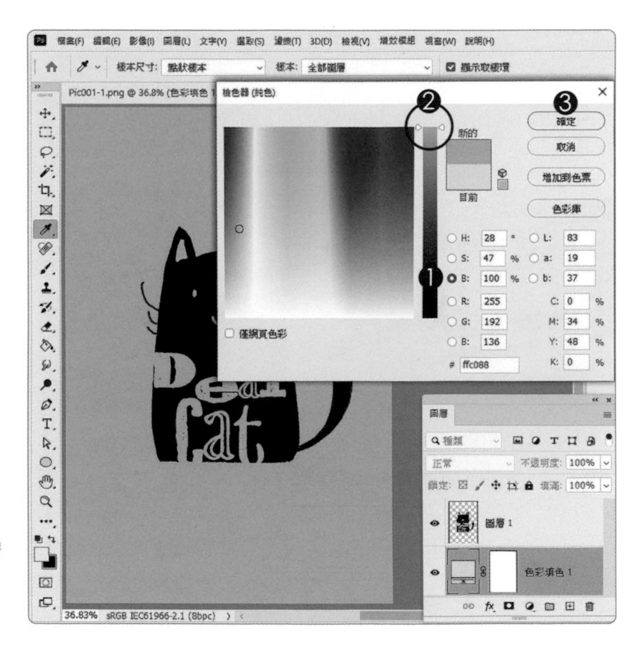

「檢色器」的調色門道

檢色器的預設狀態是「色相 H」，挑選好需要的顏色後，可以透過「S」控制飽和度，或是切換到「B」控制顏色明亮的程度。

檢色器
要服務很多工具

標題這句是實話，文字、繪圖、筆刷等等的工具，還有前景色跟背景色，都是「檢色器」要服務的對象；尤其 Photoshop 又是個以圖形處理為主的編輯軟體，檢色器當然重要，值得我們花兩頁的時間把「檢色器」好好的讀一下。

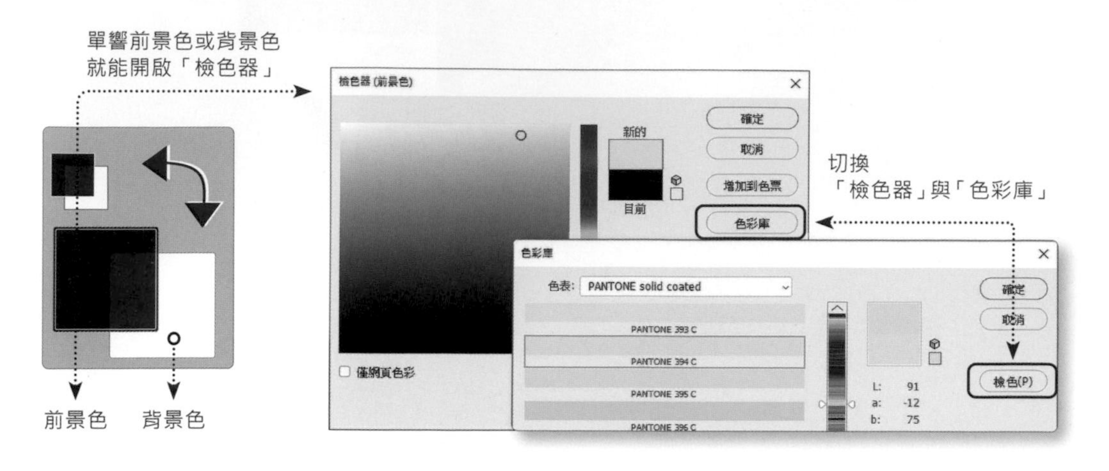

色彩庫中輸入色票編號

當我們拿到一個特定的色票號碼後，請直接由「檢色器」切換到色彩庫，色彩庫中沒有色票編號欄位，所以同學只要直接輸入（沒聽錯，就是直接敲鍵盤）色票號碼，例如「396」就能在「色彩庫」中找到對應的色票。

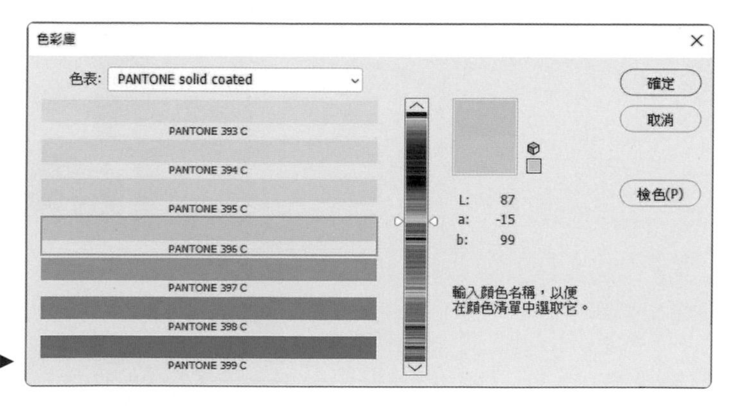

色彩庫面板中直接輸入色票編號 ►

Windows
Adobe 檢色器 / 偏好設定 - 一般

這個狀態同學可能沒有碰過，卻不能不知道該怎麼解決，Photoshop 的檢色器有「Windows」與「Adobe」兩種顯示方式，我們比較習慣的是 Adobe 檢色器，但「Windows」檢色器出現的時候，要知道怎麼切換回來。

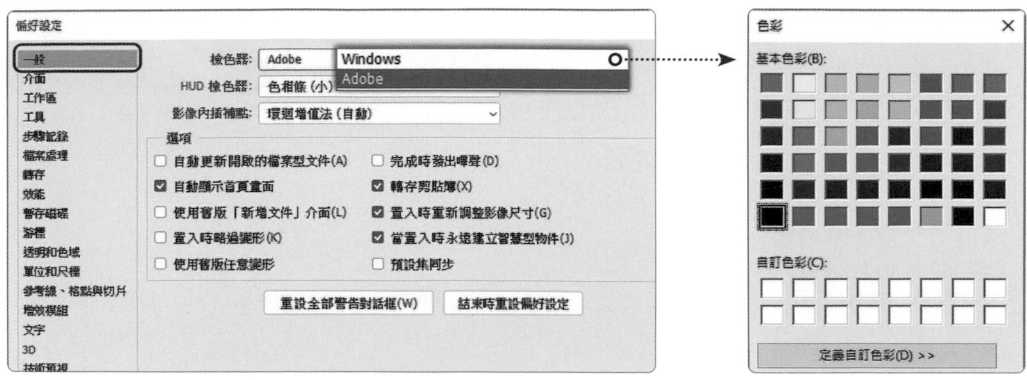

▲ 偏好設定「一般」類別中，切換「檢色器」模式

▲ Windows 檢色器

配色好夥伴「顏色」與「色票」

推薦兩個方便的配色面板「顏色」與「色票」。「顏色」就是簡易版的「檢色器」；而「色票」就有意思多了，它可是「配色」非常有用的工具喔！

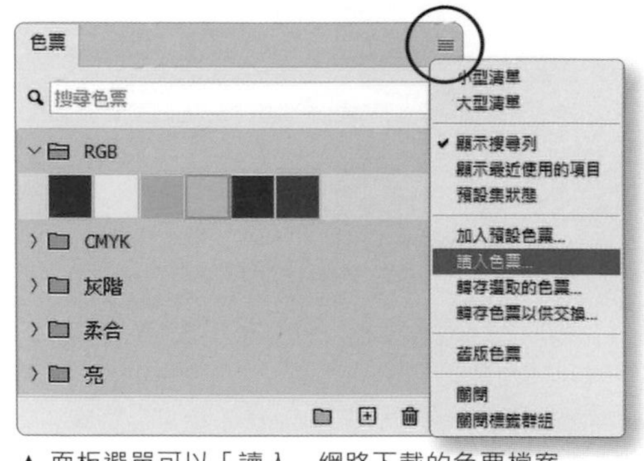

▲ 面板選單可以「讀入」網路下載的色票檔案

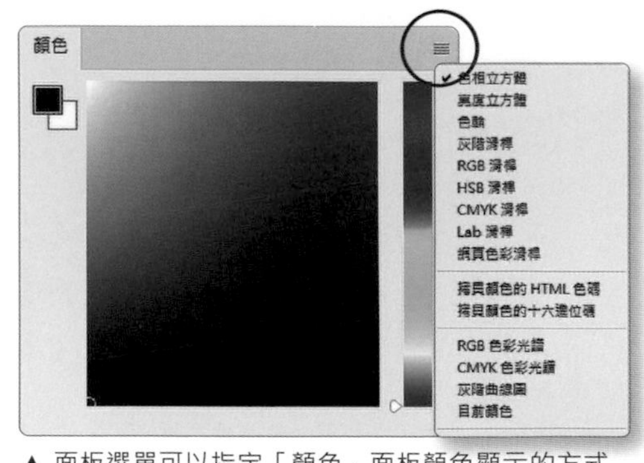

▲ 面板選單可以指定「顏色」面板顏色顯示的方式

學習重點：讀入外部色票檔案 | 由色票指定前景色 | 筆刷工具使用前景色

刷出
多彩背景

參考範例　Example\04\Pic002.TIF

A> 讀入外部色票檔案

1. 開啟範例 Pic002.TIF
2. 開啟「色票」面板
3. 單響面板選項按鈕
4. 執行「讀入色票」
   選取 \04 \ 明媚 .aco
5. 讀入的色票

搜尋色調檔案 (*.aco)

色票 (swatches) 附檔名為「aco」，建議使用關鍵字「download photoshop swatches」，就能找到不少色票檔案囉！

B> 色票中指定前景色

1. 單響色票面板中的色塊
2. 可以變更「前景色」
3. 色票群組名稱上單響右鍵
   選單中提供色票的管理指令
   ▲ Photohsop 2019 以上適用

色票也可變更「背景色」

重要的事肯定要多念幾次（沒錯），直接單響色票，能變更「前景色」。「Alt + 單響色票」可以指定「背景色」（馬上動手試一試）。

C> 筆刷可以拿出來了

1. 單響「筆刷」工具
2. 挑一個適合的筆尖
3. 單響色票中的顏色
4. 變更了「前景色」
   筆刷使用的就是前景色
5. 單響「建立新圖層」按鈕
6. 記得把新圖層拖曳到下面
7. 使用筆刷工具
   在編輯區中拖曳繪製
   可以在「色票」面板中
   挑選顏色更換「前景色」

學習重點：建立參考線 ｜ 繪圖工具套用色票 ｜ 矩形工具

視覺配色
方便快速

參考範例　Example\04\Pic003.PNG

A > 拉出參考線

1. 開啟範例 Pic003.PNG
2. 功能表「檢視」
3. 執行「新增參考線配置」
4. 勾選「列」
   輸入「3」列
   頁碼應該是翻譯的問題
   不用理它
5. 勾選「預視」
   能看到編輯區的參考線
6. 單響「確定」按鈕

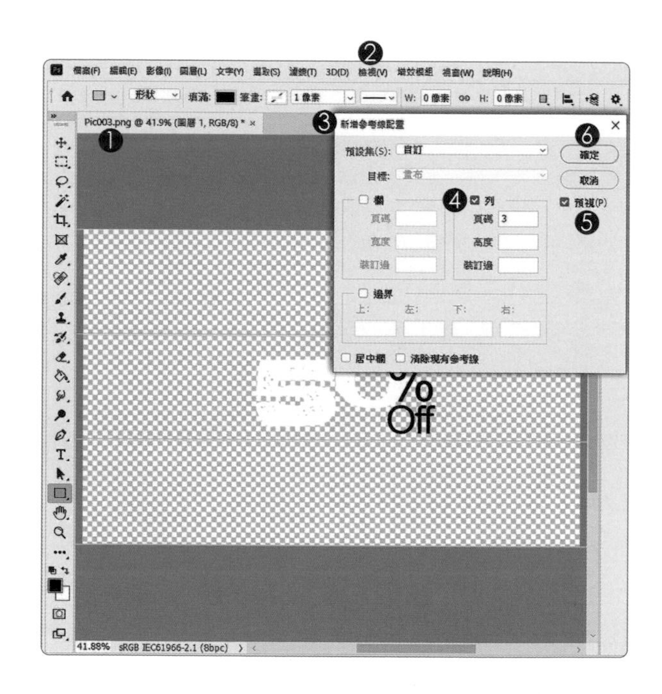

B> 繪圖工具直接套用色票

1. 單響「矩形工具」
2. 模式「形狀」
3. 填滿顏色為「純色」
4. 貼著參考線拉出矩形區域
5. 拖曳「矩形」到圖層 1 下方
6. 單響「色票」中的色塊
   立即更換矩形的顏色

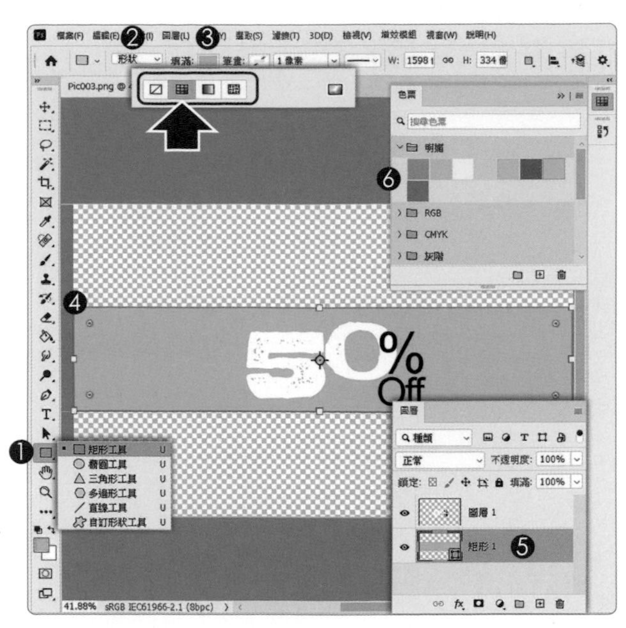

繪圖工具「填滿」模式

矩形（屬於繪圖工具的一種）選項列上的填滿模式有四種，依序為「不填滿、純色、漸層、圖樣」（紅色箭頭所指的位置）。

C> 複製矩形

1. 確認選取「矩形 1」圖層
2. 單響「移動工具」
   按著 Alt 不放
   移動工具變成「複製工具」
   向上、向下拖曳矩形
3. 複製出 2 個相同的矩形
4. 單響「矩形 1 拷貝」圖層
5. 單響色票變更矩形顏色

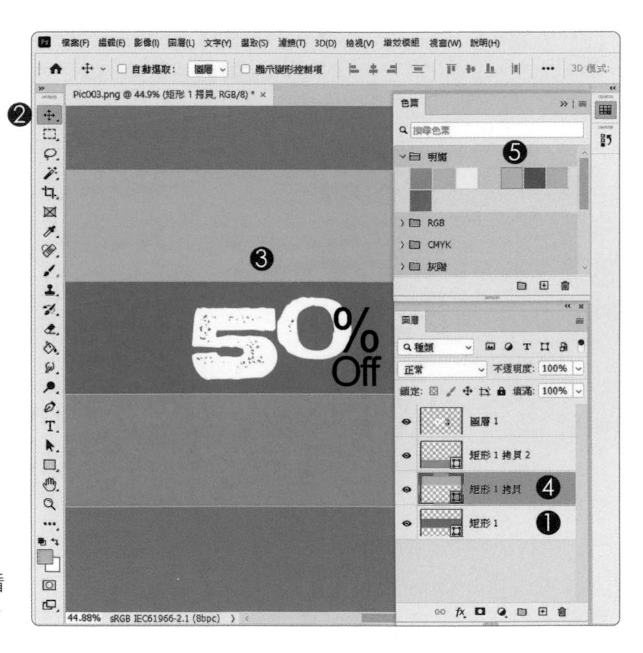

在色票中看配色是很直覺的

色票面板將顏色都排列在一起，一眼就可以看到所有的顏色，是不是比一個個配色快多了？

參考線讓圖形位置更精準 / 功能表「檢視」

排版最起碼的一件事就是「對齊」，排的好不好是一回事，只要整齊了，畫面自然好看，「參考線」就是讓畫面排的好、排的整齊的主要利器。另外提一下，編輯區的參考線即便沒有關閉，也不會列印出來（放心）。

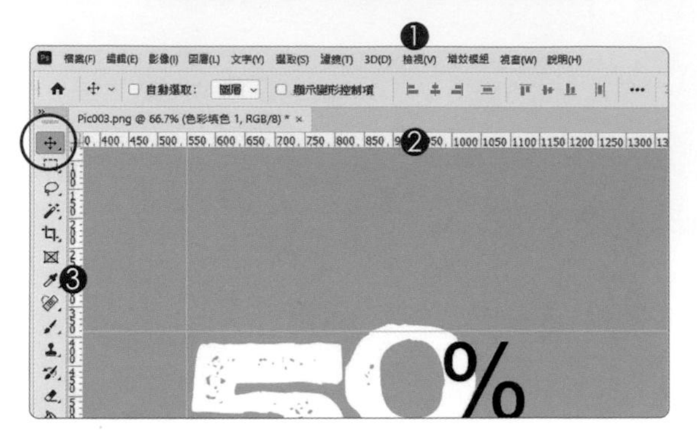

1. 功能表「檢視」開啟「尺標」
2. 水平尺標拉出「水平參考線」
3. 垂直尺標拉出「垂直參考線」

建立多欄多列的參考線

如同前一個範例，功能表「檢視」中執行「新增參考線配置」。

調整參考線位置 / 移動工具：快速鍵 V

使用「移動工具」（上圖紅圈）拖曳參考線，就可以改變參考線位置。也可以使用「移動工具」將參考線拖曳回尺標，就能移除參考線。

隱藏 / 顯示 / 清除參考線 / 功能表「檢視 - 顯示 - 參考線」 / 功能表「檢視 - 清除參考線」

透過「檢視 - 顯示」選單中的「參考線」，可以控制參考線「顯示」或是「隱藏」。不再需要參考線，可以執行「檢視 - 清除參考線」將所有參考線移除。

參考線顏色 / 偏好設定 - 參考線、格點與切片

若是碰到參考線跟畫面顏色衝突的情況，可以到「偏好設定 - 參考線、格點與切片」項目中，重新指定參考線「畫布（紅框）」選單中的顏色。

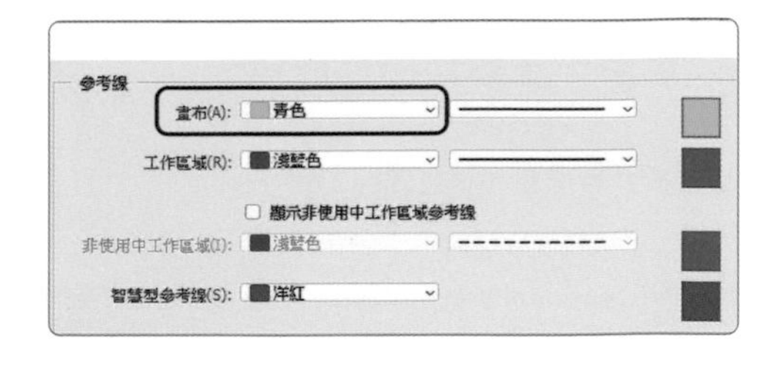

移動工具的暗黑技法

/ 移動工具：快速鍵 V

工具箱中的「移動工具」，直接拖曳目前圖層中的圖形，就是「移動」；如果搭配「Alt」按鍵 +「拖曳圖形」就成了「複製」，「移動工具」可以複製拖曳的圖形，圖層面板中，也會複製出內容完全相同的圖層。

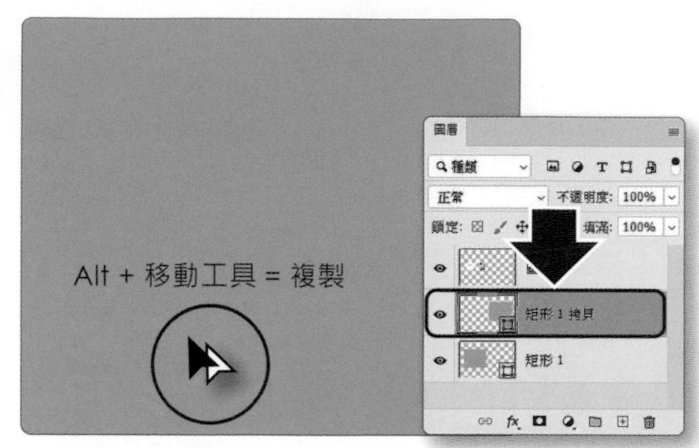

移動工具調整圖形大小

開啟「移動工具」選項列上的「顯示變形控制項」，目前圖層對應的圖形外側顯示變形控制框，拖曳控制框，可以改變圖形的大小。

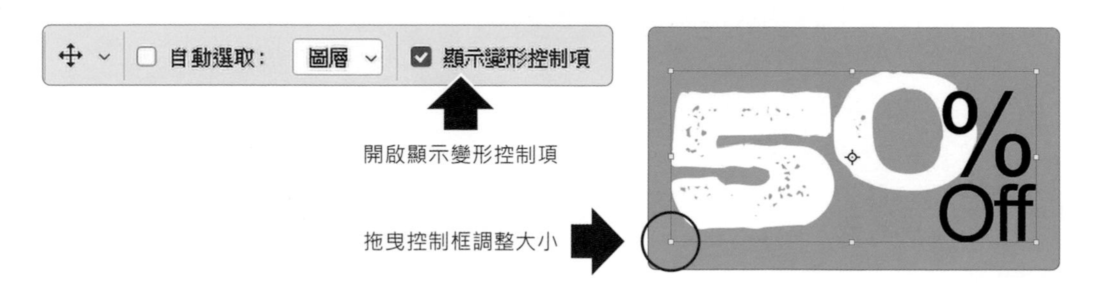

即時切換「移動工具」

當我們使用「筆刷」在繪製圖形，或是使用「文字工具」建立文字時，按著 Ctrl (或 CMD) 不放，就可以在目前工具狀態下，切換為「移動工具」，來調整編輯區中圖形的顯示位置，放開 Ctrl (或 CMD) 就能回到原來的工具。

學習重點：漸層色彩調整圖層 ｜ 調整漸層範圍 ｜ 複製圖形 ｜ 混合模式：覆蓋

相近色配出好看的漸層色彩

參考範例 Example\04\Pic004.PNG

A> 指定前景與背景色

1. 開啟範例 Pic004.PNG
   PNG 格式能記錄透明區域
   灰白相間的方格表示透明
2. 開啟「色票」面板
3. 單響色塊指定「前景色」
4. Alt + 單響色塊指定「背景色」

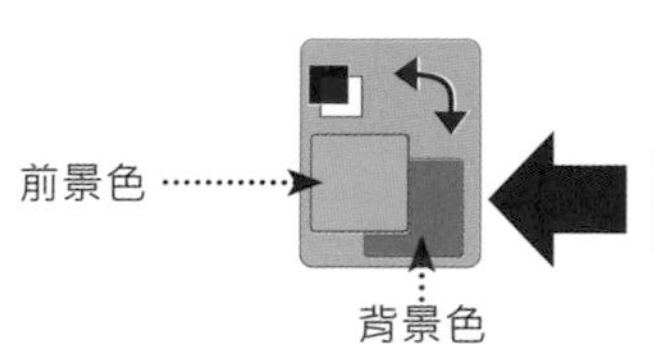

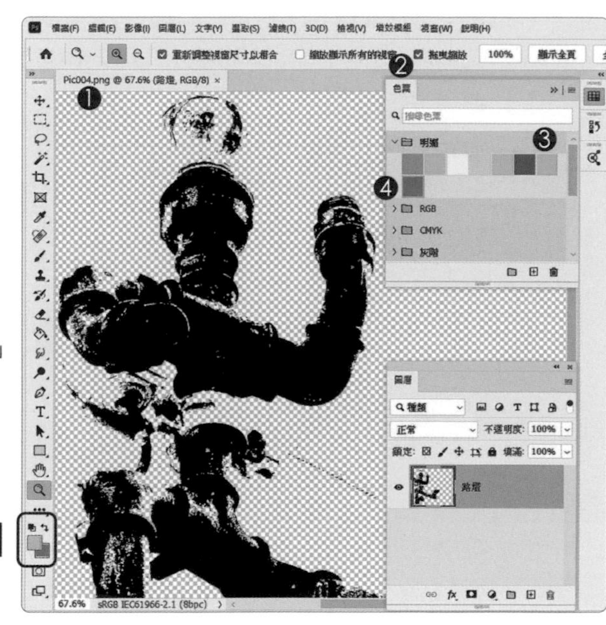

B> 建立漸層調整圖層

1. 單響「調整圖層」按鈕
2. 執行「漸層」
3. 單響漸層色彩組合按鈕
4. 單響顏色「前景到背景」
   按 Enter 收合面板
5. 樣式「放射性」
6. 指標移動到編輯區
   拖曳調整漸層顯示範圍
7. 單響「確定」按鈕
8. 新增漸層填色圖層

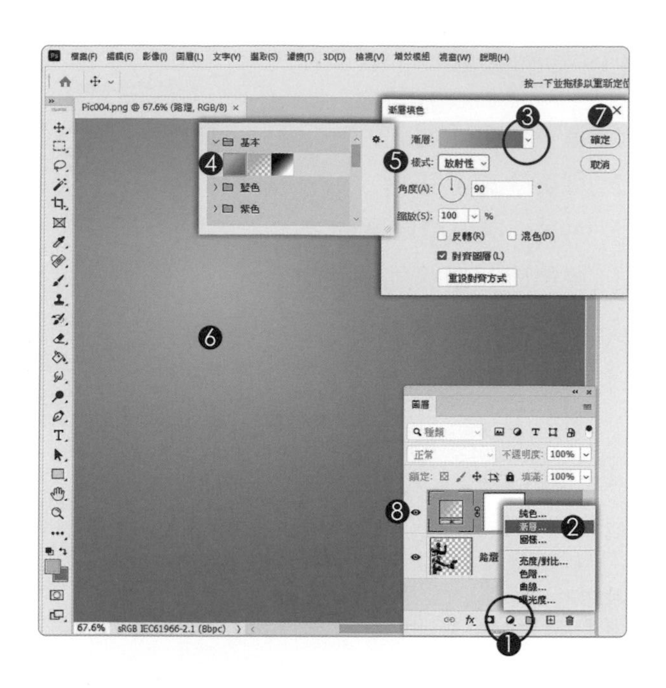

C> 調整漸層顯示範圍

1. 拖曳漸層填色圖層到下方
2. 雙響「漸層縮圖」
3. 再次開啟「漸層填色」視窗
4. 指標移動到編輯區
   可以調整漸層色彩位置
5. 調整漸層「縮放」210
6. 單響「確定」按鈕

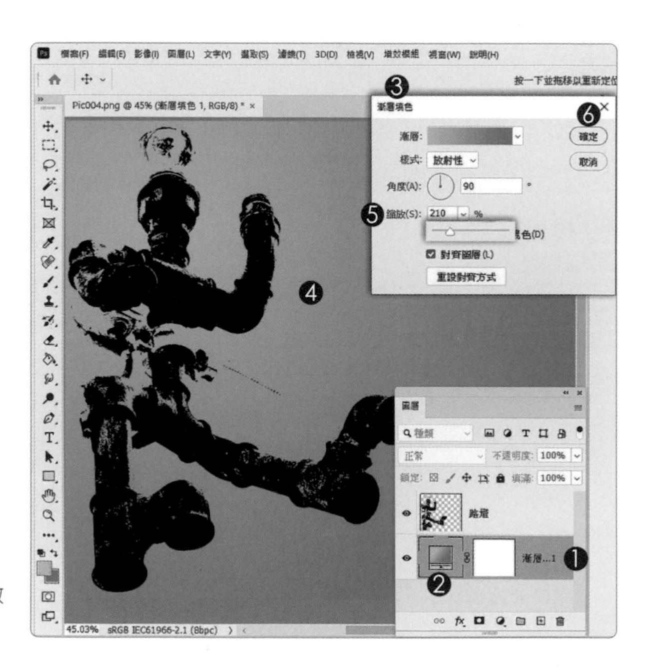

調整漸層色彩的顯示範圍

同學請記得，一定要在「漸層填色」視窗開啟的狀態，才能拖曳編輯區的漸層色彩位置。

D> 複製圖形

1. 單響圖層「路燈」
2. 單響「移動工具」
3. Alt + 拖曳編輯區的路燈
   複製出一個相同的路燈
4. 圖層面板中也增加一個圖層

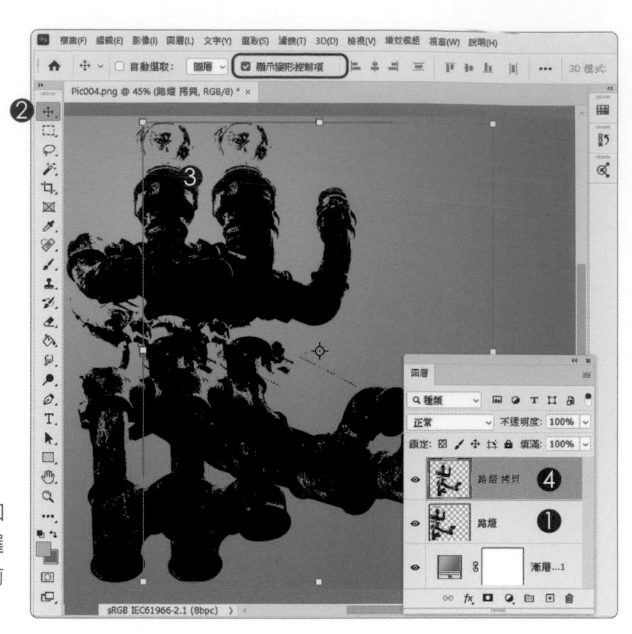

移動工具：快速鍵 V

記得，移動工具主要的工作是「移動」，加上 Alt 鍵，就成為「複製」。另外，開啟選項列中「顯示變形控制項」（紅框），目前圖層的圖形外側，會顯示變形控制框。

E> 變更圖層混合模式

1. 選取圖層「路燈 拷貝」
2. 混合模式「覆蓋」
3. 移動工具選項列
   開啟「顯示變形控制項」
   拖曳控制框調整圖片大小
4. 單響「✓」完成調整

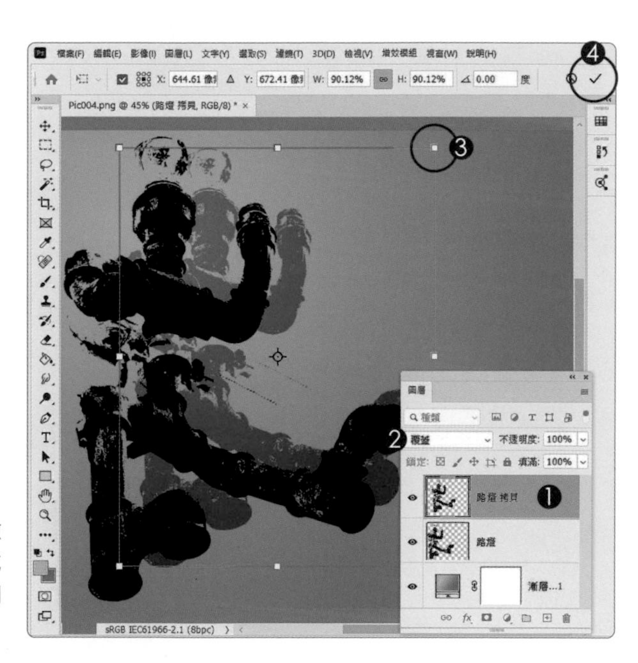

再複製一層

麻煩同學拿「移動工具」再複製一個路燈（做出三個路燈圖層）混合模式「加亮顏色」（或是其他的混合模式），開啟「顯示變形控制項」，讓路燈略為小一點（試試看～加油）。

漸層色彩
組合與調整

/ 適用版本 Photoshop 2019 以上

漸層色彩是由兩組以上的顏色組合而成，所以這個範例我們才會在「前景 / 背景」上，置入兩組相近的顏色，搭配為「漸層色彩」。同學也可以搜尋關鍵字「Photoshop Gradient」能找到不少免費的「漸層色彩」檔案。

讀入外部漸層色彩檔案

/ 漸層色彩檔案的副檔名 *.GRD

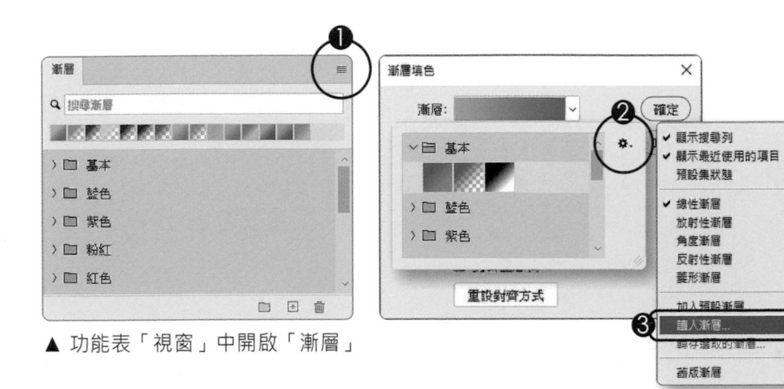

▲ 功能表「視窗」中開啟「漸層」

1. 單響漸層面板選項按鈕

或是

2. 單響漸層填色色彩組合選項
3. 選單中執行讀入漸層 ...

漸層色彩組合的五種樣式

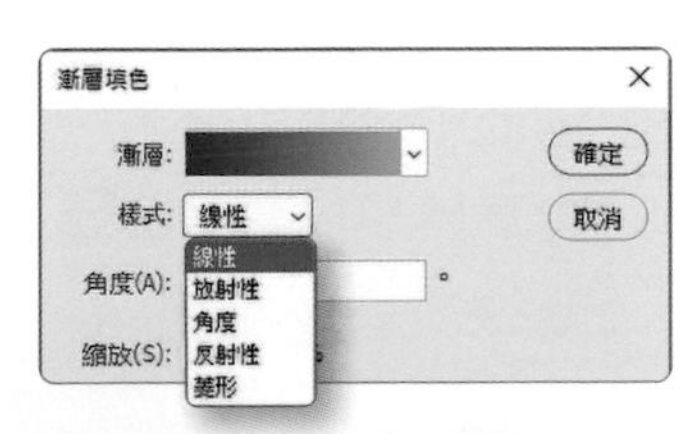

「漸層填色」圖層以及工具箱的「漸層工具」都提供五種漸層色彩的樣式，預設模式為「線性」最常用的應該也是「線性」還有「放射性」。

線性

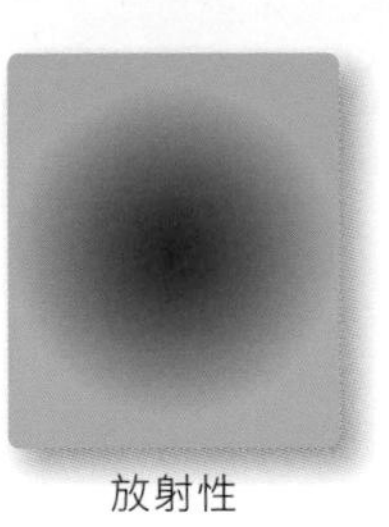

放射性

角度

反射性

菱形

學習重點：讀入漸層色彩檔案 ｜ 漸層面板 ｜ 漸層色彩填入形狀圖層

漸層色彩
搭配混合模式

參考範例　Example\04\Pic005.TIF

A＞看一下圖層結構

1. 開啟範例 Pic005.TIF
2. 圖層面板顯示「背景」以及兩個由文字轉換的形狀圖層

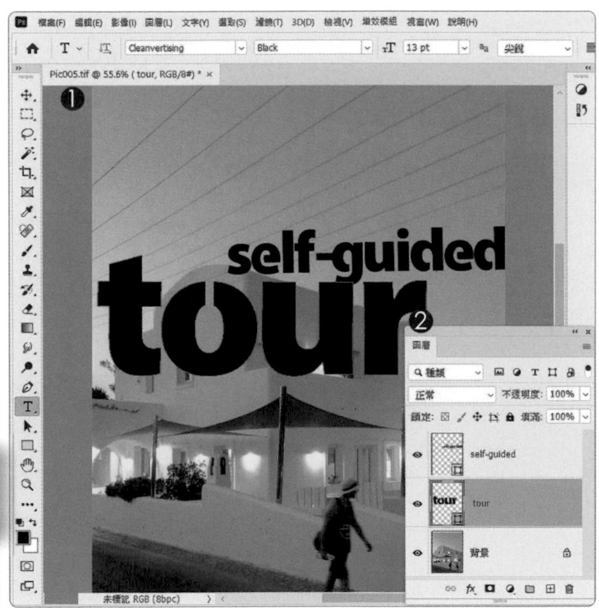

文字轉換為「形狀」

選對「字型」是讓圖片更好看的要素之一；但我有的字型，同學不一定有，所以楊比比將文字圖層轉換為「形狀」，這樣即便大家的電腦中沒有相同的字型，也能練習。

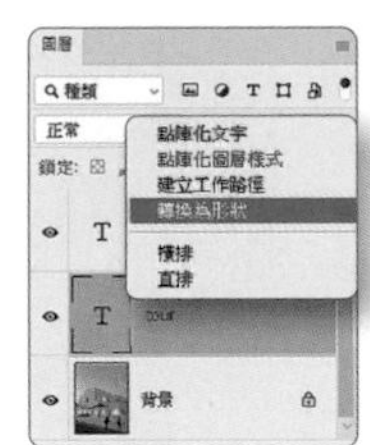

B> 讀入漸層檔案

1. 開啟「漸層」面板
2. 單響面板選項按鈕
3. 執行「讀入漸層」
   選取 \04\ 藍天 .grd
4. 漸層組合顯示在面板中

Windows 系統可以這樣做

執行「檔案 - 開啟舊檔」，選取「色票」或是「漸層」檔案，就能把檔案讀進來囉！

C> 套用漸層填色

1. 開啟「漸層」面板
2. 拖曳漸層色彩組合
3. 到「背景」圖層上放開
4. 新增一個「漸層填色」圖層

色票也可以

同學可以試著開啟「色票」面板，拖曳面板中的色塊到「背景」圖層放開，就可以在「背景」圖層上方，新增一個「漸層填色」圖層。

D> 變更圖層混合模式

1. 單響「漸層填色」圖層
2. 指定圖層混合模式
   為「顏色」或是「覆蓋」
3. 單響漸層面板中的色彩組合
   可以變更填色圖層的顏色

漸層面板可以改變填色圖層的顏色

「漸層」面板中排列著很多色彩組合，一眼看過去，清清楚楚，由「漸層」面板來變更「漸層填色」圖層中的顏色，真的很方便。

E> 形狀文字也可以填色

1. 單響形狀文字圖層
   按著 Shift 選取第二個
2. 開啟「漸層」面板
3. 單響漸層色彩組合
4. 調整一下「圖層混合模式」

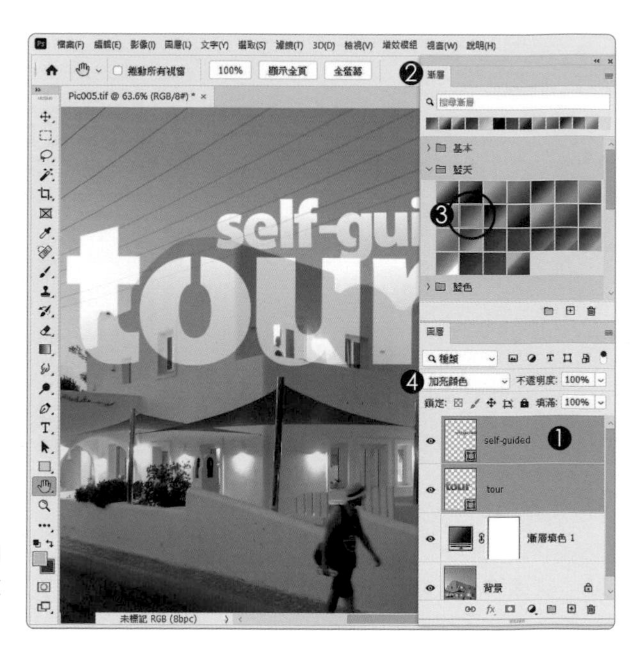

調配出適合的漸層色彩組合

網路上的資源雖然多，但不見得適用，我們可以找一些色調接近的，重新組合調配，做出一組新的漸層色彩，馬上來試試看。

自訂一組
漸層色彩

/ 面板位置：視窗 - 漸層

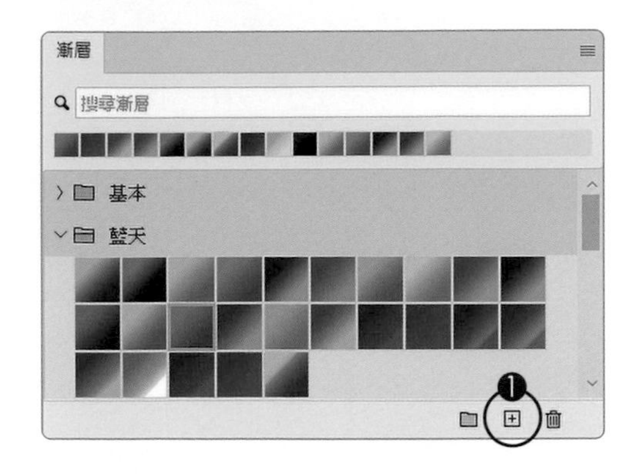

新增漸層色彩組合

1. 單響「建立新漸層」按鈕
2. 單響「色標」圖示
3. 單響「顏色」
   就能開啟「檢色器」視窗
   在「檢色器」中指定顏色

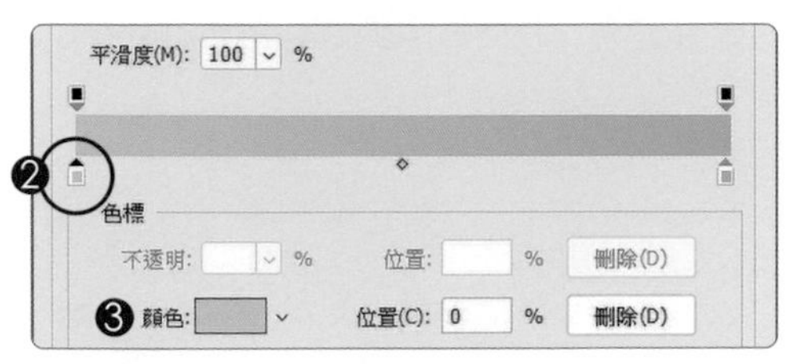

增加漸層中的顏色

4. 單響「漸層色彩」下方
   就能增加一個「色標」
5. 由「顏色」色塊變更顏色

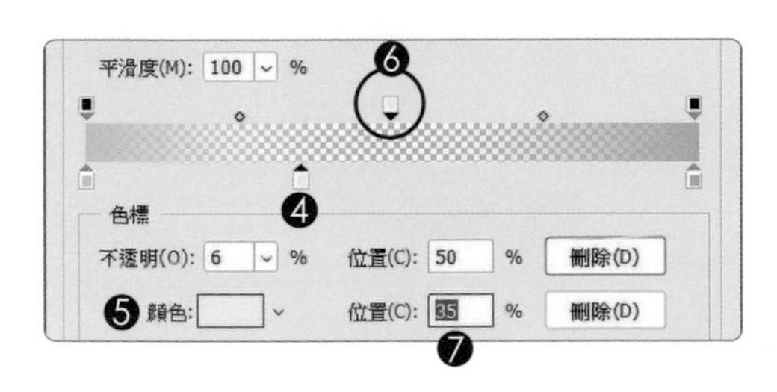

透明範圍控制

6. 單響「漸層色彩」上方
   增加一個「不透明色標」
7. 由「不透明」控制透明度

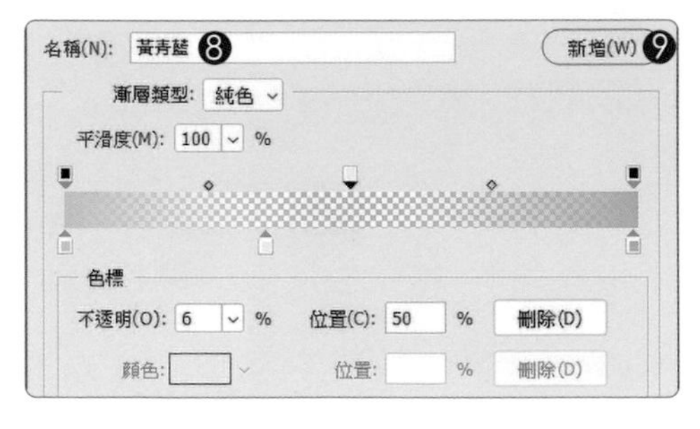

儲存漸層色彩組合

8. 輸入「名稱」
   名稱還可以在漸層面板中修改
9. 單響「新增」按鈕

學習重點：顏色查詢 ｜ 自然飽和度 ｜ 裁切工具與裁切比例

電影色調
橫幅 Banner

參考範例　Example\04\Pic006.JPG

A > 加入調整圖層

1. 開啟範例 Pic006.JPG
2. 調整面板中
   單響「顏色查詢」
3. 圖層面板新增
   顏色查詢調整圖層
4. 內容面板顯示
   顏色查詢相關的各項參數

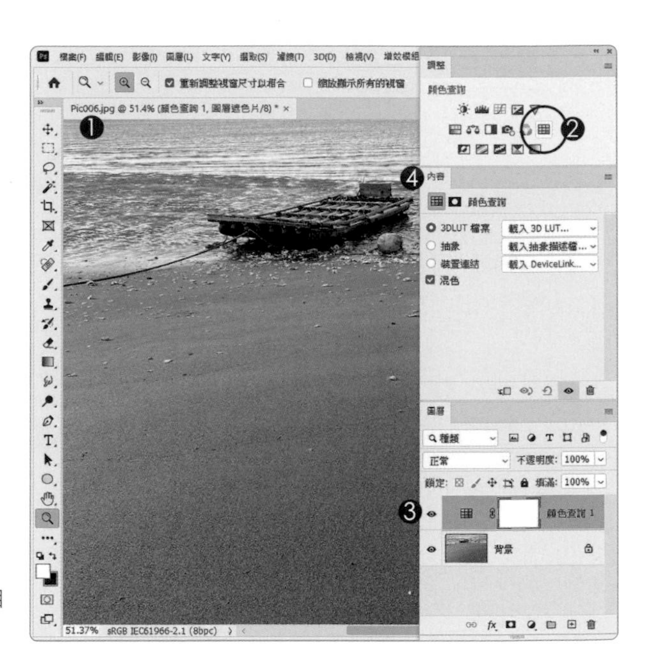

無敵重要的「內容」面板

選取圖層後，「內容」面板會顯示目前圖層相關的參數與設定；「內容」面板一定要開啟。

B> 套用「電影色調」

1. 確認選取「顏色查詢」圖層
2. 內容面板中「3DLUT 檔案」
   選取 TealOrange 色調
   同學也可以試試其他色調
3. 照片的畫風一轉
   極有電影感

顏色查詢就像手機上熱門 APP

顏色查詢選單內的檔案，都很有特色，可以試試 3DLUT 選單的其他風格，或是變換「顏色查詢」調整圖層的混合模式，會有不少驚喜！

C> 加強顏色飽和度

1. 調整面板中
   單響「自然飽和度」
2. 圖層面板中
   新增「自然飽和度」圖層
3. 內容面板中
   自然飽和度拉到「+100」
   飽和度「+15」

自然飽和度 VS 飽和度

自然飽和度提高彩度的方式比較溫和，數值可以高一點。飽和度比較強烈（同學可以試試）飽和度數值不要太高，免得造成顏色裂化。

D> 限制裁切範圍

1. 單響「裁切工具」
2. 單響選項列上「裁切比例」
   指定為「寬 x 高 x 解析度」
3. 寬度「970」單位不用輸入
4. 高度「250」單位不用輸入
5. 解析度「72」像素 / 英吋
6. 不要勾「刪除裁切的像素」
7. 指標移動到裁切框中
   拖曳舢舨船到裁切範圍中
8. 單響選項列「✓」結束裁切
   或是按下 Enter

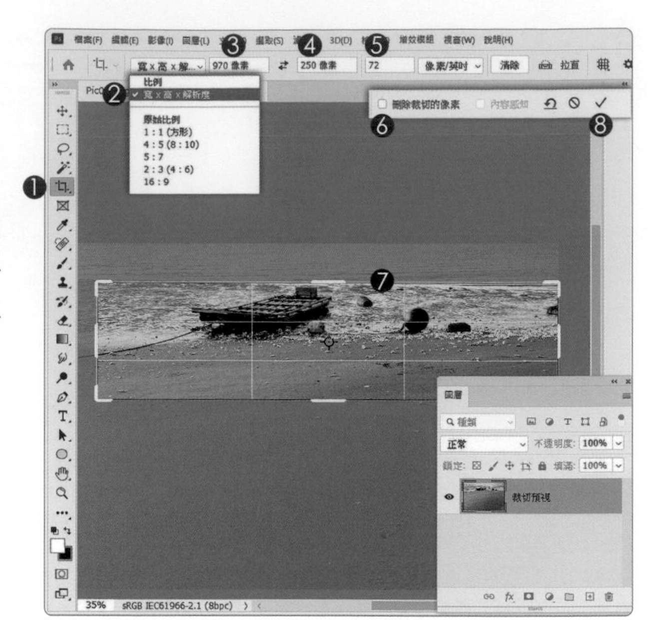

E> 檢查檔案尺寸

1. 單響狀態列按鈕
2. 指定顯示「文件尺寸」
3. 顯示「970 像素 x 250 像素
   (72ppi) 」
4. 裁切後檔案範圍變小
   調整圖層的縮圖也改變了

影像 - 影像尺寸

狀態列能看到「檔案尺寸」卻不能調整，如果要調整目前的影像大小，可以開啟「影像 - 影像尺寸」來調整寬高與解析度。

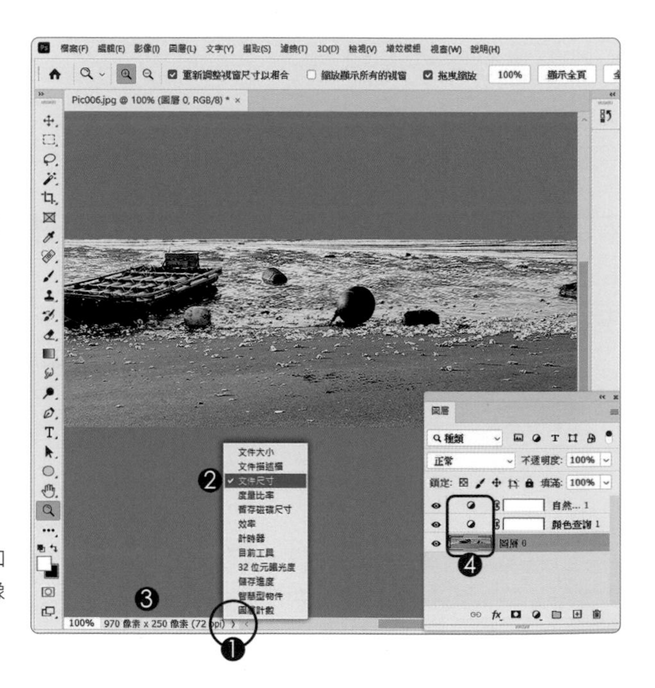

F> 重新調整影像範圍

我們沒有勾選「刪除裁切的像素」，圖片的其他範圍還保留著，可以隨時調整。

1. 單響「裁切工具」
2. 按下 Enter 顯示隱藏範圍
3. 重新指定「覆蓋構圖線」
4. 指標移動到裁切範圍內
   拖曳調整圖片位置
5. 圖層暫時顯示「裁切預視」
6. 單響「✓」結束裁切
   圖層就會恢復正常狀態

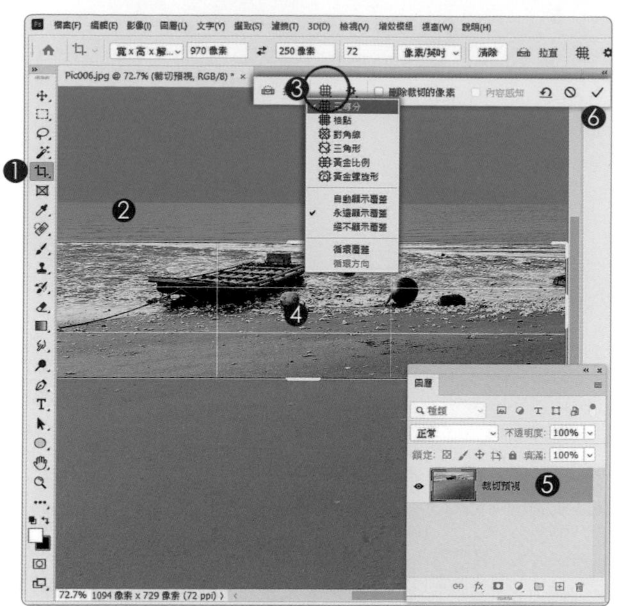

自訂
常用裁切範圍 / 裁切工具：快速鍵 C

950 像素 x 250 像素是網頁常用的廣告 Banner 尺寸，也因為是網頁尺寸，所以解析度設定為「72 像素 / 英吋」。同學可以透過以下程序，將尺寸保留下來。

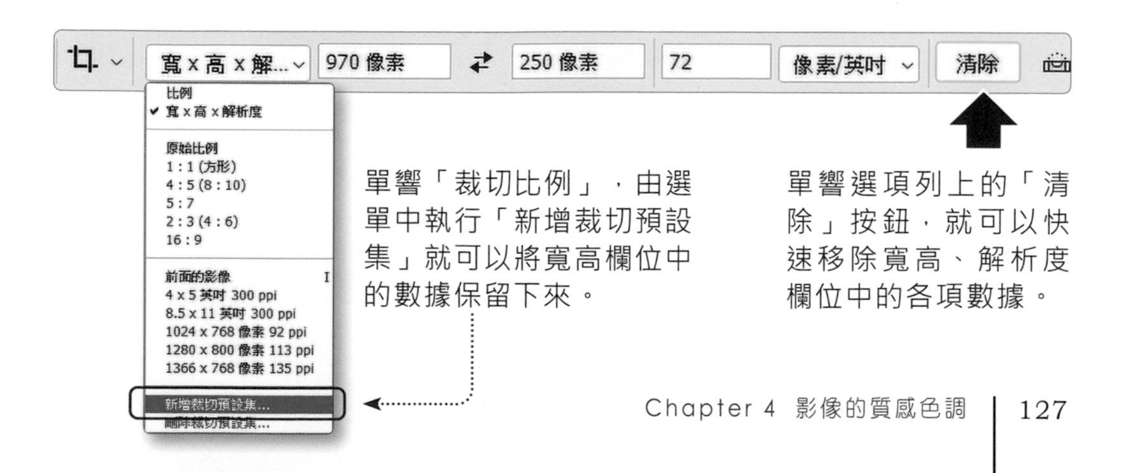

單響「裁切比例」，由選單中執行「新增裁切預設集」就可以將寬高欄位中的數據保留下來。

單響選項列上的「清除」按鈕，就可以快速移除寬高、解析度欄位中的各項數據。

學習重點 ：黑白調整圖層 ｜ 調整圖層：對比 ｜ 裁切成正方形

浪浪貓的 方形黑白廣告

參考範例　Example\04\Pic007.JPG

A > 建立調整圖層

1. 開啟範例 Pic007.JPG
2. 調整面板中單響「黑白」
3. 新增「黑白」調整圖層
4. 內容面板顯示
   黑白調整圖層的參數

黑白調整圖層

黑白調整圖層可以在不改變檔案色彩模式的狀態下，將彩色圖片轉換為「黑白」色調，還可以透過「內容」面板，依據圖片原始的顏色控制黑白色調的層次，一起來試試看。

B> 調整色彩控制黑白層次

1. 確認選取「黑白」調整圖層
2. 內容面板中
   向左拖曳「黃色」滑桿
   加深圖片中的黃色畫素
3. 有點流浪貓的味道了

黑白預設集

除了透過顏色控制黑白影像的明暗之外，同學還可以試試黑白「預設集」(內容面板紅框處)，預設集中的黑白配方也很精彩喔！

C> 提高亮度加強對比

1. 調整面板中
   執行「亮度 / 對比」
2. 新增「亮度 / 對比」圖層
3. 內容面板中
   亮度「60」左右
   對比「50」左右

廣告就是要強烈一點

沒有顏色的黑白影像做廣告底圖，建議拉高對比、加強反差，更能聚焦，也更能刺激視覺。

D> 來！我們裁切成方形

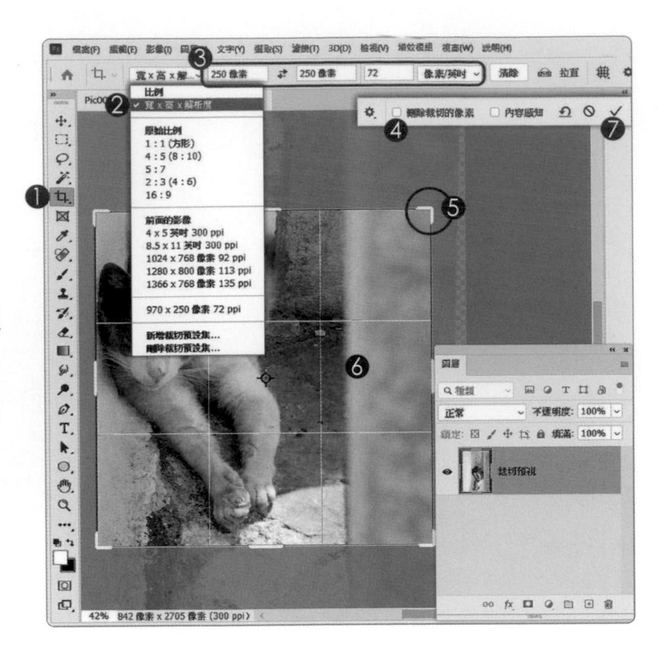

1. 單響「裁切工具」
2. 單響選項列上「裁切比例」
   指定為「寬 x 高 x 解析度」
3. 寬度「250」
   高度「250」單位不用輸入
   解析度「72」像素 / 英吋
4. 不要勾「刪除裁切的像素」
5. 調整裁切範圍
6. 指標移動到裁切框中
   拖曳圖片調整位置
7. 單響「✓」結束裁切

E> 再加強一下對比

1. 雙響「放大鏡」
   讓檢視比例為 100%
   再使用「手形工具」
   拖曳調整圖片的顯示位置
2. 雙響「亮度 / 對比」縮圖
3. 內容面板中
   提高「對比」到 100

編輯圖片很難一次到位

透過「裁切」調整好影像範圍後，能更明確看到圖片的狀況，可以試著加強亮度或是對比，來提高影像反差，視覺效果會更搶眼。

調整面板
的 16 組影像調整工具 / 面板位置：視窗 - 調整

調整面板中有「16 組」調整工具，這 16 組工具都可以在「RGB/8 位元」的狀態下執行。功能啟動後，會在圖層面板中增加「包含遮色片以及能反覆調整參數的圖層」，稱為「調整圖層」，圖層的參數可以在「內容」面板中控制。

▲ CMYK 模式有三款工具不能用

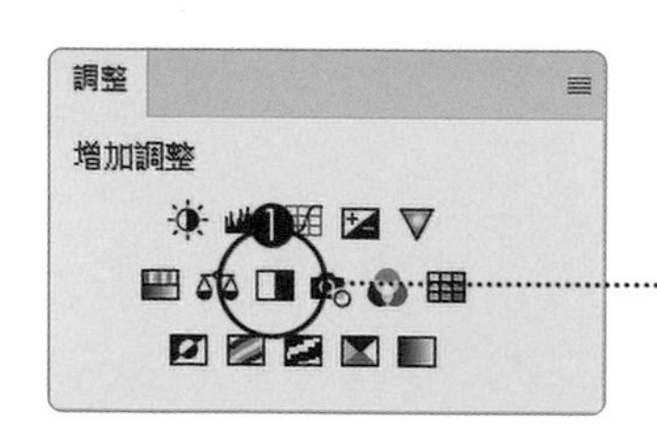

▲ RGB/8 或 16 位元工具都能用

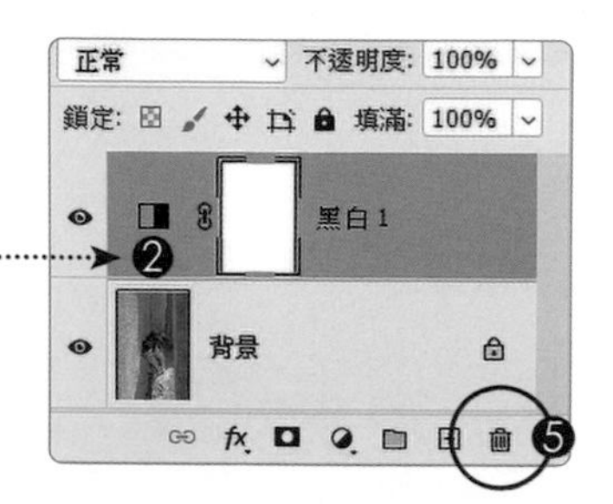

修改調整圖層中的參數

1. 調整面板中單響工具
2. 圖層面板中就會增加一個調整圖層
3. 目前圖層的控制參數會顯示在「內容」面板中

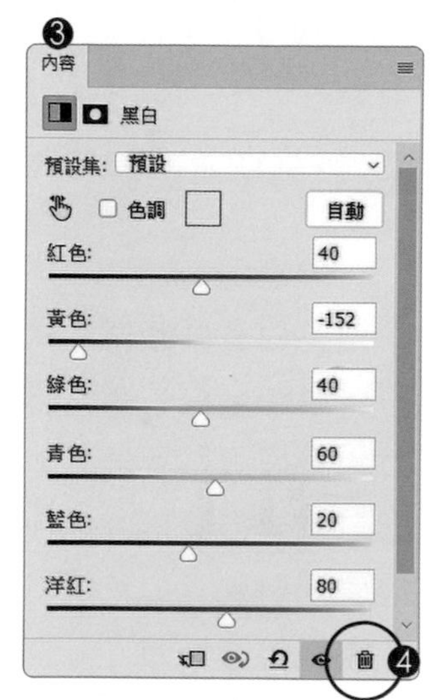

使用調整圖層的好處是？

不會破壞原始檔案（標準答案）。就像現在，我們需要一張黑白影像，如果把色彩模式改為「灰階」，雖然達到目的，但檔案的色彩資訊也沒了。

調整圖層就不同了，它既能將彩色照片轉換為黑白，又不會破壞原始檔案內容，還能透過「內容」面板修改參數，調整黑白層次；如果不再需要調整圖層，可以單響「內容」下方的「垃圾桶」（4），或是直接將「調整圖層」拖曳到「圖層」面板下方的「垃圾桶」按鈕，就可以刪除「調整圖層」（5）。

學習重點：黑白 調整圖層 ｜ 目標調整工具 ｜ 增加遮色片

黑白 VS 局部彩色

參考範例　Example\04\Pic008.JPG

A> 自動黑白色調

1. 開啟範例 Pic008.JPG
2. 調整面板中單響「黑白」
3. 新增「黑白」調整圖層
4. 內容面板顯示調整圖層參數
5. 單響「自動」
   套用自動黑白色調
6. 感覺整體偏暗
7. 單響「重設」按鈕
   恢復「黑白」預設值

B> 套用黑白「預設集」

1. 目前選的圖層是「黑白」
2. 內容面板顯示的是
   黑白調整圖層的參數
3. 預設集指定「最大白色」
4. 亮部的色調特別明顯
   相當接近白色

關閉「黑白」模式

單響「內容」面板下方的「眼睛」圖示（紅圈處）可以關閉內容面板目前的參數，相當於關閉圖層面板中的「黑白調整圖層」。

C> 加強目標處理

1. 單響「目標調整工具」
2. 指標移動到大叔身上
   左右拖曳調整衣服的明暗
   我想要亮白一點

有什麼差錯就「重設」或「刪除」

要是參數真的控制不好，可以單響「內容」面板下方的「重設」讓參數恢復預設值，或是單響「內容」面板下方「垃圾桶」（紅圈）刪除「黑白調整圖層」，從頭再來一次，完全不會破壞背景圖層的完整性（很人性化吧）。

D> 準備一隻適合的筆刷

1. 單響「增加遮色片」按鈕
2. 內容面板顯示的就是遮色片
   內容面板會根據
   選擇的圖層狀態
   調整顯示的參數
3. 單響「筆刷工具」
4. 單響「筆尖圖示」
5. 指定乾性媒體筆刷
   筆刷尺寸可以按鍵盤
   左右中括號來調整 [/]
   ▲ 記得關閉中文輸入法

E> 遮掉一部分的黑白範圍

1. 確認選擇的是遮色片
   白色的遮色片沒有遮色作用
2. 使用「筆刷工具」
3. 前景色「黑色」
4. 編輯區拖曳筆刷
   遮色片中刷出黑色範圍
   黑色範圍遮住調整圖層
   就能看到下面的圖層

遮色片中「黑色」就是「遮色」

遮色片中「白色」相當於透明，不影響目前的圖層狀態；黑色就是遮色，會擋住圖層內容。

F> 多出來的範圍擦一下

1. 確認選的是遮色片
2. 使用「筆刷工具」
3. 模式「正常」
4. 不透明跟流量都是「100」
5. 前景色「白色」
6. 使用白色擦掉一部分的黑色
   減少黑色的遮色範圍

前景色 / 背景色

快速鍵「D」恢復前景 / 背景的預設值 (黑色與白色)。快速鍵「X」交換前景 / 背景色 (黑白交換位置)，請同學們速速背下來。

遮色片
就是一種合成的概念

/ 白色：顯示圖層　黑色：遮住圖層

透過遮色片並運用黑色與白色控制顯示範圍，能讓畫面一部分「黑白」、一部分「彩色」，也能讓兩個圖層，或是多個圖層的內容，同時顯示在編輯區。

白色遮色片

黑色遮色片

局部遮色

學習重點：色相飽和度 調整圖層 ｜ 反轉遮色片範圍 Ctrl + I / CMD + I

快又精準的數位換色

參考範例　Example\04\Pic009.JPG

A> 色相 / 飽和度調整圖層

1. 開啟範例 Pic009.JPG
2. 調整面板中
   單響「色相 / 飽和度」
3. 新增「色相 / 飽和度」圖層
4. 拖曳「色相」滑桿
5. 影響整張照片的顏色
6. 單響「重設」按鈕

色相 / 飽和度的影響範圍

「內容」面板顯示「色相 / 飽和度」影響的顏色範圍是「主檔案」，也就是整張圖片的顏色都會受到「色相 / 飽和度」的影響。

B> 限制顏色範圍變色更精準

1. 選取色相 / 飽和度調整圖層
2. 內容面板指定
   作用範圍是「藍色」
3. 單響「增加取樣器」
4. 單響藍色衣服
   就能限制色相的作用範圍

限制色相變更的範圍

如果單純指定「藍色」，那肯定不夠精準，藍色的範圍很大，所以要透過「取樣器」來指定「藍色範圍」，這個步驟不能省略（重要）。

C> 來吧！我們變色

1. 內容面板中
2. 拖曳「色相」滑桿
3. 衣服變成螢光綠
   像大燈泡（哈哈）
   衣服以外的區域顏色也變了

單單是限制顏色範圍還不夠

碰到顏色單純的畫面，限制顏色，以及顏色的範圍就夠了，但這張照片明顯不單純，要祭出第二招（大家應該知道吧）來！翻頁繼續。

D> 反轉遮色片

1. 單響「遮色片」
2. 內容面板
   顯示「遮色片」參數
3. 單響「負片效果」
   白色遮色片變「黑色」
   遮住「色相 / 飽和度」的作用

負片效果 快速鍵 Ctrl + I

單響「遮色片」(表示選到遮色片) 按下快速鍵 Ctrl + I 就可以「白 → 黑」「黑 → 白」。

E> 準備好一隻白色的筆

1. 單響「筆刷工具」
2. 單響「筆尖圖案」
3. 筆刷面板中指定圓形
   調整「硬度」為 100%
4. 模式「正常」
5. 不透明度與流量都是 100%

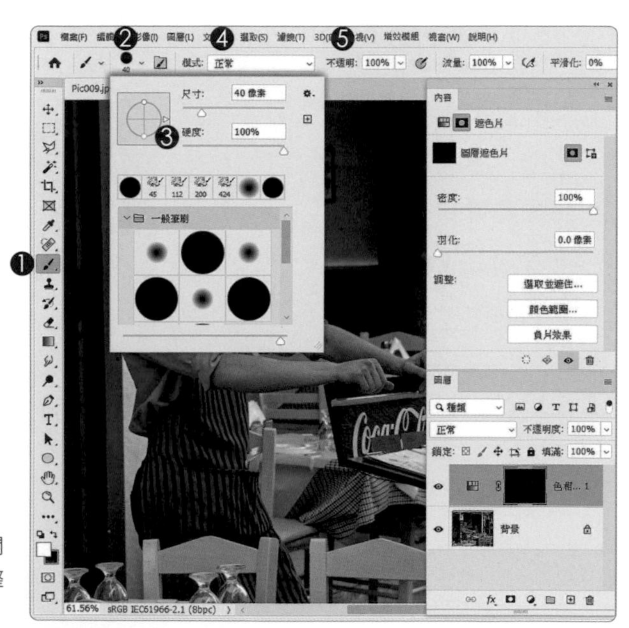

筆尖外觀與尺寸

大寫鍵 (Caps Lock) 控制筆尖外觀的「開啟 / 關閉」。左右方括號 ([/]) 可以調整筆尖尺寸。記得先關閉中文輸入法。

F> 把要調整的範圍擦出來

1. 單響「遮色片」
2. 前景色「白色」
3. 編輯區中把衣服擦出來
   記得使用放大鏡拉近畫面
   如果擦過頭了
   按「X」交換前景與背景
4. 使用筆刷的過程中
   可以單響「右鍵」
   會顯示筆刷面板
   還能再調整筆刷尺寸與硬度

G> 再次變更顏色

1. 選取「色相 / 飽和度」圖層
2. 內容面板顯示相關參數
3. 指定調整範圍「藍色」
   之前調整的數據
   會再次顯示在面板中
4. 拖曳「色相」滑桿變更顏色

要找對範圍才能看到之前的數據

色相飽和度的預設範圍為「主檔案」，因為我們沒有編輯「主檔案」，所以在「主檔案」中看不到之前的編輯數據，要切換到「藍色」才能看到之前調整的色相，以及顏色範圍。

學習重點：色相飽和度 調整圖層 ｜ 抽色處理 ｜ 控制顏色明亮度

抽色技法 更能突顯影像特質

參考範例　Example\04\Pic010.JPG

A > 新增調整圖層

1. 開啟範例 Pic010.JPG
2. 調整面板中
   單響「色相 / 飽和度」
3. 新增「色相 / 飽和度」圖層
4. 內容面板顯示
   的「色相 / 飽和度」
   預設值是「主檔案」

主檔案：整張圖片都是我的範圍

除非要大幅度的扭轉整張圖片的顏色，否則「主檔案」出場率很低，多半都是指定某一個顏色，進行「色相、飽和度、明亮」調整。

B> 抽掉畫面中的藍色

1. 選取色相 / 飽和度調整圖層
2. 內容面板指定
   要調整的範圍是「藍色」
3. 單響「增加取樣器」
4. 單響天空
5. 降低「飽和度」到 -100

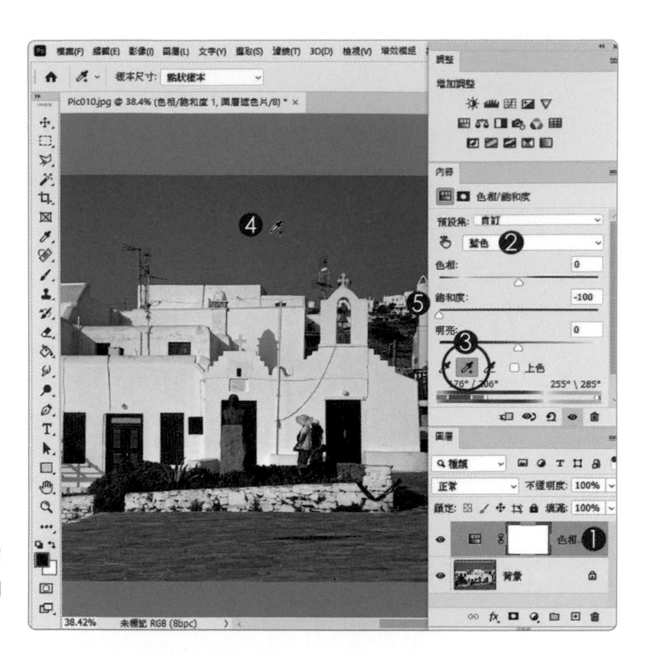

飽和度：顏色鮮艷（彩度）程度

飽和度範圍在「-100」-「+100」之間，當數值為「-100」時，顏色的「彩度」會完全抽離，轉換為相對應的「灰階」顏色。

C> 提高藍色的明亮度

1. 目前在色相 / 飽和度圖層
2. 作用範圍「藍色」
3. 提高「明亮」為 +100
4. 調整範圍的亮度拉高

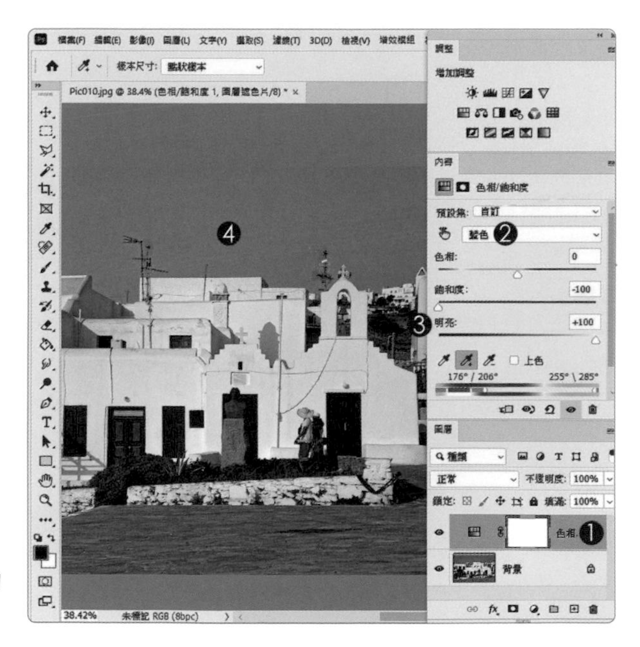

明亮：顏色的「明度」

明亮（也稱為「明度」），指的是顏色明亮的程度，範圍在「-100」-「+100」之間。

D> 換個調整的區間

1. 確認選取色相 / 飽和度圖層
2. 指定「紅色」為調整區域
3. 單響「增加取樣器」
4. 單響赭紅色門板
   限制紅色範圍
5. 提高「飽和度」到 +50

手動調整顏色區域

透過「取樣器」指定顏色範圍後，面板下方的滑桿便會限制顏色區間，同學可以試著拖曳滑桿（箭頭），擴大或是縮小顏色範圍。

E> 膚色受到影響了

1. 單響「放大鏡」工具
2. 編輯區中拖曳指標拉近圖片
   手臂變色了

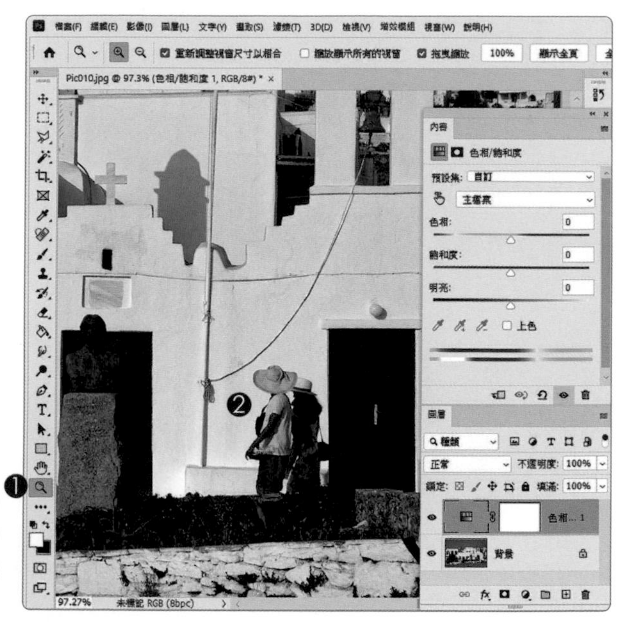

還有遮色片

即便使用「取樣器」限制「色相 / 飽和度」的顏色區域，但多少還是會影響其他顏色相近的範圍，還好！調整圖層提供了遮色片，可以透過遮色片控制調整圖層的顯示區域，來試試！

F> 黑色筆刷遮一下

1. 單響「遮色片」
2. 內容面板顯示遮色片參數
3. 單響「筆刷工具」
4. 設定一隻小尺寸的圓形筆尖
5. 模式「正常」
6. 不透明跟流量都是 100%
7. 前景色「黑色」
8. 筆刷塗抹手臂
   黑色能遮住圖層內容
   如果刷的範圍太多
   可以使用「白色」擦回來

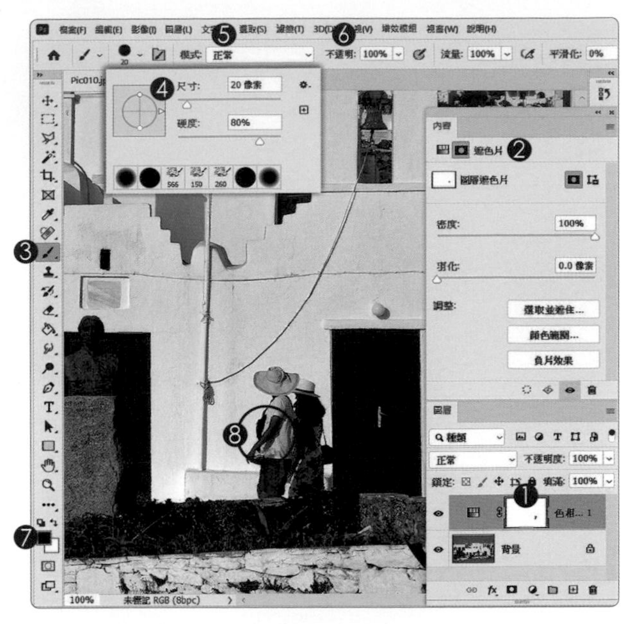

色相 / 飽和度的色相控制區間

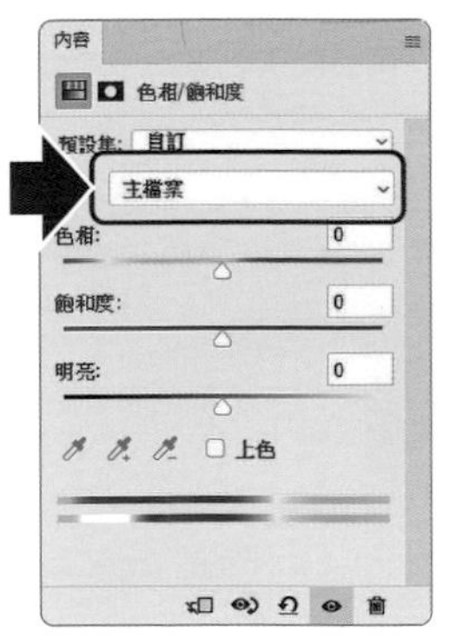

▲ 主檔案
不能控制顏色區間

▲ 指定顏色
才能控制顏色區間

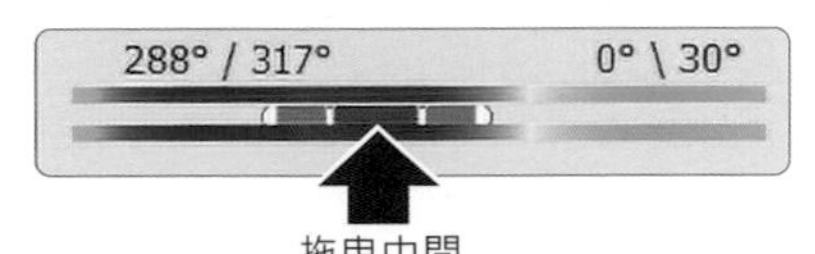

拖曳中間
可以移動「顏色整體」控制區間

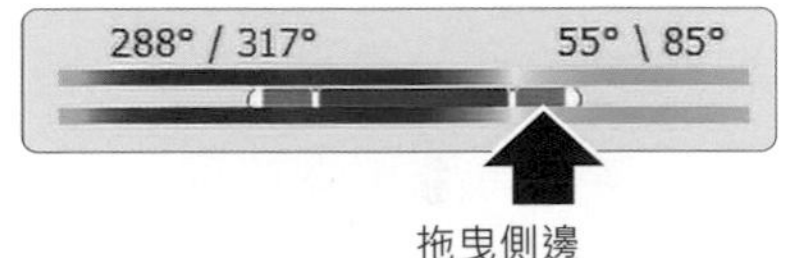

拖曳側邊
可以移動「單邊」控制區間

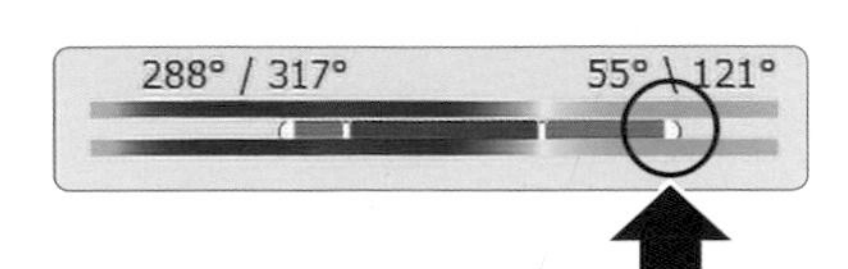

拖曳側邊按鈕
可以擴大單邊顏色的空制區間

學習重點：臨界值 調整圖層 | 顏色範圍：選取黑色 | 拷貝合併

絕對黑白的視覺效果

參考範例　Example\04\Pic011.JPG

A > 指定牆面顏色為前景色

1. 開啟範例 Pic011.JPG
2. 單響「建立新圖層」
3. 新增一個透明圖層
4. 單響「筆刷工具」
5. 按著 Alt + 單響牆面
   抓取牆面顏色
6. 作為「前景色」

Alt + 筆刷工具 = 取樣器

Photoshop 很多需要顏色的工具，都可以搭配「Alt」，即時切換為「取樣器」。取樣器可以很快的抓到畫面中的顏色，超級方便。

B> 遮掉一些比較深的顏色

1. 位於「透明」新圖層中
2. 使用筆刷工具
3. 中等尺寸的圓形筆刷
4. 筆刷使用的是「前景色」
5. 拖曳筆刷塗抹
   顏色比較深的區域

為什麼不直接在「背景」上塗？

筆刷在新圖層上塗抹，能遮蓋圖片中顏色比較深的範圍，如果塗的太醜，直接扔垃圾桶就可以，完全不會破壞原始「背景」圖層。

C> 純黑白的高對比效果

1. 調整面板中單響「臨界值」
2. 新增「臨界值」調整圖層
3. 內容面板顯示
   臨界值的控制參數

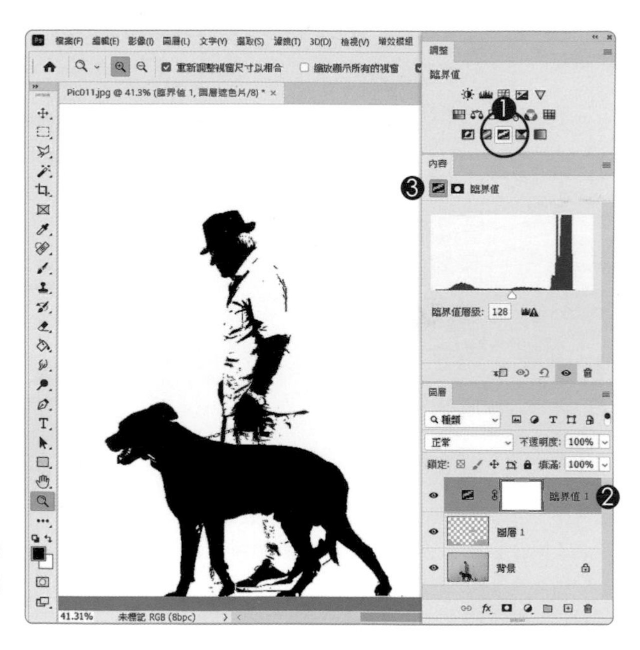

臨界值：絕對的黑白影像

內容面板中「臨界值」的預設值是 128，畫素亮度高於這個層級顯示「白色」，低於這層級則以「黑色」顯示，也就是我們目前看到的。

D> 調整明暗層級

1. 選取「臨界值」圖層
2. 內容面板中拖曳滑桿
   調整臨界值層級約「145」
3. 人物身上的衣服
   細節會比較多

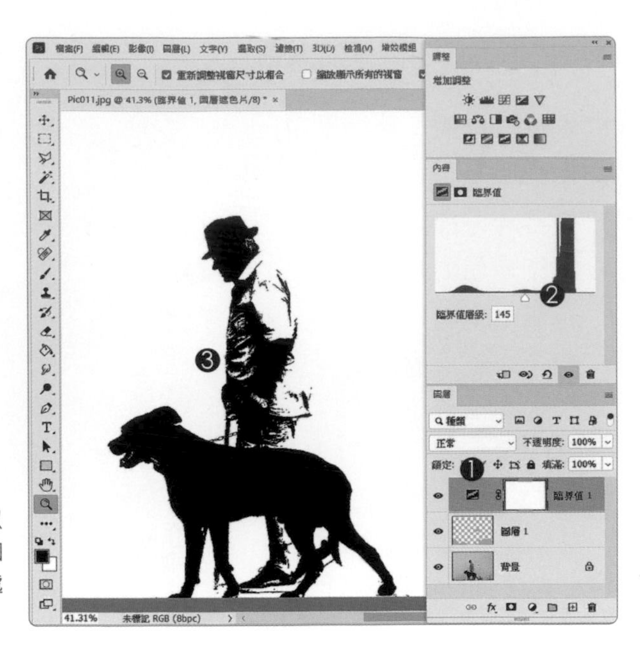

臨界值層級

畫面中有老人與狗狗兩個主體影像，同學可以試著使用兩個臨界值圖層，搭配遮色片，一個「臨界值」控制老人，一個控制狗狗，分別處理，兩個主體能呈現出來的細節會更多喔。

E> 選取黑色

1. 單響「背景」
2. 功能表「選取 - 顏色範圍」
3. 選取「陰影」
4. 拖曳「朦朧」與「範圍」
5. 白色就表示目前選到的區域
6. 單響「確定」按鈕
7. 外側出現選取框線

▲ 取消目前的選取範圍：執行功能表「選取 - 取消選取」

所有的圖層合起來才能出現黑白影像

不論是「背景」或是「臨界值」，圖層顯示都不是「黑白」影像，我們之所以能在編輯區看到黑白，是所有圖層合併後的效果，先記住這一點，下一個步驟才有方向。

F> 拷貝合併

1. 單響最上方的圖層
2. 功能表「編輯」
3. 執行「拷貝合併」
   將編輯區的影像拷貝起來
4. 再執行「編輯 - 貼上」
   就能將選取範圍
   貼到新圖層中

拷貝合併：將圖層合併的結果拷貝下來

「合併拷貝」可以將指定的範圍拷貝下來，不論範圍內有多少圖層，都能「合併所有圖層的內容」再拷貝，是個相當方便的指令。

G> 轉存單一圖層為 PNG

1. 圖層名稱上單響右鍵
   執行「轉存為」
2. 指定格式「PNG」
3. 勾選「透明度」
   才能保留圖層中的透明區域
4. 檢查一下視窗中的設定
5. 單響「轉存」按鈕

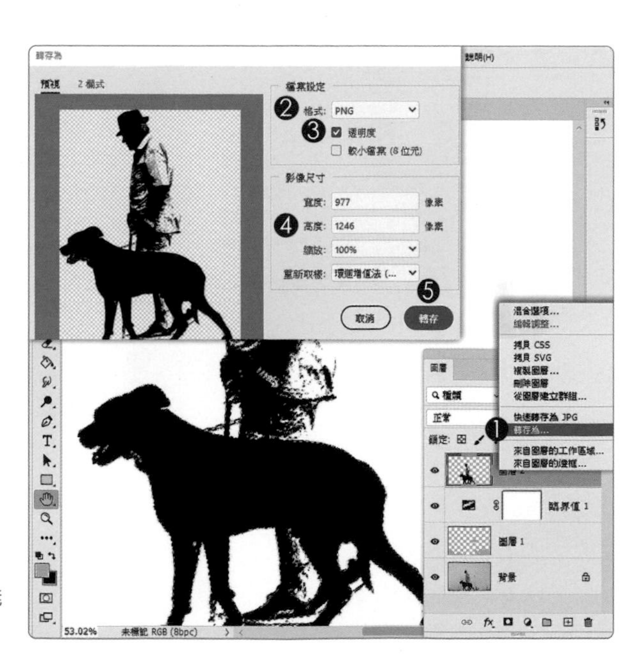

儲存整個檔案

目前只轉存一個圖層，同學還是要將檔案以能保留圖層結構的「TIF 或是 PSD」儲存起來。

學習重點：油漆桶工具 | 置入圖片 | 圖層樣式 | 任意變形 | 圖層群組

分割補色
拼貼技巧

參考範例　Example\04\Pic012.PNG

A > 建立新檔案

1. 單響「新建」按鈕
2. 指定單位「像素」
3. 寬度 / 高度「1600」
4. 解析度「72」像素 / 英吋
5. 色彩模式 RGB / 8bit
6. 背景內容「白色」
7. 單響「建立」按鈕

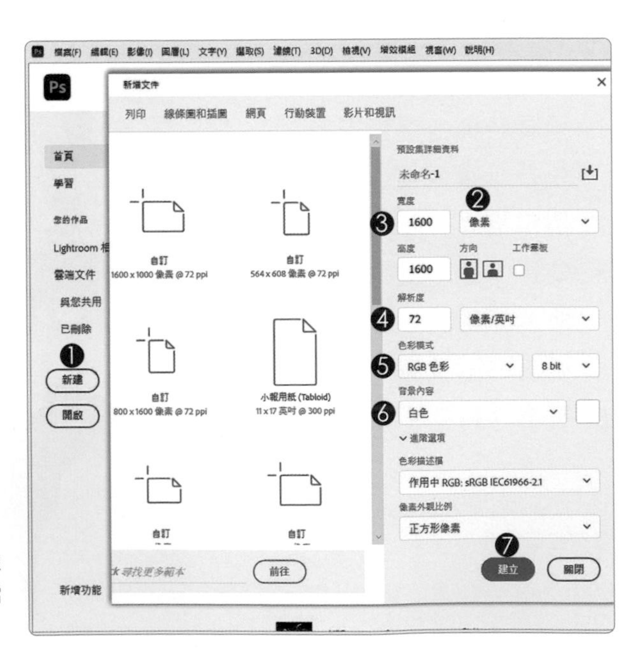

先指定「單位」

建立新檔案時一定要特別注意單位，1600「像素」跟 1600「英吋」或是 1600「公分」，檔案容量天差地別，單位、單位很重要喔！

B> 讀入色票

1. 開啟「色票」面板
2. 單響面板選項按鈕
3. 執行「讀入色票」
   04\ 分割補色 DG.aco
4. 增加新的色票群組

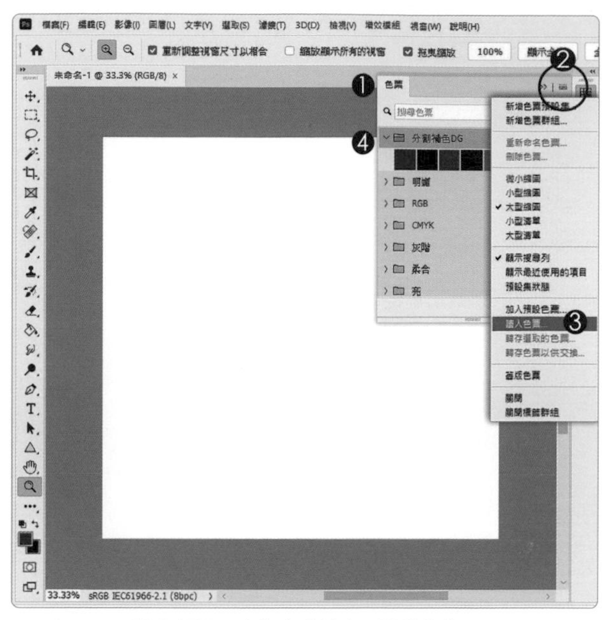

▲ Windows 讀入色票：功能表「檔案 - 開啟舊檔」

調整色票的排列順序

在色票面板中，可以拖曳群組到面板上方，改變群組的排列順序，拖曳時，看到一條線就可以放開（小心不要拉到其他群組中）。

C> 油漆桶工具

1. 單響色票面板中的顏色
2. 立刻套用到「前景色」中
3. 單響「油漆桶工具」
4. 填入來源「前景色」
5. 單響編輯區填入顏色

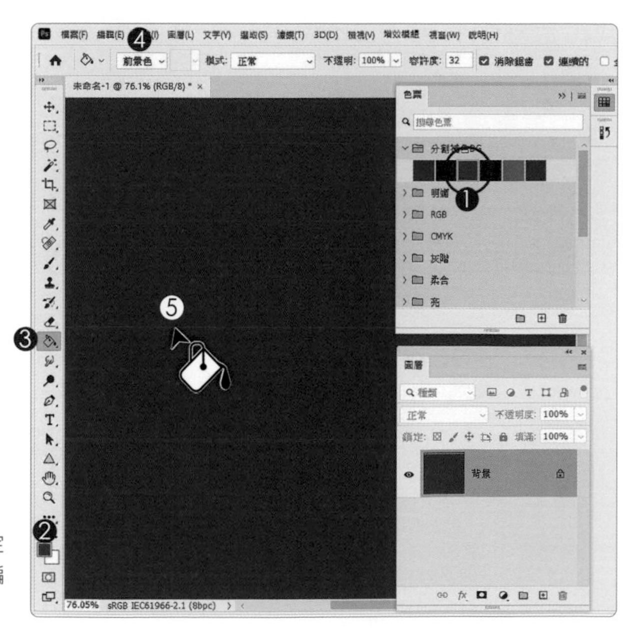

填色的途徑

簡單的說有三種，建立新圖層的時候可以指定背景色、使用「油漆桶工具」，或是執行「編輯 - 填滿」也可以在指定範圍中填入顏色。

D> 置入圖片檔案

1. 功能表「檔案」
2. 執行「置入嵌入的物件」 04\Pic012.PNG
3. 開啟「等比例」
4. 拖曳外側的變形控制框 調整圖片大小
5. 完成後單響「✓」按鈕 或是按下 Enter

任意變形

如果要再次調整圖片大小，可以執行功能表「編輯 - 任意變形」快速鍵 Ctrl + T。

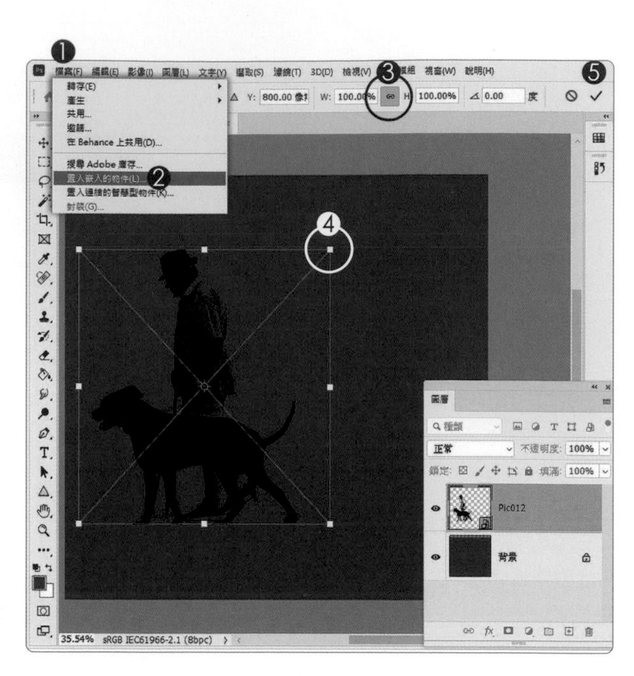

E> 更換圖片顏色

1. 單響圖層 Pic012
2. 單響「fx」圖層樣式 執行「顏色覆蓋」
3. 混合模式「正常」
4. 單響顏色覆蓋的「色塊」
5. 開啟「檢色器」
6. 將指標移動到「色票」面板 單響群組中的色票
7. 單響「確定」結束檢色器
8. 單響「確定」結束圖層樣式

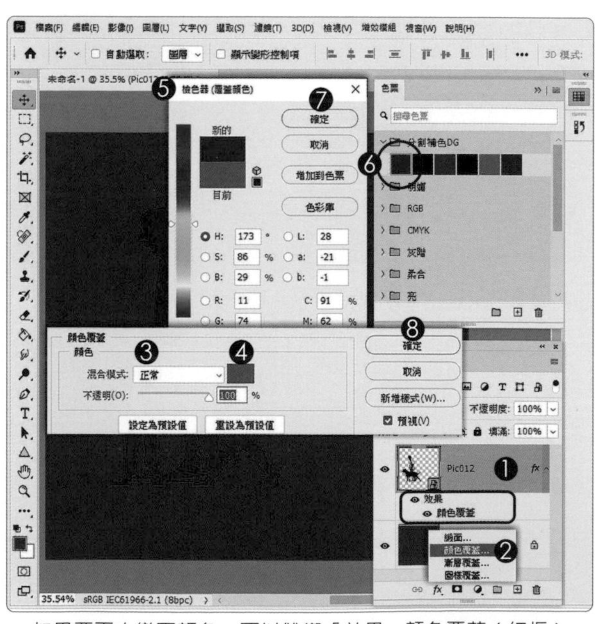

▲ 如果要再次變更顏色，可以雙響「效果：顏色覆蓋（紅框）」

F> 複製圖層

1. 單響「移動工具」
2. 按著 Alt 不放
   拖曳老人與狗狗的圖片
   複製出一個相同的圖層
3. 圖層也多一個
   還有圖層樣式也一併複製

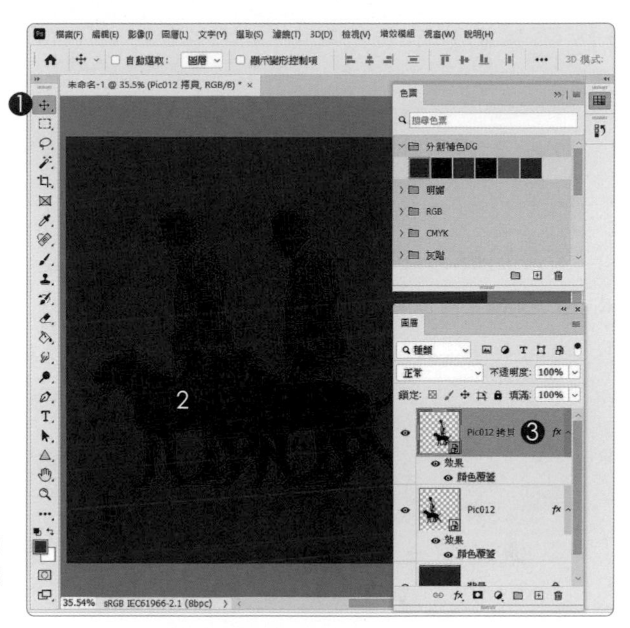

移動工具：快速鍵 V

直接使用「移動工具」可以移動目前的圖層內容，如果按著 Alt 鍵不放，移動工具就會變成「複製工具」，大家還記得吧！

G> 翻轉圖片

1. 選取剛剛複製出來的圖層
2. 功能表「編輯」
   執行「任意變形」
   或是按下快速鍵 Ctrl + T
3. 啟動變形控制框後
   將指標移動到控制框內側
   單響右鍵
   執行「水平翻轉」
   拖曳圖片順便調整位置
4. 單響選項列「✓」
   或是按 Enter 結束變形

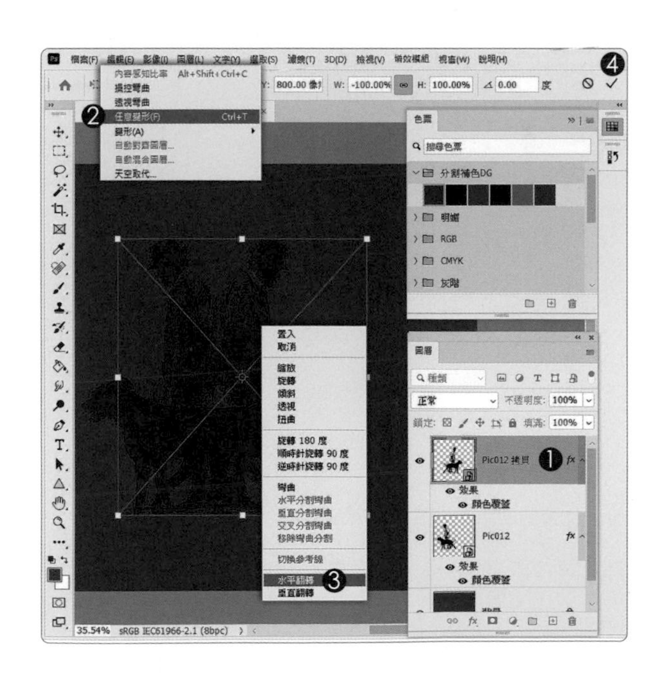

H> 再換個顏色

1. 雙響拷貝圖層的樣式
   顏色覆蓋
2. 混合模式「正常」
3. 單響顏色覆蓋「色塊」
4. 開啟「檢色器」
5. 指標移動到「色票」面板
   單響選取顏色
6. 單響「確定」結束檢色器
7. 單響「確定」結束圖層樣式

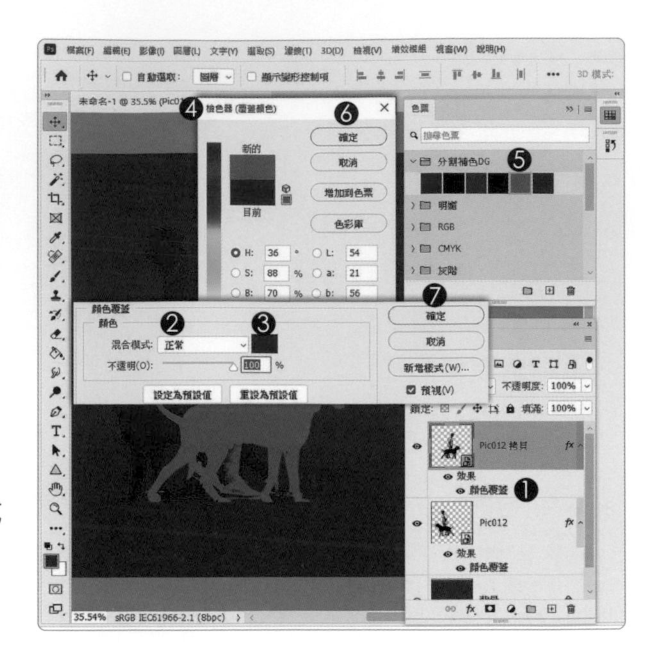

I > 建立圖層群組 / 快速鍵 Ctrl + G

1. 單響圖層
   按 Shift 鍵選取兩個圖層
2. 單響「圖層群組」按鈕
3. 群組中包含兩個圖層
   雙響群組名稱重新命名

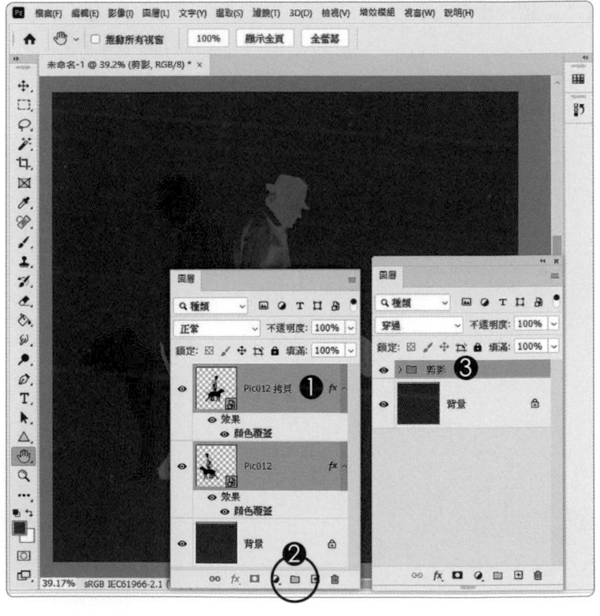

相同性質的圖層建立成群組好處多

圖層面板空間有限，相同性質的圖層建立成群組，可以節省面板空間。另外，兩個圖層包成群組，可以一起移動位置、調整大小。

J > 任意變形

1. 單響圖層群組
2. 快速鍵 Ctrl + T
   啟動「任意變形」
3. 確認開啟「等比例」
4. 拖曳控制框調整大小
5. 單響選項列「✓」
   或按下 Enter 結束變形

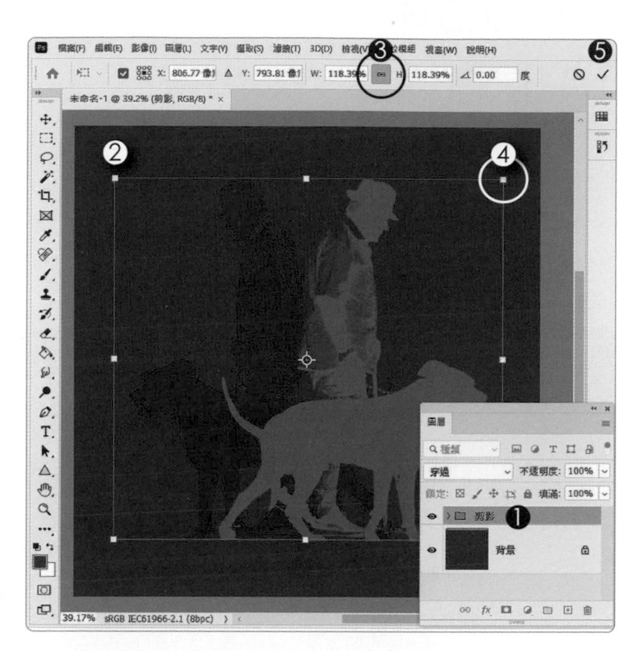

解散圖層群組

直接在圖層群組上單響「右鍵」，由選單中執行「解散圖層群組」就可以囉！

K > 對齊群組與背景圖層

1. 單響選取圖層群組
   按 Shift 鍵單響背景圖層
2. 單響「移動工具」
3. 單響選項列「水平居中」
4. 單響選項列「垂直居中」

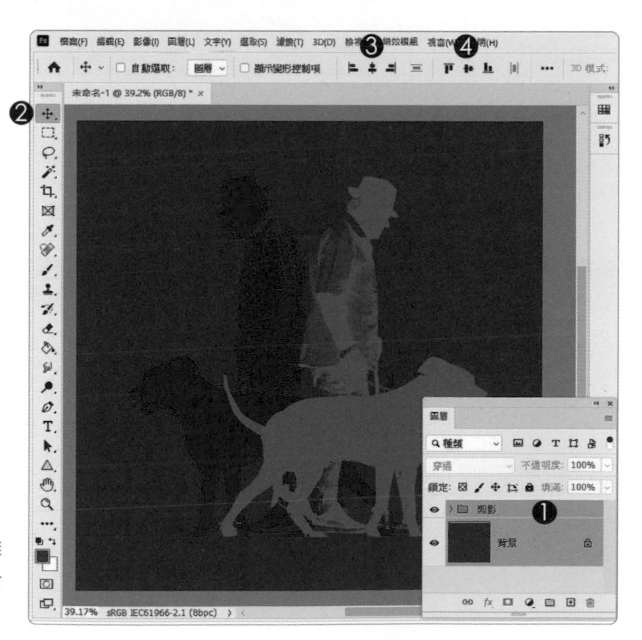

只有這個方式才能讓群組放在畫面中央

現在了解楊比比讓這個兩個圖層結合成「群組」的深意了吧！移動位置方便、任意變形方便、連對齊背景圖層都方便，一舉三得呀！

Adobe Color 線上配色

網址 https://color.adobe.com/

2021 年 7 月中 Adobe 把配色面板「Color」轉移到線上，我們可以在 Adobe Color 網頁中搭配顏色、搜尋目前最熱門的色彩，並且將搭配好的顏色從 Adobe Color 網頁存入「資料庫」，再匯入色票面板。

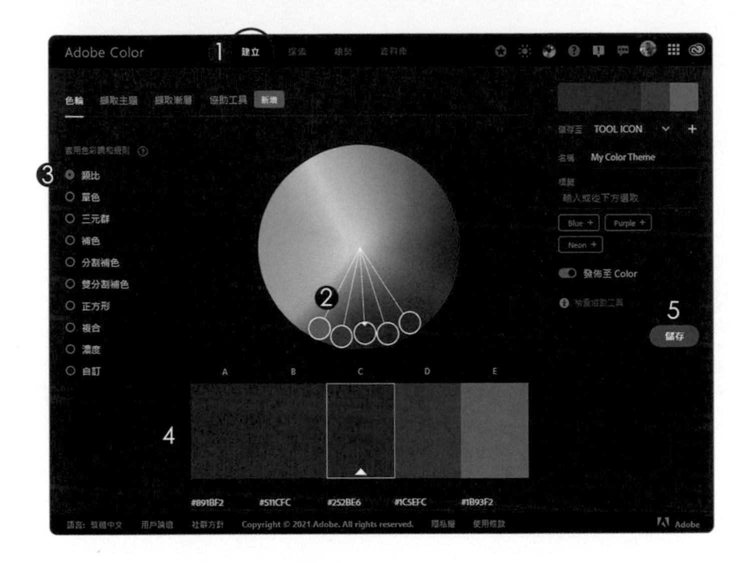

1. 進入「建立」頁面
2. 色環中指定顏色
3. 指定套用的色彩規則
4. 下方顯示色票與色碼
5. 單響「儲存」
   可以將組合的顏色
   存入「資料庫」面板

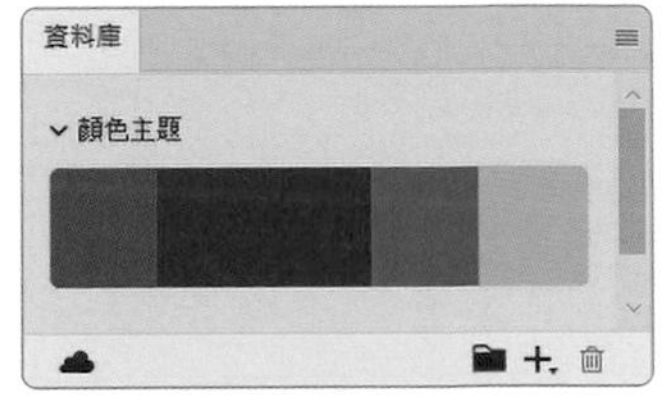

▲ 功能表「視窗」開啟「資料庫」

從圖片配色中尋找設計靈感

1. 單響「擷取主題」
2. 上傳照片到頁面
   單響畫面可以更換圖片
3. 變更色彩情境
4. 擷取出來的顏色
5. 單響「儲存」
   就能將擷取的顏色
   存入「資料庫」面板

提高創作力的熱門配色

在靈感缺乏的時候，可以使用 Adobe Color 中的「探索」與「搜尋」，找到目前最受歡迎的熱門配色，還能透過社群中的「創意專案」，以及 Stock 發掘出更多新鮮的色彩搭配，讓想法源源不絕、創作能力飽滿（YA）。

1. 單響「探索」
2. 單響「檢視」選單
   指定顏色來源
3. 或是在「搜尋」欄位
   輸入關鍵字
   中文也可以
4. 指標移動到色票上
   可以下載 JPG
   或是將色票
   新增至資料庫

掌握當季色彩的流行趨勢

1. 單響「趨勢」
   從各行業的社群中
   找出熱門的流行色彩
2. 將指標移動到圖片上
   可以將色票
   下載為 JPEG 格式
   或是
   新增至資料庫面板

密技充電站

外部資源

不是 Photoshop 內建的資源，都稱為外部資源，這個章節使用了「漸層」與「色票」，現在我們把常用的外部資源整理一下：

-- 色票（*.ACO）
-- 漸層（*.GRD）
-- 筆刷（*.ABR）
-- 圖樣（*.PAT）
-- 樣式（*.ASL）
-- 形狀（*.CHS）
-- 動作（*.ATN）

讀入外部資源

使用 Windows 系統的同學只要從功能表「檔案」執行「開啟舊檔」就可以將外部資源開啟到所屬的面板中（例如「色票」）。

Mac 版本的同學，建議從外部資源面板（例如「色票」）的選項按鈕選單中，執行「讀入」。

搜尋外部資源關鍵字

關鍵字中英文都接受，但使用英文當關鍵字，找到的資源會比中文多一些。關鍵字請加入 Photoshop 以及 Download 兩個單字。

-- 色票 Swatches
-- 漸層 Gradients
-- 筆刷 Brushes
-- 圖樣 Patterns
-- 樣式 Styles
-- 形狀 Shapes
-- 動作 Action

顏色查詢外部資源檔案

調整面板中的「顏色查詢」也支援外部檔案，關鍵字是「download photoshop color lookup table」。

「顏色查詢」外部資源常用的格式為「*.CUBE」以及「*.3DL」兩種。

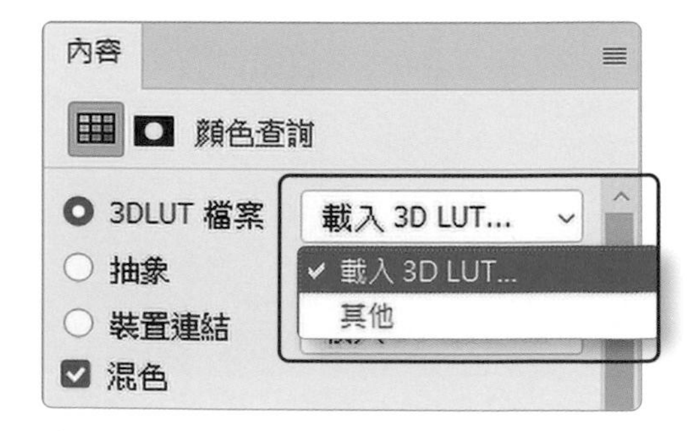

調整圖形尺寸方式一、移動工具

移動工具除了能「移動」、「複製 (搭配 ALT 鍵) 」圖形位置之外，還能「調整圖形尺寸」，只要開啟選項列上「顯示變形控制項」，圖形外側就會顯示變形控制框，拖曳控制框可以調整圖形大小、旋轉角度、翻轉影像。

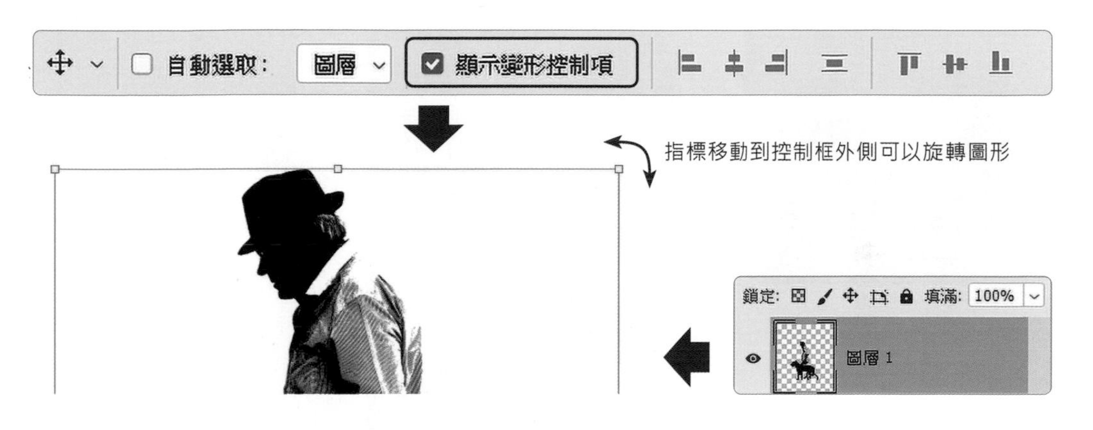

調整圖形尺寸方式二、任意變形 / 快速鍵 Ctrl + T / CMD + T

楊比比常說 Photoshop 裡面五組必須背下來的快速鍵，其中一組就是「任意變形 Ctrl + T」。Photoshop 這麼多的指令，能被楊比比挑中，要求同學一定要記住的快速鍵，表示出場率很高，是相當熱門的指令。

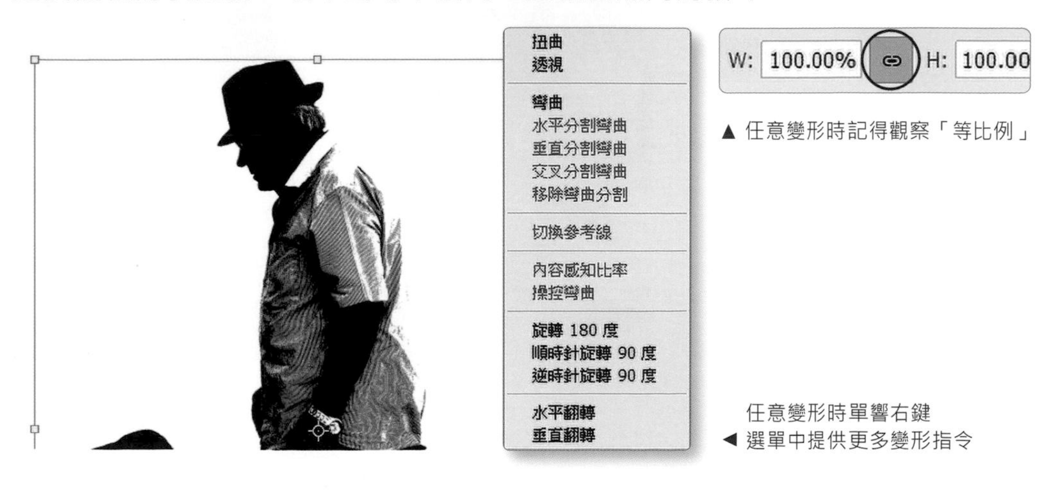

▲ 任意變形時記得觀察「等比例」

任意變形時單響右鍵
◀ 選單中提供更多變形指令

建立文字與文字配色
建立色票以及匯入外部色票

折角立體堆疊文字效果
這是在 Illustrator 常見的組合

文字外框的變形技巧
文字轉為智慧型物件並套用濾鏡

建立只有外框線的羅馬垂直字
段落文字的設定與調整

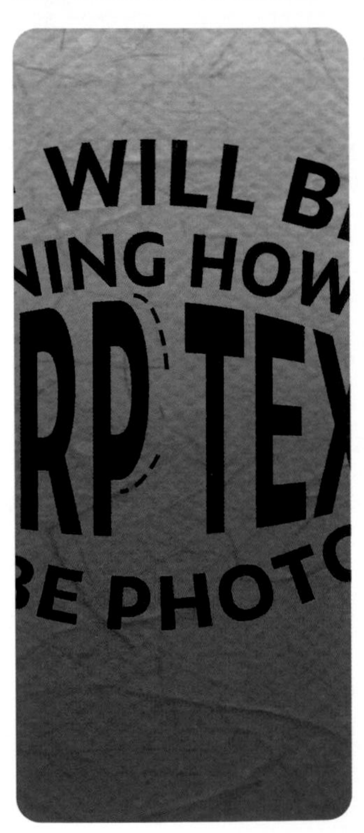

建立文字彎曲效果
使用繪圖工具繪製曲線

05 脫穎而出的文字排版

文字工具與繪圖工具

建立文字範圍的剪裁遮色片
電腦中沒有相同字體的處理方式

練好
扎實的基本功

不管同學對文字熟不熟，都請放下身上所有的本事，跟著楊比比從頭練習一下「文字工具」；同學放心，過時的功能不會看、用不到的工具不會練，現在請大家準備好一份空白的新檔案，找到工具箱的文字工具，我們開始囉！

新增空白文件

1. 單響「新建」按鈕
2. 記得先指定單位「像素」
3. 寬度「1500」
   高度「1000」
   方向「橫向」
4. 解析度「72」像素 / 英吋
5. 色彩模式 RGB 8bit
6. 背景內容「白色」
7. 單響「建立」按鈕

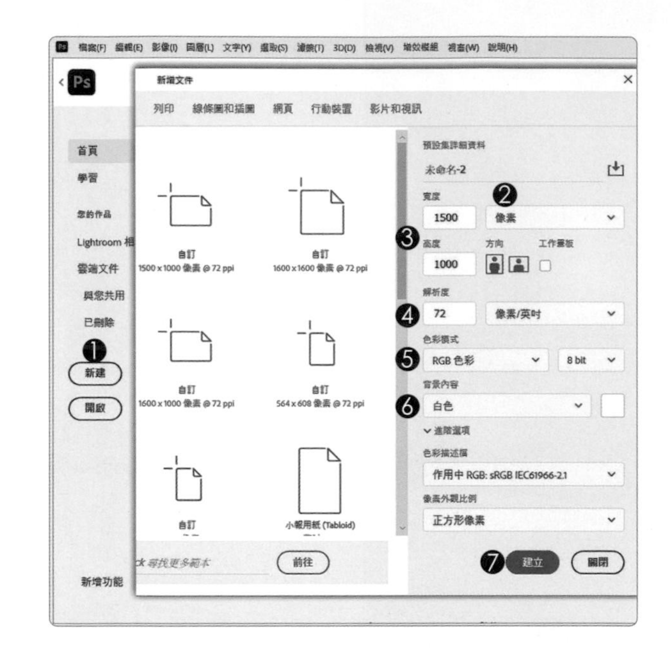

啟動文字工具

1. 按著文字按鈕不放
   可以看到文字選單中
   有四款文字工具
2. 單響「水平文字工具」
3. 視窗上方顯示工具選項列
   文字的主要設定都在這裡

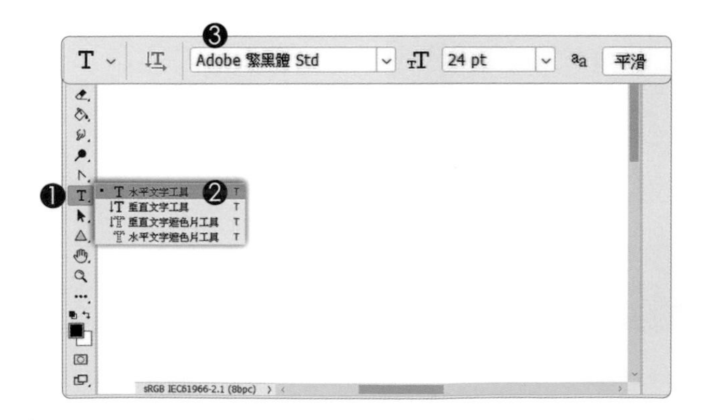

文字工具
管理與設定

/ 文字工具：快速鍵 T

文字選單中有四款工具，除了「水平」與「垂直」兩款文字工具，另外兩個跟遮罩有關的文字工具，已經可以使用遮色片來取代，所以麻煩同學把這兩款用不到的工具收起來，順便檢查一下「偏好設定」中跟文字相關的設定。

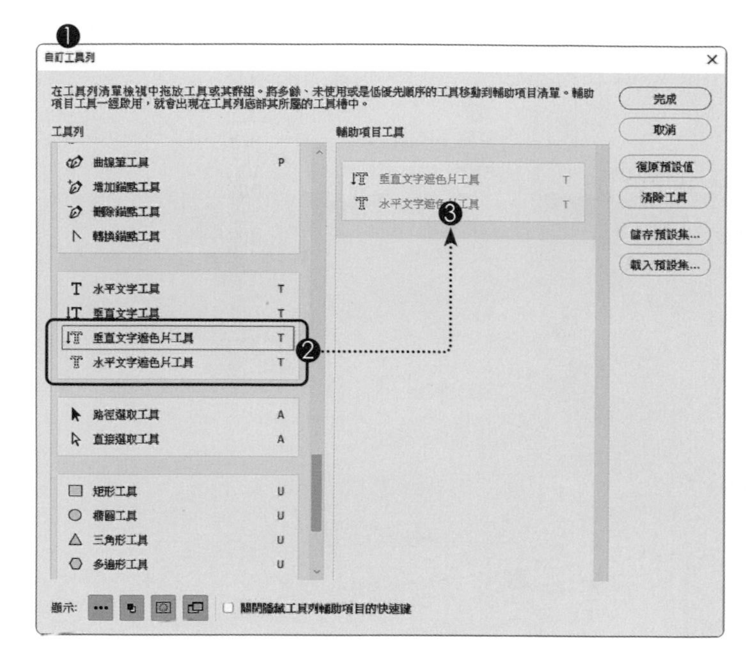

自訂工具列

1. 功能表「編輯」
   執行「自訂工具列」
2. 拖曳
   文字遮色片工具
3. 到「輔助項目」
4. 文字工具選單中
   僅剩兩款常用工具

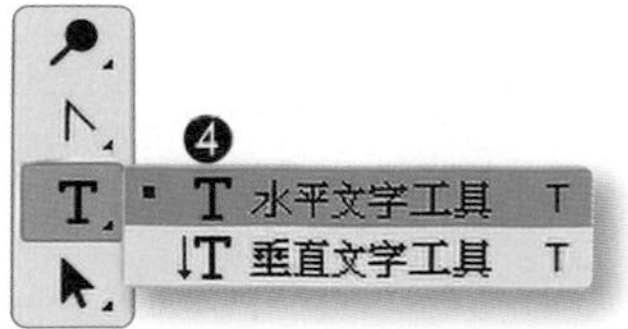

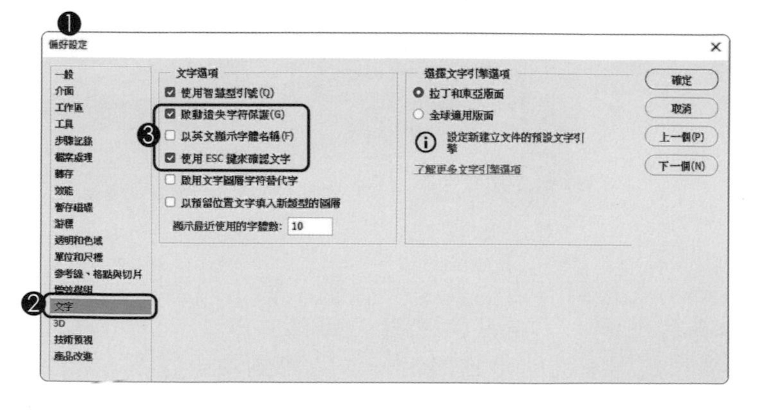

文字偏好設定

1. 功能表「編輯」
   執行「偏好設定」
2. 單響「文字」類別
3. 啟動遺失字符保護
   取消英文顯示字體
   使用 ESC 確認文字

建立
錨點與段落文字

在 Photoshop 建立文字，有「錨點」與「段落」兩種方式；比較常用的是「錨點」文字，一般的標題文字都會使用錨點方式來建立。若是文字的數量比較多，需要多行、分段，就可以使用「段落」來置入文字內容。

錨點文字

1. 單響「水平文字工具」
2. 單響編輯區
   表示文字從這個點開始輸入
   按 Enter 表示換行
   按 ESC 結束文字輸入
3. 新增文字圖層

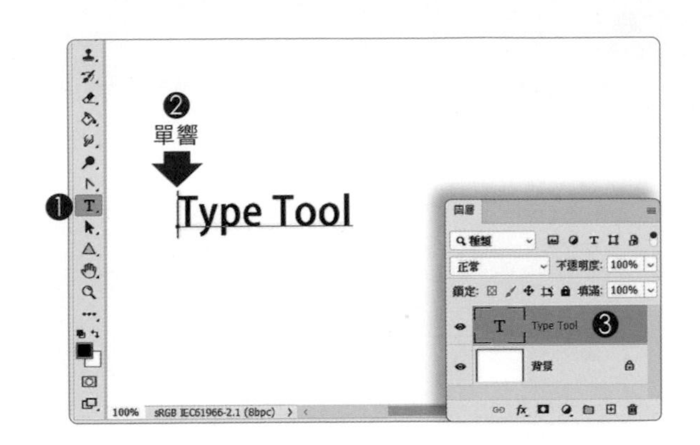

段落文字

1. 單響「水平文字工具」
2. 編輯區中「拖曳」指標
   拉出文字的輸入範圍
   按 Enter 表示換行
   按 ESC 結束文字輸入
3. 新增文字圖層

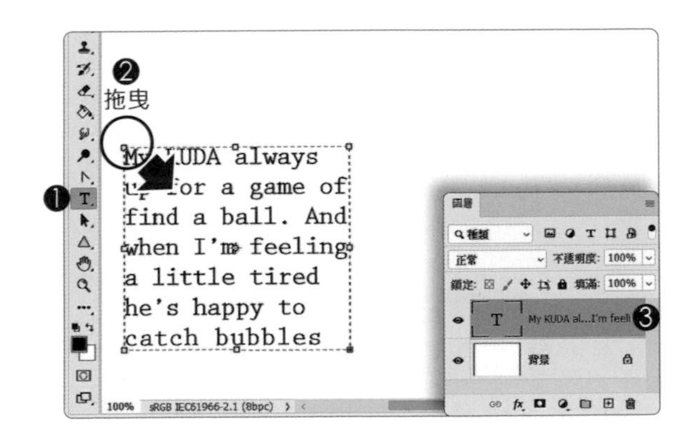

第一次接觸文字工具的同學，最容易混淆的就是「錨點」與「段落」文字的建立方式（怎麼我的文字有個框呢？）有框的就是「段落文字」，沒「框」的是「錨點文字」，麻煩大家跟著上面的步驟練習一次（練兩次更好）。

儲存
與編輯文字內容

同學還記得「任意變形」吧！調整好圖片的寬高尺寸，按下 Enter 就可以結束「任意變形」並保留調整後的狀態；但文字不行，在文字編輯過程中 Enter 表示「換行」，要保留並結束文字編輯請按「ESC」，來！我們練習一次。

編輯文字內容

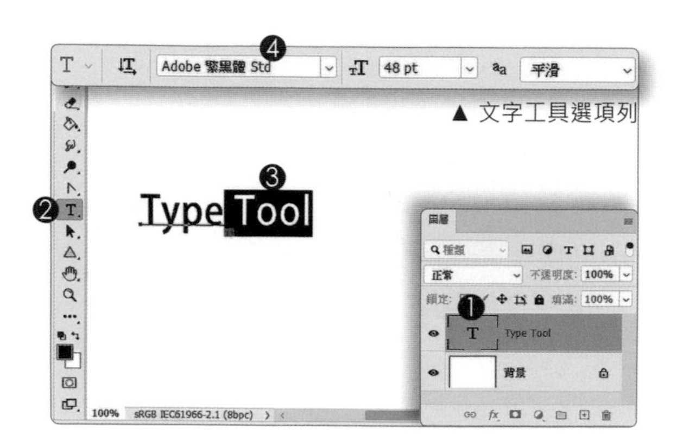

▲ 文字工具選項列

1. 使用什麼工具都可以
   直接雙響文字圖層縮圖
2. 立即跳到「文字工具」中
3. 拖曳選取需要編輯內容的文字
4. 可以重新輸入文字內容
   或是透過選項列變更字體

結束文字編輯

1. 完成文字編輯
   單響選項列上「✓」
   或是按下「ESC」
   就可以結束文字編輯
   並保留編輯結果

按 ESC 沒有反應？

應該是忘了開啟「偏好設定 - 文字」類別中「使用 ESC 鍵來確認文字」（回頭看一下楊比比有寫喔）建議開啟這個項目，使用 ESC 會比較方便一些。

調整
字體大小

同學可以把文字當作一般圖形，直接使用「移動工具」中的「使用變形控制項」或是「任意變形（快速鍵 Ctrl + T）」指令，透過變形控制框直接調整。也可以使用「文字工具選項列」的文字大小，來調整單一或多個文字的字體尺寸。

1. 使用「文字工具」
2. 確認選取文字圖層
3. 文字工具選項列中
   指定「字體大小」

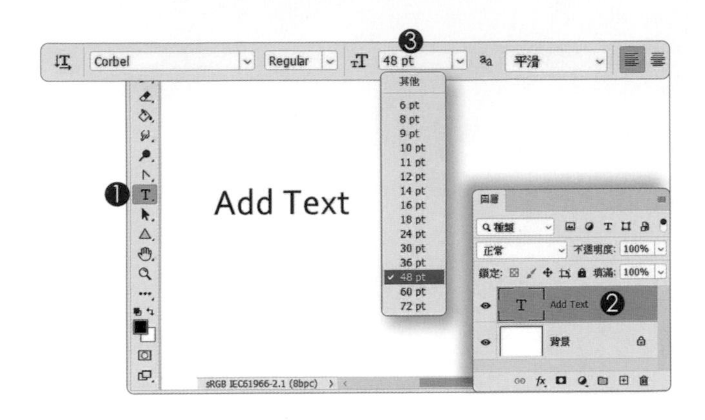

調整單一字體大小

1. 雙響文字圖層縮圖
2. 選取要調整字體大小的文字
3. 文字工具選項列中
   指定「字體大小」
   按「ESC」結束文字編輯

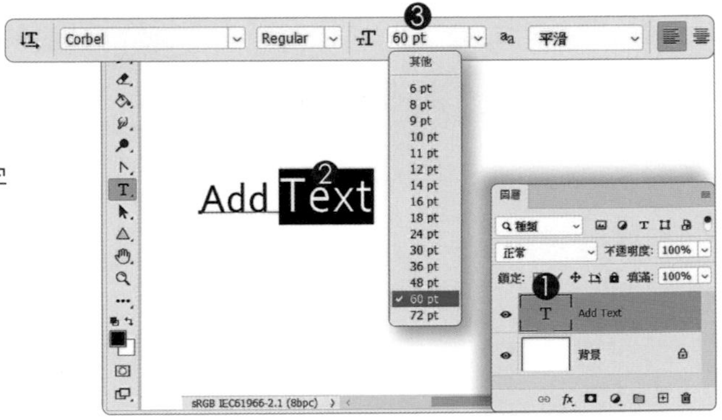

任意變形調整文字整體大小

如果要調整文字的整體大小，使用「任意變形」或是「移動工具」的「顯示變形控制項」會更直覺。

拖曳變形控制框調整字體大小

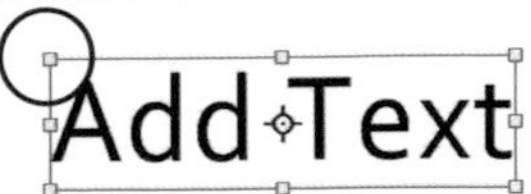

常用的
文字控制設定

同學可以到功能表「視窗」中開啟「字元」、「段落」、「字符」三個文字常用的面板（參考右圖），尤其是「字元」面板，當中有文字常用的各項參數，建議常駐在 Photoshop 視窗中。

字元
段落
字符

文字寬高比例

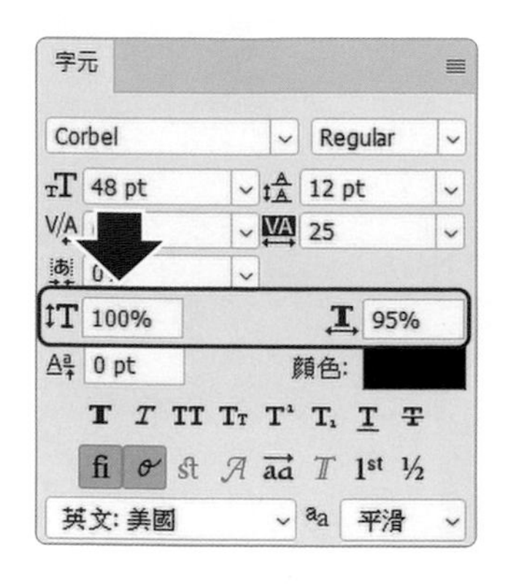

文字字距 / 行距

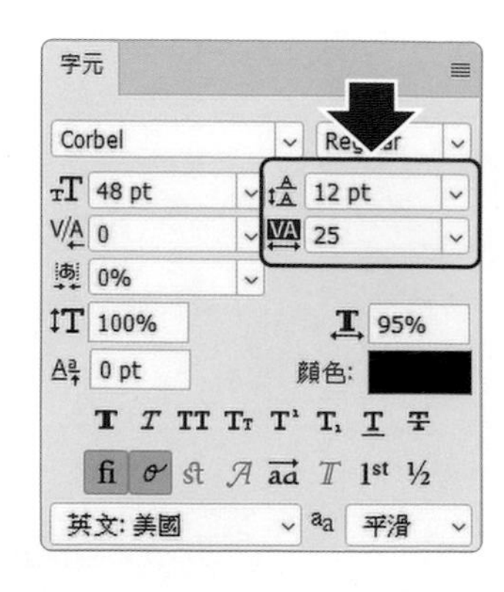

特殊樣式 粗體 / 斜體 / 底線

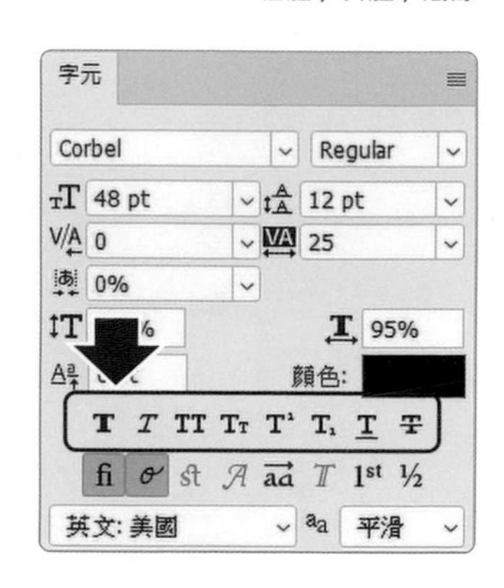

段落對齊 / 縮排

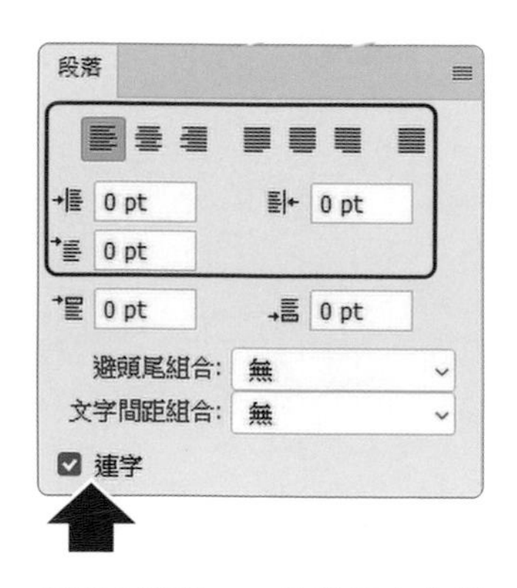

開啟「連字」，當段落文字需要強制換行時會加上連字記號。

插入特殊文字符號

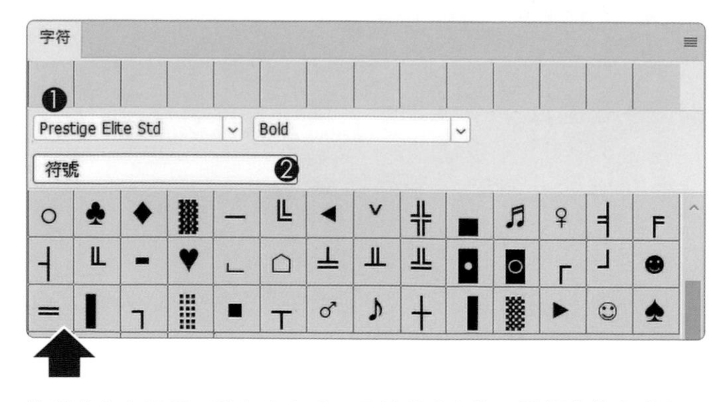

使用「文字工具」建立文字時，可以從「字符」面板中指定「字體（1）」，設定「符號（2）再挑選需要的字符插入正在編輯的文字中。

家裡有一隻心無城府、胸無點墨、沒心少肺的 15 歲狗狗 KUDA，唯一的長處就是不會頂嘴（doesn't talk back）- 設計繪製：楊比比

靈活配色
文字四重奏

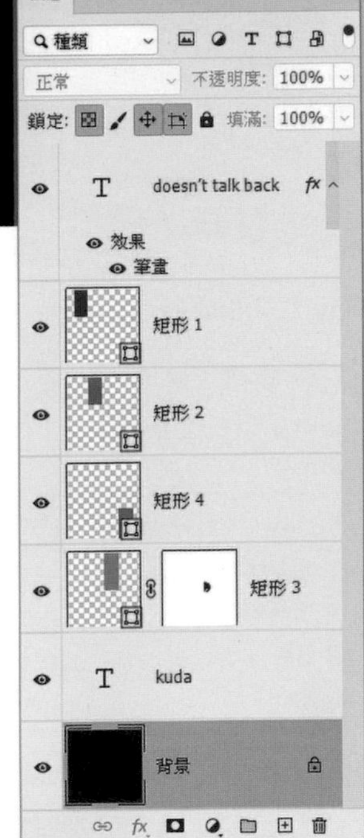

文字在畫面中不僅僅是「描述」還擔任了「視覺引導」的角色，也因此，顏色的搭配、字體的選擇、版面排列的方式，都是重點。

為了讓同學能清楚的掌握每一個重點，楊比比將範例分為「五個階段」，每個階段學會 1-2 個功能，壓力不會太大，日後要找功能也比較容易。

階段一 建立四色色票

同學可以從楊比比提供的範例檔案中，擷取顏色，保留在色票面板中，當然也可以匯出成為一個獨立的「色票檔案」(*.aco)，方便我們日後反覆使用。

階段二 字母全部轉大寫

這個階段要建立兩個文字圖層，盡量找沒有襯線的且線條較粗的字體，再透過「字元」面板將所有的字母轉為「大寫」，這是常用的手法，可以多用。

階段三 文字套用色票

色票可以套用在「文字圖層」中所有的文字上，也可以套用在單一文字中。色票是很好的配色工具，所有的色卡都在面板上，一目了然，請多多利用。

階段四 繪製四個不同顏色的矩形

這四個矩形的顏色跟文字一致，寬度也跟文字相同，所以要運用參考線來調整位置，以及限制矩形的尺寸，這個階段步驟會多一點，同學要特別留心。

階段五 黑色線條描繪文字邊緣

很多設計會在文字外側加上與底色相同的框線，作為區隔，能更清楚的強調文字內容。我們就使用這樣的手法，使用黑色「筆畫」在文字外側加上框線。

文字四重奏
階段一

建立四色色票

A> 使用色票指定顏色

1. 開啟範例 05\Pic001.JPG
2. 開啟「圖層」面板
   顯示「背景」圖層
3. 拉近圖片可以看到
   圖片下方有四個顏色
   請將這四組顏色
   建立成「色票」

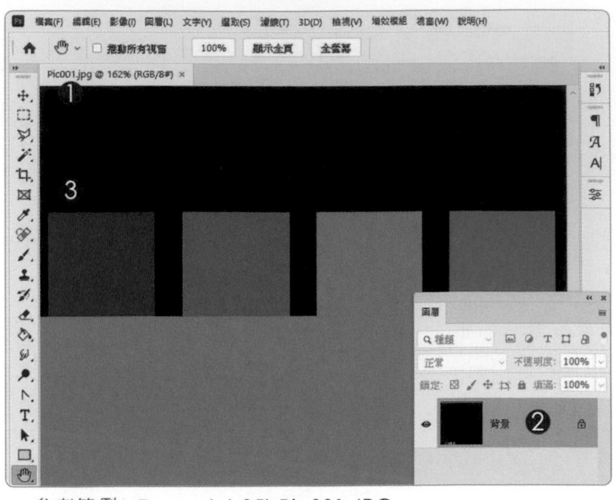

▲ 參考範例　Example\05\Pic001.JPG

B> 滴管工具

1. 單響「滴管工具」
2. 移動指標到色塊上
   單響擷取色塊的顏色
3. 擷取的顏色
   成為「前景色」

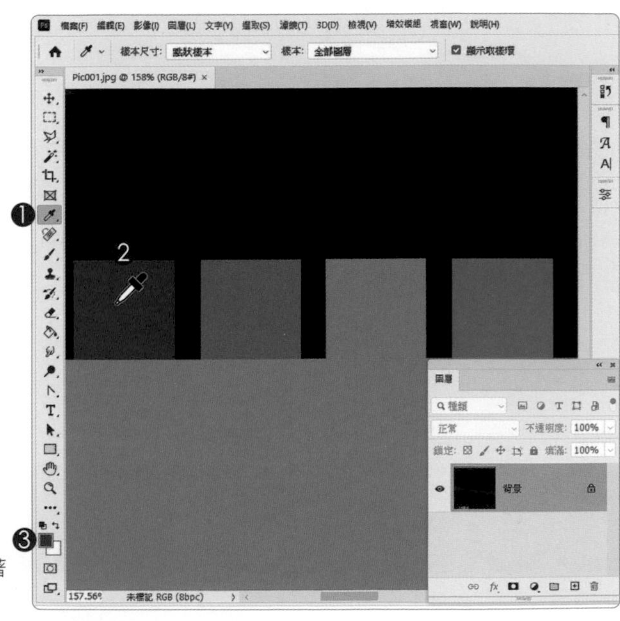

滴管工具 即時切換鍵 Alt

在「繪圖」與「筆刷」工具狀態下，按著 Alt 按鍵不放，就能切換為「滴管工具」。

C> 建立色票

1. 開啟「色票」面板
2. 單響「建立新色票」
3. 指定色票「名稱」
   很多人喜歡拿色碼
   作為色票名稱
4. 單響「確定」
5. 新增一組色票

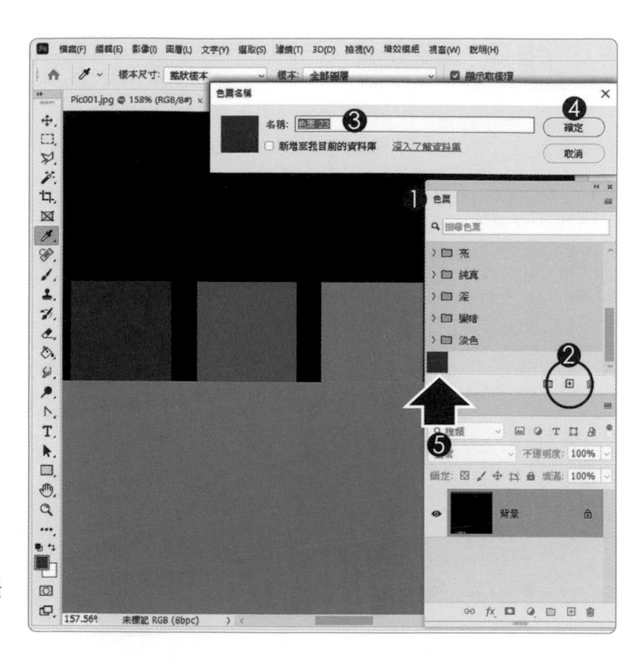

請將四組顏色都建立為色票

使用「滴管工具」擷取畫面中的顏色到「前景色」中，再將前景色存為「色票」。

D> 轉存色票為色票檔案

1. 按著 Shift 鍵
   選取多組色票
2. 單響色票面板選項按鈕
3. 執行「轉存選取的色票」
   將目前的色票
   以副檔名 .aco 儲存下來

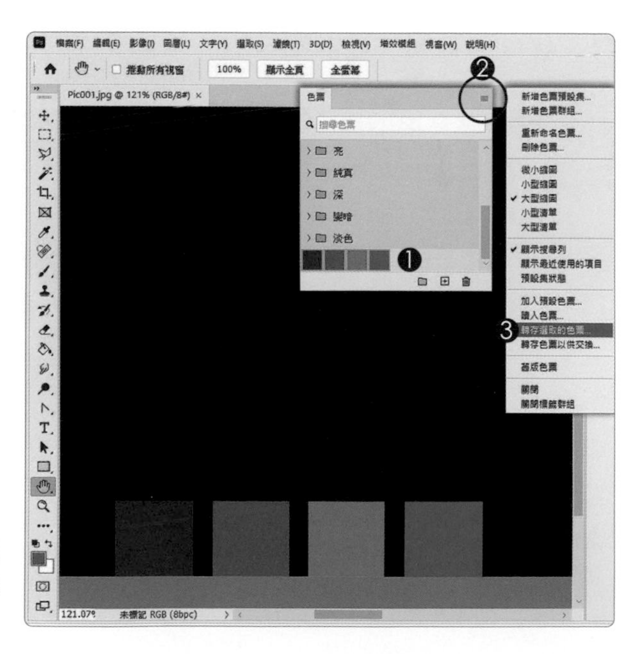

還記得怎麼把色票檔案「讀」進來吧

沒錯！大家都看到了，單響「色票」面板選項按鈕，執行選單中的「讀入色票」，就能將轉存的色票，重新匯入色票面板中。

文字四重奏

階段二

字母全部轉大寫

A> 使用色票指定顏色

1. 單響「水平文字工具」
2. 文字工具選項列中
   指定「字體」
   設定「文字大小」
   以及「文字顏色」
3. 建立錨點文字
   按「ESC」完成文字輸入
4. 圖層面板中新增文字圖層

▲ 沿用範例　Example\05\Pic001.JPG 繼續練習

B> 轉換字母為大寫

1. 確認選取文字圖層
2. 文字工具選項列中
   單響「字元」按鈕
3. 開啟「字元」面板
4. 單響「全部大寫字」
5. 全部變成大寫

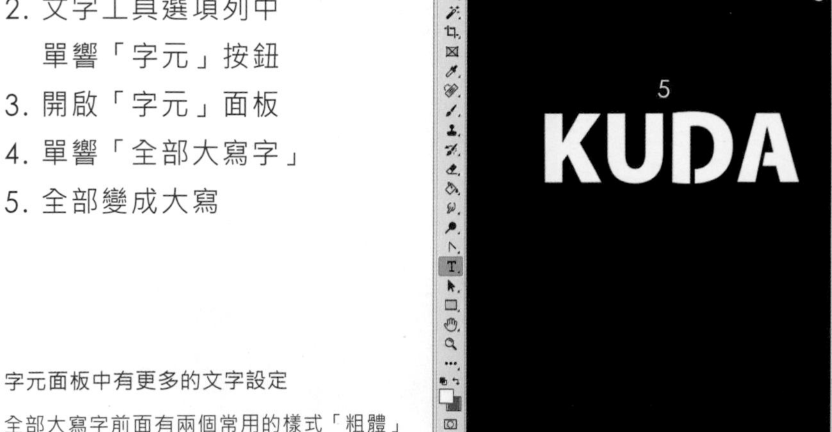

字元面板中有更多的文字設定

全部大寫字前面有兩個常用的樣式「粗體」與「斜體」，使用率也很高，可以試試。

C> 加入第二個錨點文字

1. 使用「水平文字工具」
2. 建立第二組錨點文字
   第二組文字
   會延續前面的設定
   相同的字體與高度
3. 也會開啟「全部大寫字」
4. 目前有兩個文字圖層

新增文字距離太近，容易抓錯？

想在前一組文字附近新增文字，可以按著 Shift 鍵不放 + 單響指定文字輸入錨點，這樣就能建立一組新的文字，大家試試。

D> 任意變形調整文字大小

1. 單響文字圖層
2. 按 Ctrl + T 啟動任意變形
3. 確認開啟「等比例」
4. 拖曳控制框調整文字大小
5. 單響「✓」完成變形
   或是按下 Enter

顯示全圖再調整文字大小

為了讓文字的大小配合圖片比例，建議雙響「手形工具（箭頭）」整張圖片都顯示出來後，再使用任意變形調整兩組文字的大小。

文字四重奏
階段三

文字套用色票

A> 改變文字圖層整體的顏色

1. 不一定要使用文字工具
   單響文字圖層
2. 色票面板中單響「色票」
3. 變更圖層中所有文字的顏色
4. 同時變更「前景色」

想換其他的顏色嗎？

確認選取文字圖層，單響「色票」面板中的色票，就可以變更整體文字圖層的顏色。

B> 變更單一字母的顏色

1. 單響「水平文字工具」
2. 不管目前在哪一個圖層中
   直接拖曳選取文字
3. 就會跳到文字所在圖層
4. 色票面板中單響「色票」
   變更文字顏色
5. 前景色也會跟著改變

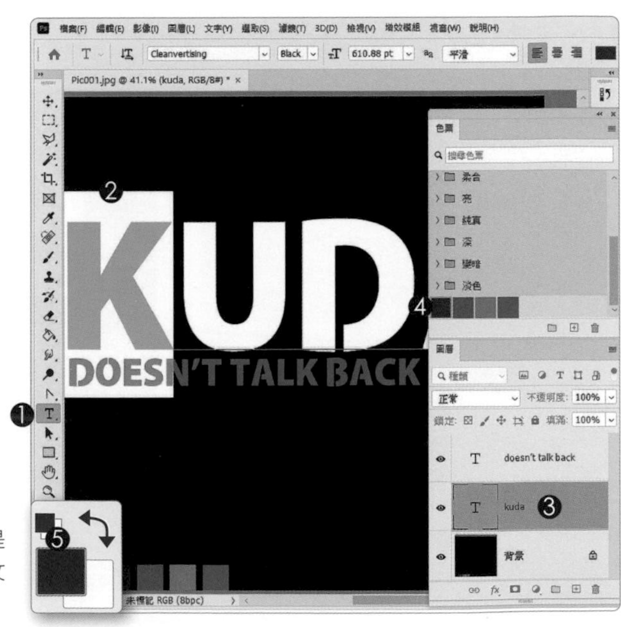

文字顏色有問題？

字母選取後，呈現反白狀態，顯示出來的是反向色彩（互補色），按下「ESC」結束文字編輯後，就可以看到正確的顏色了。

C> 再練習一次

1. 使用「水平文字工具」
2. 拖曳選取第二個字母
3. 單響色票面板中的「色票」文字顏色更換
4. 選項列上的顏色也變了
5. 還有「前景色」也跟著變了

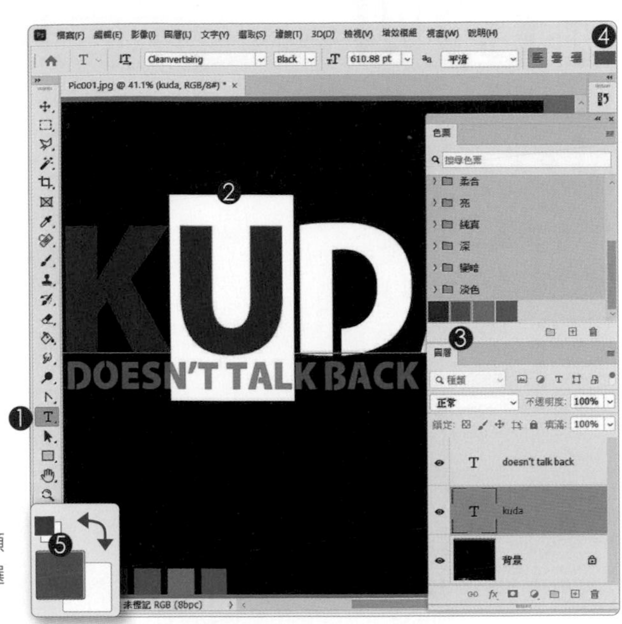

提醒兩件事

請同學繼續變更另外兩個字母（D、A）的顏色，顏色更換完畢後，記得按「ESC」或是選項列上的「✓」結束文字編輯。

D> 微調色票中的顏色

1. 拖曳選取要變更顏色的字母
2. 單響色票面板中的顏色
3. 在「顏色」面板中
   單響色盤
   拖曳改變顏色的明度與濃度
4. 如果覺得修改後的顏色更好
   記得在文字編輯完成後
   （按 ESC 結束文字編輯）
   單響「建立新色票（紅圈）」
   把顏色記錄在色票面板中

▲ 建議將檔案以能保留完整圖層結構的 TIF 格式先存起來

文字四重奏
階段四

繪製四個
不同顏色的矩形

A> 參考線可以幫助矩形對齊

1. 單響圖層「kuda」
2. 功能表「檢視」
   單響「從形狀新增參考線」
3. 文字外側建立四條參考線
   明顯不夠用
4. 開啟「尺標」
   等會兒從垂直 / 水平尺標中
   拉出參考線來使用

B> 移動工具可以調整參考線

1. 使用放大鏡工具拉近圖片
2. 從垂直 / 水平尺標中
   拖曳出參考線
3. 如果位置不理想
   可以單響「移動工具」
   拖曳調整參考線的位置

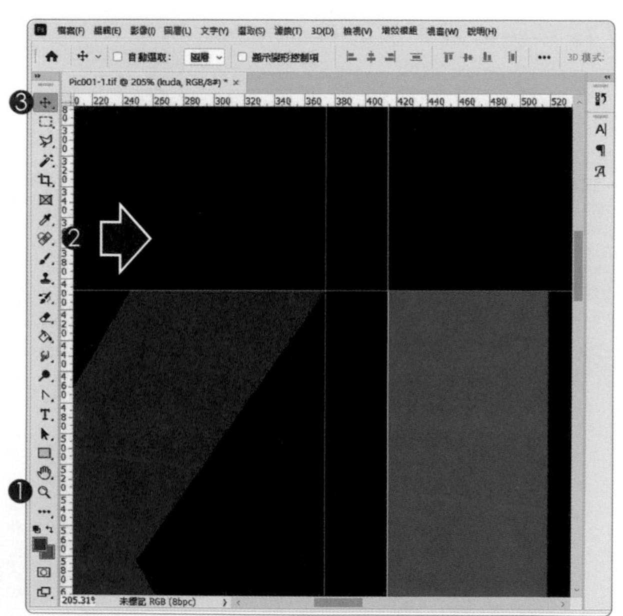

移除參考線

使用「移動工具」將參考線拖曳回「尺標」中，就可以移除一條參考線；也可以執行「檢視 - 清除參考線」移除編輯區所有的參考線。

C> 繪製矩形

1. 單響「矩形工具」
2. 樣式「形狀」
3. 指標移動到參考線交界處
   拖曳拉出矩形
4. 新增「矩形」圖層
5. 內容面板中顯示
   矩形形狀的各項屬性

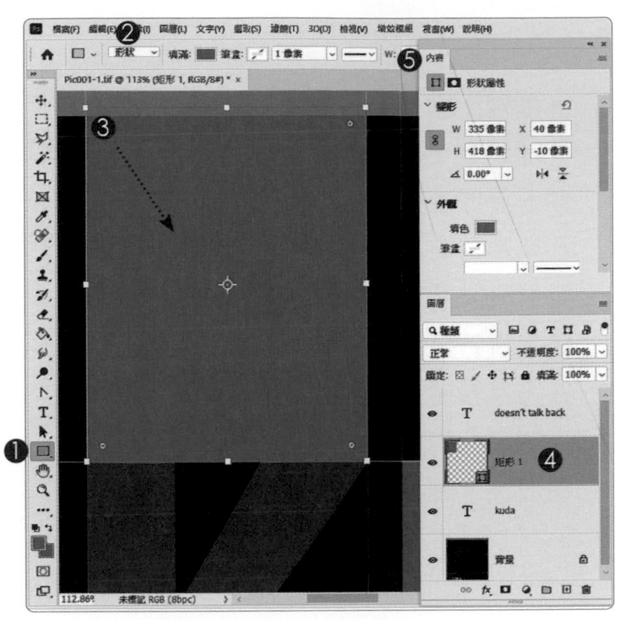

重新調整矩形大小

同學可以在「內容」面板中微調矩形的寬高（WH）；如果需要調整的幅度很大，也可以啟動「任意變形 Ctrl + T」來修正調整。

D> 變更矩形顏色

1. 確認選取圖層「矩形」
2. 色票面板中單響「色票」
3. 改變了三個部份的顏色
   編輯區中的矩形
   工具列下方的「前景色」
   選項列中的「填滿」顏色

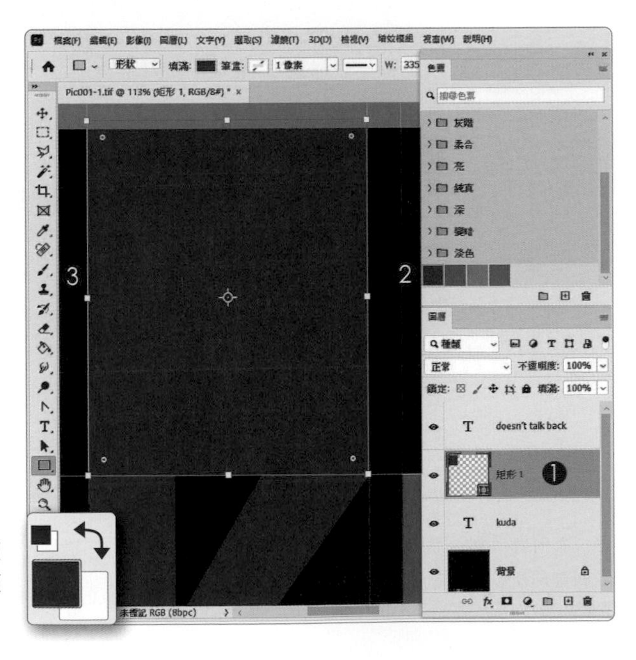

可以試試「漸層」

確認選取圖層「矩形」，單響「漸層」面板中的漸層色彩，也可以將漸層顏色套用在矩形上，這也是變更顏色常用的方式。

E> 來！注意兩個部份

1. 這是楊比比拉出來的參考線
   特別注意字母「D」
   參考線的位置在 D 的突出點
2. 色票顏色會改變
   矩形與文字顏色
   如果不打算動文字跟矩形
3. 請先單響圖層「背景」
   再單響色票
   選取接下來要使用的顏色

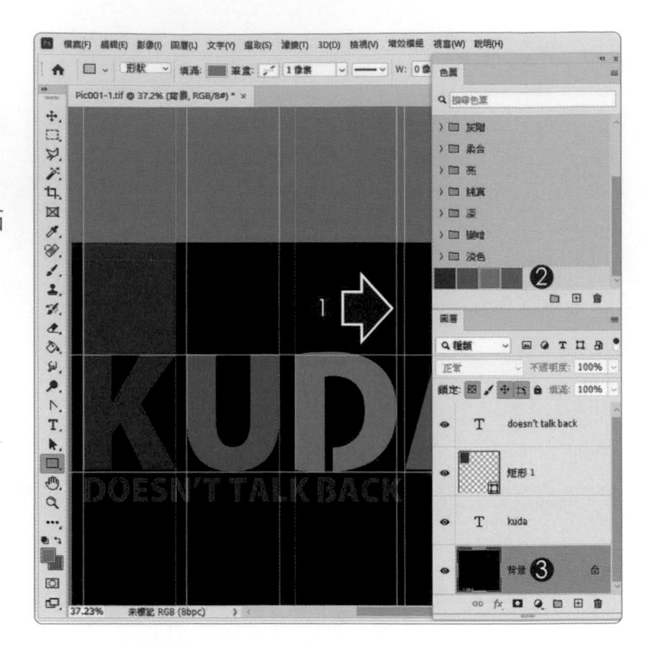

F> 建立 D 上方的矩形

1. 單響「矩形工具」
2. 樣式為「形狀」
3. 矩形顏色跟 D 相同
4. 指標靠近參考線
   拖曳拉出矩形
5. 新增「矩形」形狀圖層

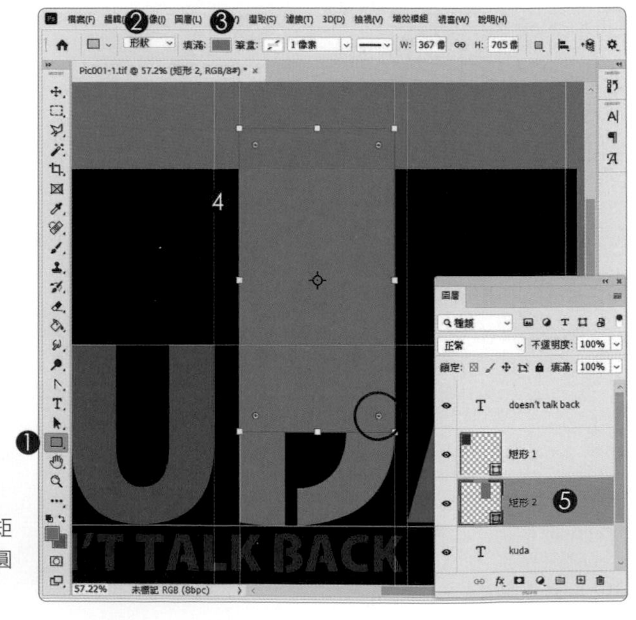

圓角控制項　/ 2020 以上版本

拖曳矩形轉角處的「圓角控制項（紅圈）」矩形的直角會變為「圓角」，按著 Alt 鍵拖曳圓角控制項，可以控制單一圓角半徑。

G> 加入遮色片

1. 選取 D 上方的矩形圖層
   單響「增加遮色片」按鈕
2. 圖層旁加入白色透明遮色片
3. 單響「筆刷工具」
4. 前景色「黑色」
5. 拖曳筆刷塗抹黑色
   遮掉一部分的矩形

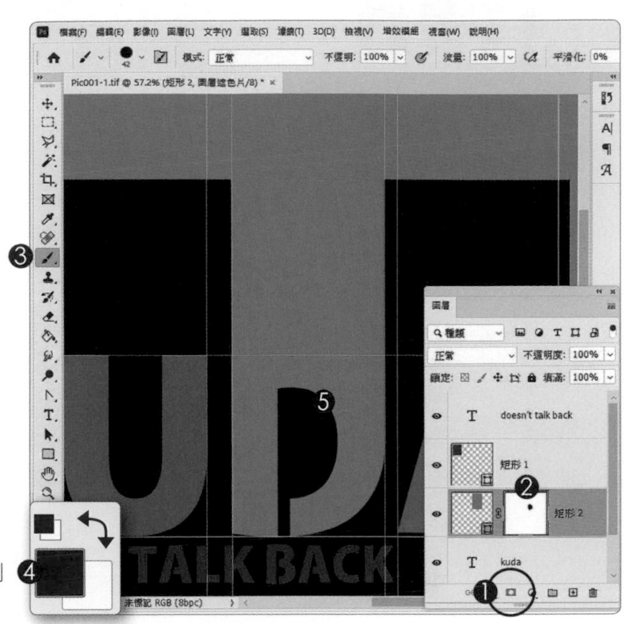

文字的特徵要出來

字母「D」跟矩形顏色相同，黑色筆刷即便刷的不太準也看不出來（這就是撇步～哈）。

H> A 的矩形朝下

1. 單響「矩形工具」
2. 樣式「形狀」
3. 靠近參考線拖曳拉出矩形
4. 新增「矩形」形狀圖層
5. 色票面板中單響色票
   變更矩形的顏色

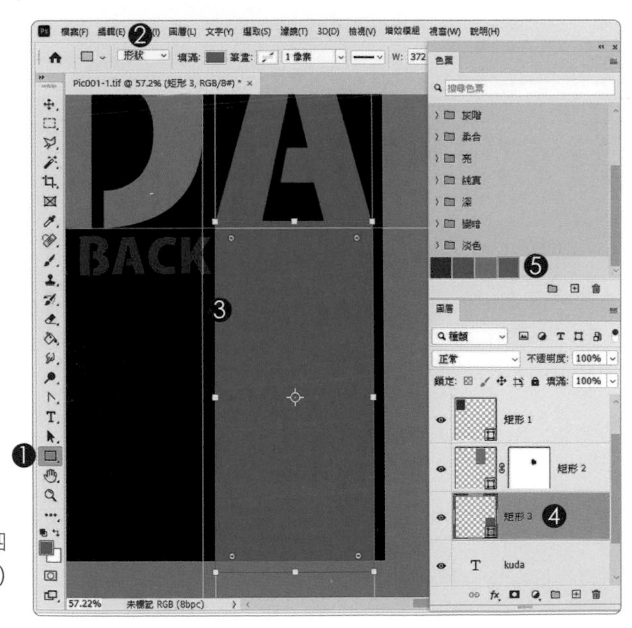

建立圖層群組

把所有的矩形形狀圖層都選起來（應該有四個），建立為「圖層群組」（快速鍵 Ctrl + G）方便管理，也節省圖層面板的空間。

文字四重奏

階段五

黑色線條 描繪文字邊緣

A> 微調矩形寬高

1. 拉近圖片看
   如果矩形寬度有問題
2. 單響「矩形」形狀圖層
3. 開啟「內容」面板
   取消「等比例」按鈕
4. 調整「寬度 W」數值
   輸入完畢後記得按 Enter

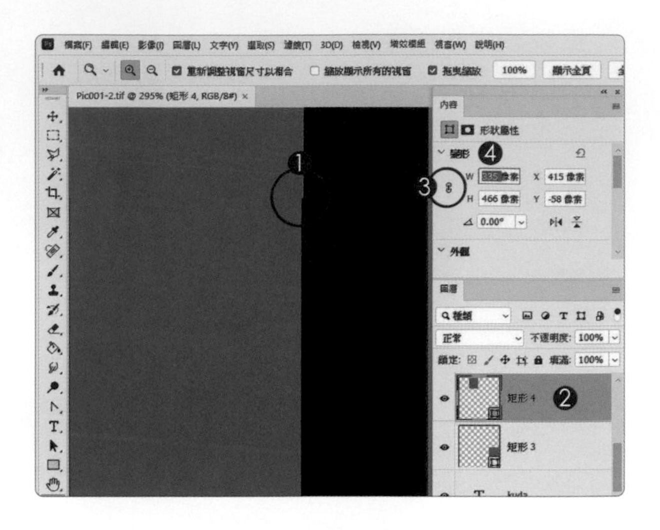

B> 圖層樣式

1. 單響文字圖層
2. 單響「fx」圖層樣式
   執行「筆畫」
3. 開啟「圖層樣式」對話框
   已經勾選「筆畫」

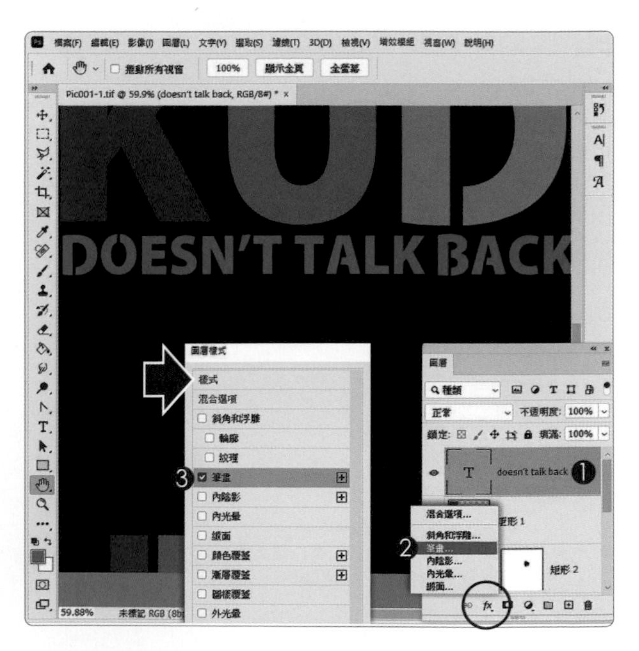

變更圖層樣式

進入「圖層樣式」對話框後，如果要變更或是增加樣式，可以在「樣式(紅箭頭)」區塊中勾選樣式，或是取消樣式勾選。

C> 設定「筆畫」樣式

1. 樣式「筆畫」
2. 先確認筆畫位置在「外部」
   指定筆刷寬度尺寸「12」
   混合模式「正常」
   不透明「100%」
3. 填色類型「顏色」
4. 顏色「黑色」
5. 單響「確定」完成樣式建立

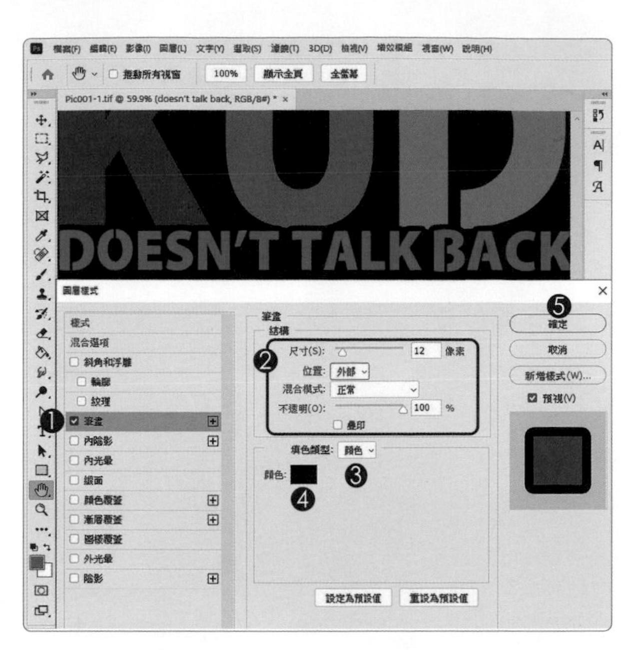

筆畫控制文字的線條粗細

若是希望文字線條能更細一點，可以將筆畫位置設定為「內部」，不透明「1%」。

D> 調整文字位置

1. 選取文字圖層
2. 單響「移動工具」
3. 將文字拖曳到標題上
   能更清楚看到筆畫樣式
4. 雙響「筆畫」樣式
5. 可以再次開啟「圖層樣式」
   修改樣式參數

刪除圖層樣式

將文字圖層下方的「效果」拖曳到「垃圾桶（紅圈）」按鈕上放開，就可以刪除樣式。

框線架構與段落文字

這個範例一樣喔，楊比比會切割成幾個階段來完成，每一個階段都有學習重點，大家可以根據自己的節奏來練習，每完成一個階段，就將檔案以能紀錄圖層結構的「PSD」或是「TIF」格式儲存起來。

範例圖層很簡單，只有三個，一個黑白背景（建立黑白影像沒問題吧）一組錨點文字圖層，另一組是以「段落」建立的文字圖層。

階段一 建立垂直羅馬字

建立文字，絕大多數都使用「水平文字工具」，因為文字的方向（水平 / 垂直）是很容易切換的，但英文字轉垂直後，字母反而打橫，可以試試垂直羅馬字。

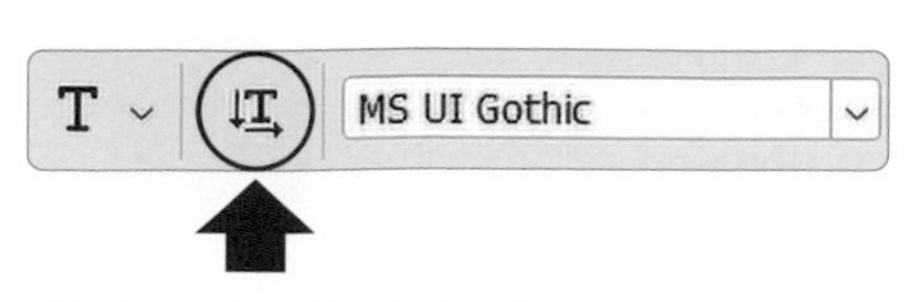

切換文字「水平 / 垂直」方向

TIBET YAK

▲ 使用水平文字工具建立好的錨點文字

TIBET YAK

英文字轉「垂直」字母轉 90 度 ►

T I B E T Y A K

垂直羅馬字（中文不適用）►

階段二 製作中間鏤空的框線文字

這個階段的學習重點就是在文字上加入「fx（圖層樣式）」，「樣式：筆畫」能沿著文字外側建立框線、「樣式：陰影」可以加強文字立體感，最後降低文字圖層的「填滿」數值，就能產生鏤空的效果。

階段三 段落文字的設定與調整

段落文字跟錨點文字建立的方式不同，段落文字需要先拉出矩形範圍，再填入文字，還要考慮文字的「字數」、「大小」、「間距」、「行距」、「對齊方式」以及「首尾標點符號」等等的問題，同學可以在這個階段了解更多文字設定的細節，好好加油喔！

鄉城 - 日瓦　海拔 4085.73M
前往稻城的所有道路都在維修，我們在路上卡了好一陣子。幾個轉彎來到今天的最高點（海拔4658M）偶遇帶著一群犛牛的婆婆，她不時為犛牛一些藏鹽。團員們給了點禮物與金錢，請她讓我們拍照，她當

溢出記號：表示有文字在框框外面

框線與段落文字
階段一

建立垂直羅馬字

A> 建立錨點文字

1. 單響「水平文字工具」
2. 選項列中指定字體
3. 單響編輯區
   指定文字輸入起點
   輸入文字
   按「ESC」結束文字輸入
4. 新增文字圖層

B> 切換水平 / 垂直方向

1. 單響文字圖層
2. 確認選取文字工具
3. 單響「切換文字方向」
4. 文字轉為垂直方向

調整文字位置

在文字工具狀態下，按著 Ctrl 鍵不放，可以即時切換為「移動工具」(Ctrl 鍵不能放喔) 就能拖曳文字，調整文字位置。

C> 垂直羅馬字對齊方式

1. 使用文字工具
2. 選取文字圖層
3. 選項列中單響「字元」
4. 單響字元面板「選項」按鈕
5. 「標準垂直羅馬字對齊方式」
6. 字母垂直排列並轉正

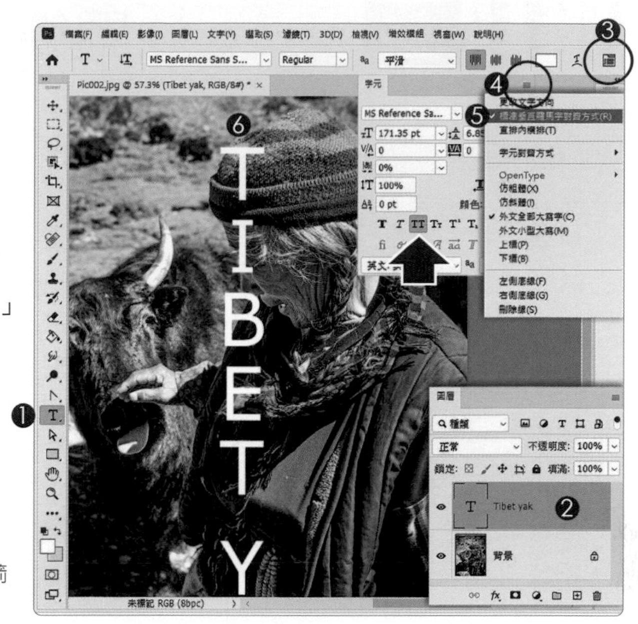

開啟「大寫字」模式

我開啟「字元」面板上的「大寫字」模式(箭頭),所以每個字母都以「大寫」顯示。

中文字體的方向控制

如果同學使用的是「中文字體」,操作上會更簡單一點,單響文字工具選項列上的「切換文字方向」按鈕,就可以將「水平」文字,轉為「垂直」方向。

切換文字「水平 / 垂直」方向

西藏犛牛

西藏犛牛

中文切換為「垂直」就是常見的「直書」▶

如果需要這個方向,可以使用「任意變形」將水平文字轉90度就可以囉 ▶

框線與段落文字
階段二

中間鏤空的框線文字

A> 建立樣式：筆畫

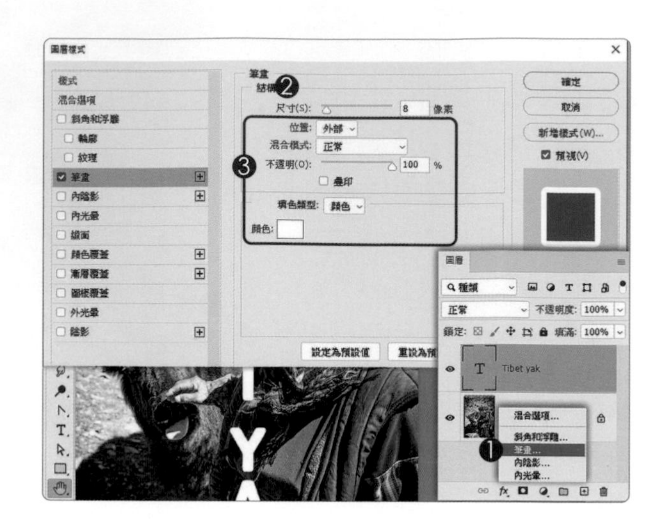

1. 單響「fx（圖層樣式）」
   執行「筆畫」
2. 文字中間還沒有掏空之前
   尺寸先隨便抓一個數值
3. 確認筆畫的位置在「外部」
   不透明「100」%
   填色類型「顏色」
   顏色「白色」

B> 移除文字的顏色

1. 圖層樣式視窗中
   單響「混合選項」
2. 填滿不透明度「0」%
3. 文字填色消失
   只留下外框的「筆畫」
4. 現在可以到「筆畫」
   中調整一下「尺寸」

不透明 VS 填滿不透明

「不透明」調整的對象是「圖層（就是現在的文字）」跟「樣式」。「填滿不透明」作用的對象是「文字」，不影響「樣式」。

C> 建立樣式：陰影

1. 單響「陰影」
2. 混合模式「正常」
   或是「色彩增值」
   陰影顏色「黑色」
   陰影尺寸「15」
3. 指標移動到編輯區拖曳陰影
   同時調整「角度」
   與「間距」兩個參數
4. 單響「確定」按鈕

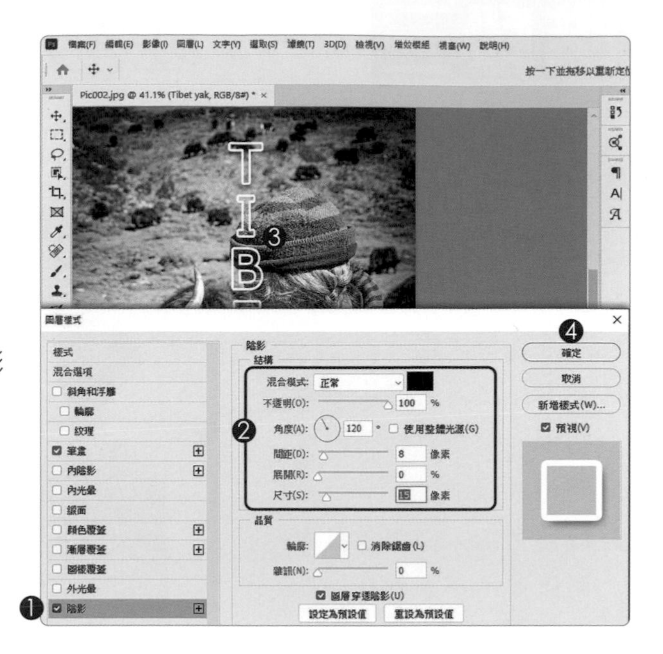

D> 觀察圖層樣式

1. 文字圖層下方
   增加兩組圖層樣式
   雙響樣式名稱
   可以回到「圖層樣式」
   再次編輯樣式參數
2. 單響「fx」可以收合樣式
   節省圖層面板空間

為什麼名稱不能統一？

圖層面板中的「效果」指的就是「圖層樣式」單純是翻譯的問題，同學不用擔心。

段落文字的設定與調整

A> 拉出段落文字的範圍

1. 單響「水平文字工具」
2. 選項列上指定字體
3. 尺寸不要太大
4. 拖曳拉出段落文字範圍
   這個範圍可以隨時調整
   不用太擔心
5. 還沒有加入文字內容
   所以顯示「圖層 2」

B> 加入文字內容

1. 段落文字範圍中
   輸入文字
2. 右下角顯示「溢出」記號
   表示文字超出目前的範圍
   先不急著調整範圍
   按「ESC」結束文字

注意文字圖層「名稱」

文字圖層會依據文字內容作為圖層名稱，如果文字圖層顯示的名稱是「圖層 1」、「圖層 2」就表示文字圖層圖層內沒有文字，可以考慮填入文字，或是扔到垃圾桶。

C> 控制文字尺寸與行距

1. 選取段落文字圖層
2. 選項列上單響「字元」
3. 指定「字體」
   觀察文字在範圍內的變化
   調整尺寸（參考數值 42）
   控制行距（參考數值 52）
4. 使用水平文字工具
   單響段落文字
   右下角沒有「溢出」記號
   就沒有問題了
   按「ESC」結束文字編輯

D> 段落對齊

1. 單響選取段落文字圖層
2. 開啟「段落」面板
   指定「齊行末行左側」
3. 如果標點符號
   出現在第一個字
   可以調整避頭尾為「弱」

整體 VS 單一調整

單響「段落文字」圖層之後，調整「字元」與「段落」面板中的任何參數，修改的都是整個文字圖層內容。如果要調整的是段落中的某幾個字，請使用「文字工具」選取段落中文字後，再變更面板中相對應的參數。

文字的
三段式變身

Photoshop 的文字以向量格式存在，放大縮小不失真、能隨便更換字體、調整文字間的距離、控制單一文字的寬高，但是（但是來了）有個不大不小的缺點，文字在「變形」上的限制比較多，同學可以在文字上試試「任意變形」。

◀ 文字的變形限制多
扭曲與透視都不能使用

文字轉換為形狀 ▶
扭曲與透視變形都能使用

文字圖層

文字圖層名稱上單響右鍵，選單中執行「轉換為形狀」，就能將文字圖層轉換為具有向量特質的「形狀」圖層。

轉換為形狀

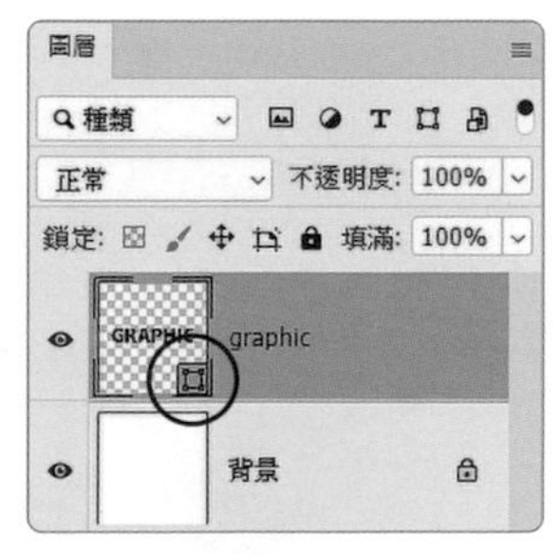

文字轉換為「形狀(紅圈)」保有向量特質，放大縮小變形邊緣都不會模糊失真，但不再具有文字屬性，也不能編輯文字內容。

點陣化文字

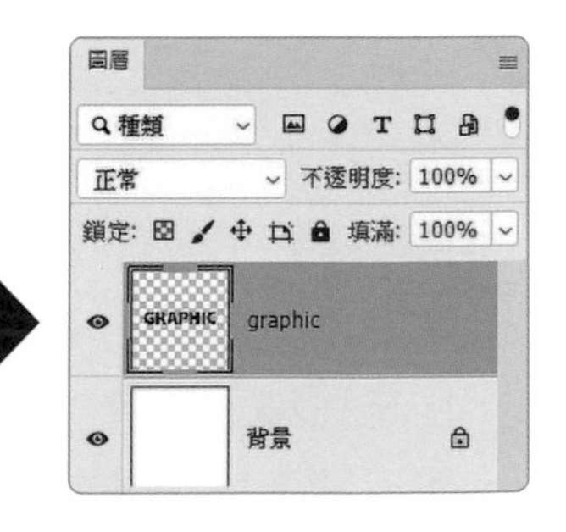

文字點陣化後就是「點陣圖層」可以大幅度的變形或是套用濾鏡，但不再具備向量特質，變形時線條邊緣容易模糊失真。

文字變形
與變形前的準備

文字雖說不能大幅度的「扭曲」變形，但基本的「縮放」、「旋轉」、「傾斜」還是能做到的。如果說啦～～真的需要大幅度變形，可以將文字轉換為「形狀圖層」，既能保留向量特質，又能執行跨度比較大的變形效果。

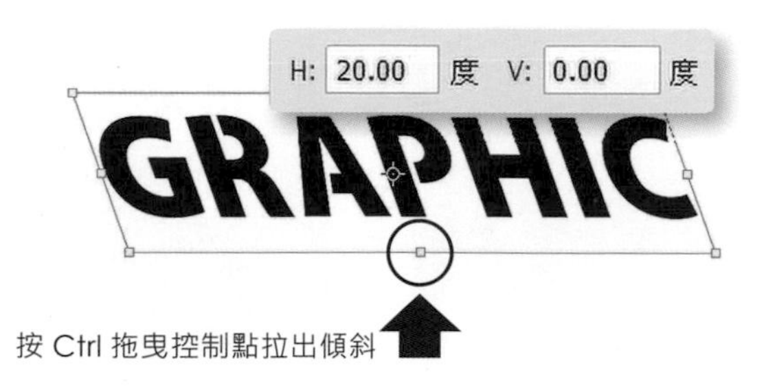

文字轉換為形狀前先備份

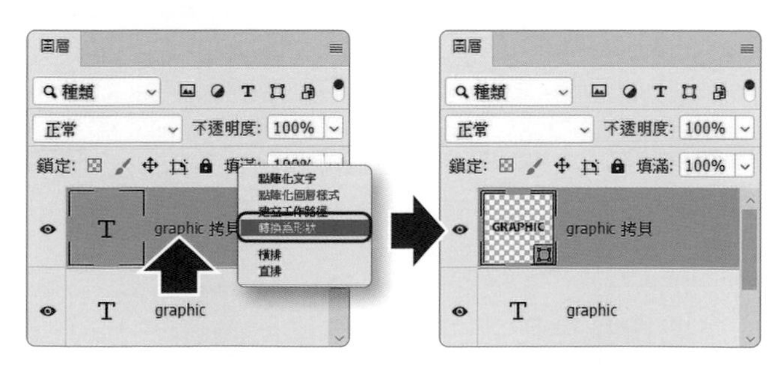

先把文字圖層拷貝一層，萬一要變更文字內容或是修改字體也比較方便。再將拷貝出來的文字圖層「轉換為形狀」。

形狀圖層可保留文字外型、還能大幅變形，即便檔案給別人，也不用擔心別人的電腦系統中沒有相同的字體，非常方便。

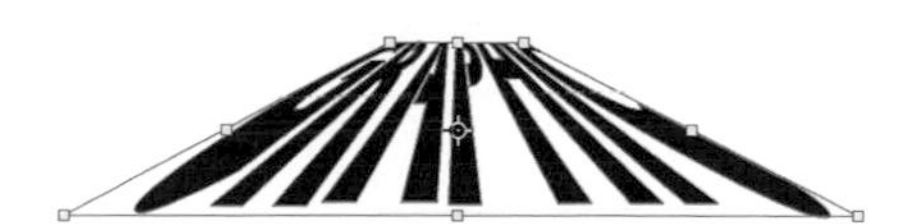

形狀圖層可以做「透視」與「扭曲」變形

形狀圖層也可以控制外型「彎曲幅度」

折角
立體堆疊效果

剛談完文字圖層的轉換與「任意變形」，楊比比毫不手軟的做出一款只會在 Illustrator 中出現的「折角立體文字」效果。

文字傾斜偏移在 Photoshop 中略微難控制一些，所以得先把角度算好，一是方便我們編輯，二是同學也能快速轉出相同的角度。

同學可以透過右側「圖層」面板看出，當文字圖層要變化外型時，楊比比一定會先複製文字圖層，再將文字圖層轉換為「形狀」或是「點陣圖層」，很重要，麻煩牢記。

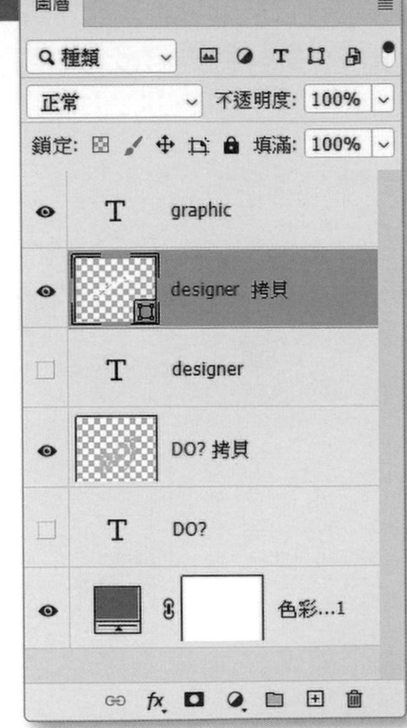

階段一 建立傾斜文字

這個階段我們要建立第一個錨點文字「Graphic」，套用「大寫字」，縮小文字間距，並且透過「任意變形」指令，調整文字的「傾斜角度」。

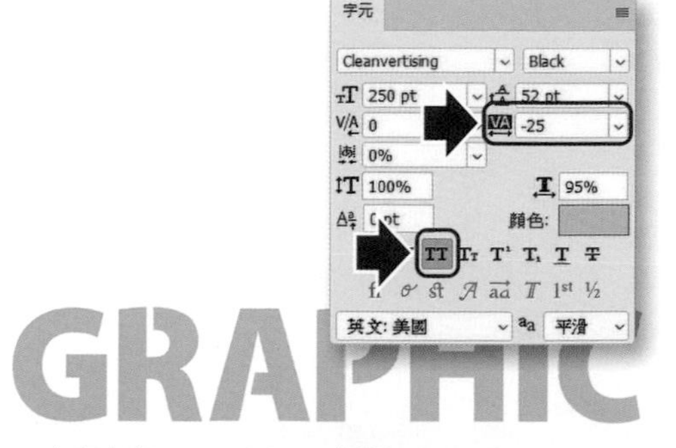

▲ 文字內容：graphic　色碼 e0d3c5

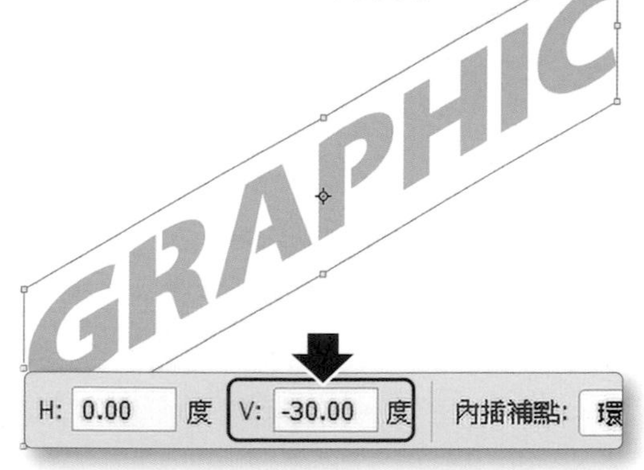

▲ 任意變形（快速鍵 Ctrl + T）：垂直傾斜 -30

階段二 文字轉換為形狀圖層

請先建立錨點文字「designer」，再將文字轉換成「形狀圖層」；形狀圖層變形幅度大、具備向量特質、能保留文字外型，但不具備文字編輯屬性。

階段三 文字轉換為「智慧型物件」

智慧型物件是 Photoshop 中一種非常特殊的圖層類型，能保留圖層的原始狀態、紀錄濾鏡的編輯數據，還能回復到圖層原始狀態喔。

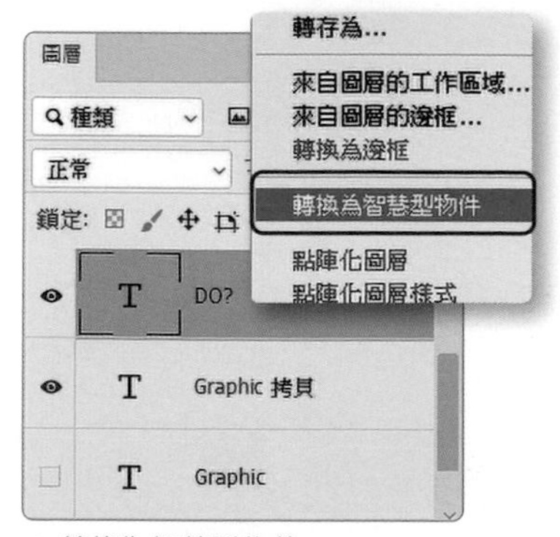

▲ 轉換為智慧型物件

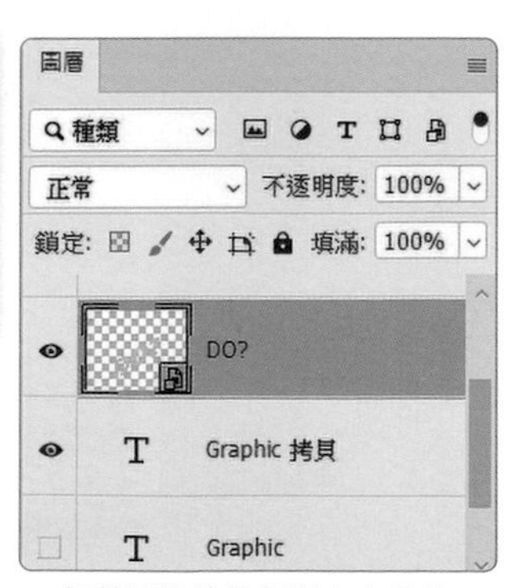

▲ 智慧型物件能保留文字狀態

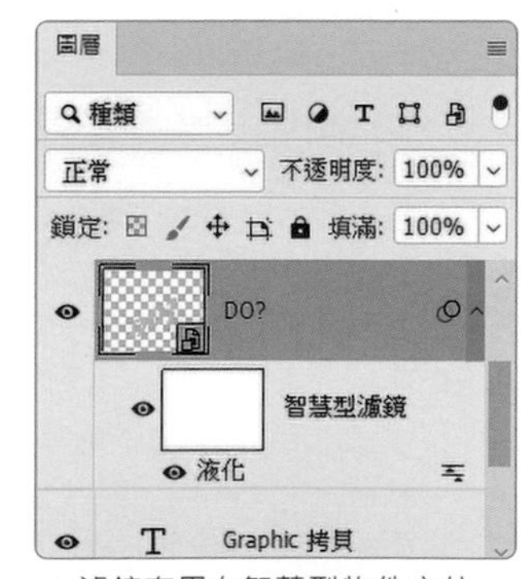

▲ 濾鏡套用在智慧型物件之外

折角立體堆疊文字
階段一

建立傾斜文字

A> 建立水平錨點文字

1. 單響「水平文字工具」
2. 輸入「Graphic」
3. 字元面板中
   開啟「大寫字」
4. 文字間距「-25」
   擠一點傾斜後角度更明顯
5. 單響「字元」面板色塊
6. 檢色器中輸入色碼 e0d3c5

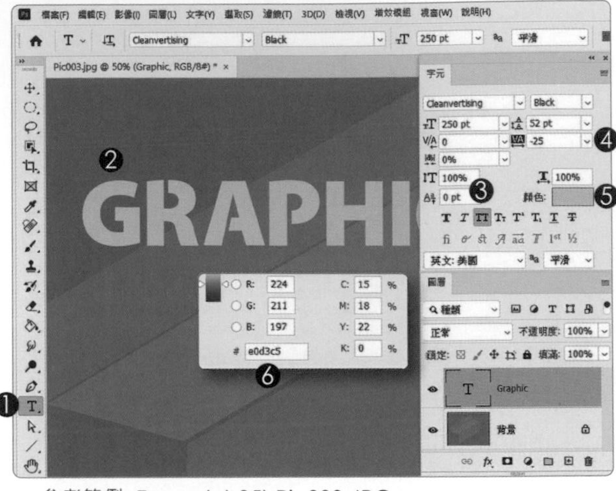

▲ 參考範例 Example\05\Pic003.JPG

B> 文字任意變形的範圍

1. 先複製一個相同的文字圖層
   快速鍵 Ctrl + J
2. 關閉下方文字圖層
3. 選取上方複製的文字圖層
   啟動任意變形 Ctrl + T
4. 變形範圍中單響右鍵

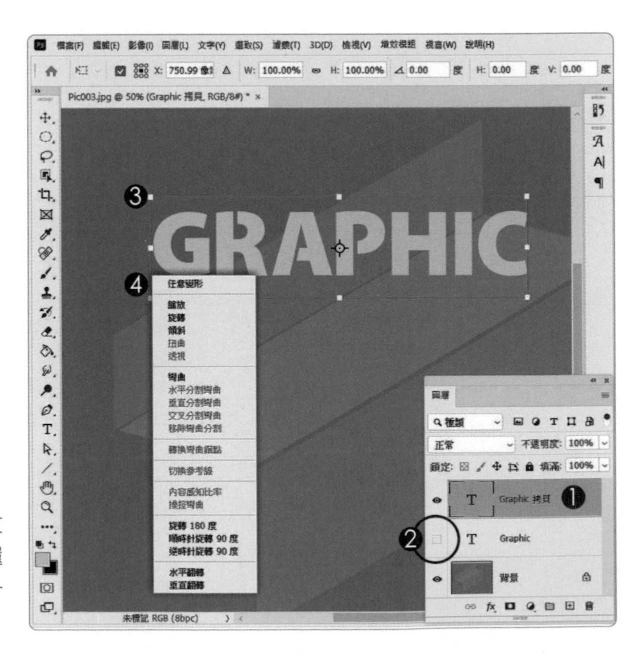

文字可以變形的範圍就在選單內

透過任意變形的右鍵選單，可以看到在「文字」上，不能進行「扭曲」與「透視」（還有一些其他的）建議大家每個功能都練習一次，能更深入「任意變形」對文字的限制。

C> 文字的傾斜變形

1. 文字還在任意變形狀態下
2. 垂直傾斜「-30」
3. 指標移動到變形控制框內
   拖曳文字到指定位置
   按下 Enter 結束變形

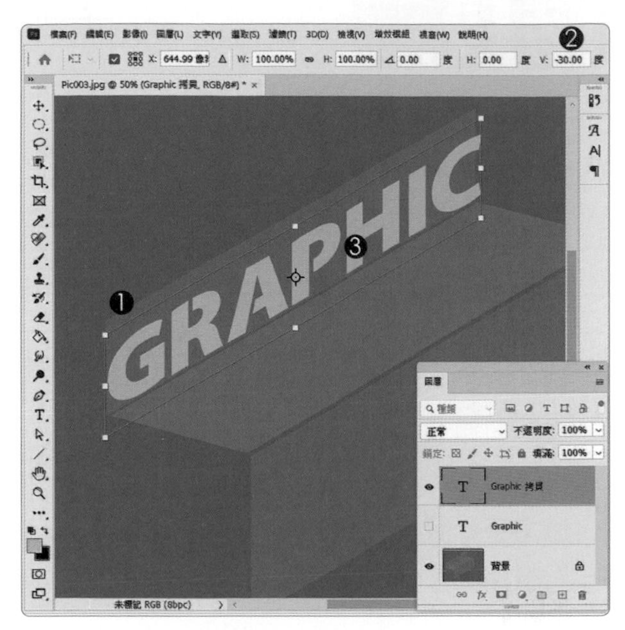

傾斜角度要一次到位

結束變形後，任意變形選項列上的參數不會保留，如果要再次調整目前的文字圖層會非常麻煩，來！繼續下一個步驟，大家就懂了。

D> 為什麼要複製文字圖層？

文字套用「傾斜」變形，仍能保留文字屬性，可以編輯文字內容、調整文字間距、變更文字字體，但是（這是最可怕的一點）變形參數不會保留。

1. 選取複製的文字圖層
2. 啟動「任意變形」
   變形框是目前的文字範圍
3. 選項列上的參數都是預設值
   所以要複製文字出來做傾斜
   這樣大家懂了吧！

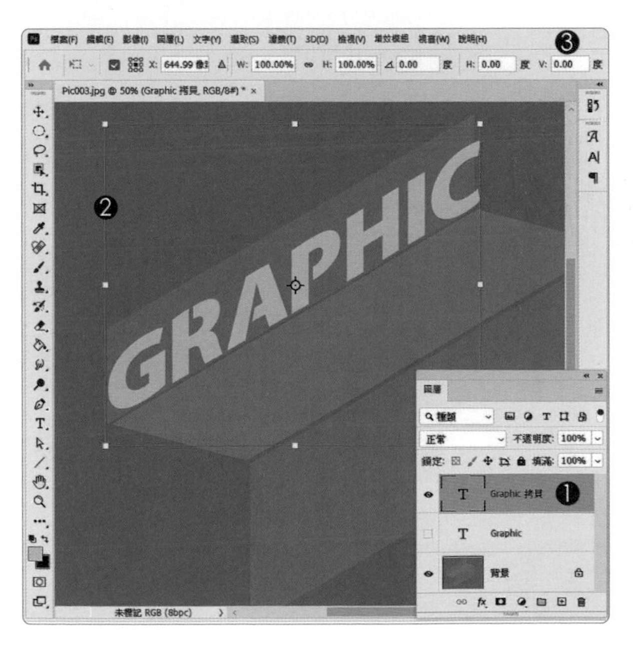

折角立體堆疊文字

階段二

文字轉換為形狀圖層

A> 建立水平錨點文字

1. 單響「水平文字工具」
2. 輸入「designer」
   按 ESC 完成文字輸入
3. 字元面板中開啟「大寫字」
4. 文字間距「-25」
5. 快速鍵 Ctrl + J
   將文字圖層複製一份
   記得關閉原始文字圖層

▲ 使用線條略粗且均勻的字體，堆疊起來角度會比較明顯

B> 文字轉換為形狀圖層

1. 文字圖層上單響右鍵
   執行「轉換為形狀」
2. 轉換出來的形狀圖層

形狀圖層具有「向量」特質

所謂的「向量」就是透過每一個錨點來運算線條長度，放大縮小不失真，也不會產生很討厭的模糊，唯一的缺點就是「文字」不再是「文字」，不能調整跟文字有關的屬性。

C> 形狀扭曲

1. 單響選取「形狀」圖層
2. 啟動「任意變形」
   變形控制框完全貼合形狀
   單響右鍵執行「扭曲」
3. 拖曳控制點
   貼合底圖的矩形邊緣

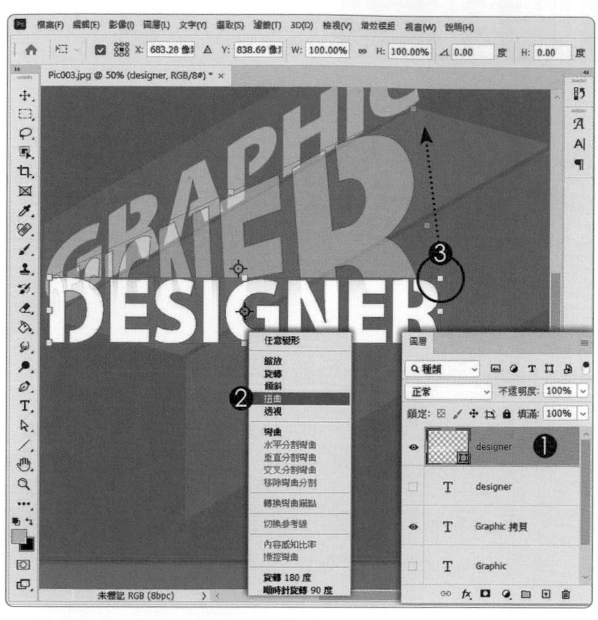

▲ 任意變形「扭曲」即時切換鍵 Ctrl

任意變形：扭曲

啟動「任意變形」後，同學可以試著按 Ctrl 鍵不放，直接拖曳形狀外側的「變形控制點」，就能啟動「扭曲」效果，大家試試。

D> 完成扭曲變形

1. 繼續任意變形中的「扭曲」
   控制點貼合矩形
   按 Enter 完成變形

備份文字圖層是很重要的

碰到幅度很大的變形（就像現在）一定要先複製文字圖層，再轉換「形狀」，留個文字備份，如果處理的不理想，才有退路（做人做事都是這樣，要準備好 AB 兩套計畫）。

折角立體堆疊文字
階段三

文字轉換為「智慧型物件」

A> 複製相同角度的文字圖層

1. 單響「移動工具」
2. 開啟選項列的「自動選取」
3. 單響編輯區「GRAPHIC」
4. 自動跳到
   圖層「GRAPHIC」
5. 按著 Alt 不放
   拖曳「GRAPHIC」到下方
6. 複製出一個相同的文字圖層

▲ 使用線條略粗且均勻的字體，堆疊起來角度會比較明顯

B> 修改文字內容

1. 雙響文字圖層縮圖
2. 立即跳到「水平文字工具」
3. 文字呈現選取狀態
   輸入「DO？」
   已經開啟「大寫」模式
   輸入大小寫都可以
   按「ESC」結束文字編輯

雙響文字圖層縮圖

不論使用哪一種工具，只要雙響「文字圖層」縮圖，就可以立即選取圖層內的文字，並切換到「文字工具」中，非常方便。

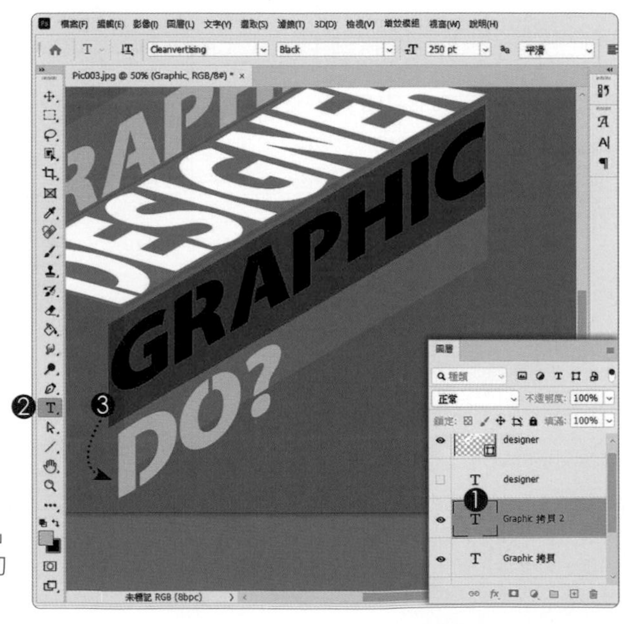

C> 調整文字大小

1. 單響文字圖層「DO ？」
2. 啟動「任意變形」
   文字範圍外側顯示控制框
   可以拖曳控制框
3. 或是修改選項列參數
   確認開啟「等比例」
   將文字調整的大一點

字元面板調整文字大小

當然，同學也可以開啟「字元」面板，輸入數值，調整「DO ？」的文字大小（任意變形調整起來比較直覺一些，推薦）。

D> 轉換文字為智慧型物件

1. 文字圖層名稱上單響右鍵
   執行「轉換為智慧型物件」
2. 轉換後的智慧型物件圖層
   看起來很像形狀圖層
   但右下角的小圖示不一樣

智慧型物件 → 文字圖層

在智慧型物件圖層名稱上單響右鍵執行「轉換為圖層」，就可以將「智慧型物件」還原成「文字圖層」（同學一定要試試）。

E> 智慧型物件套用濾鏡

1. 功能表「濾鏡」
   執行「液化」
2. 單響「向前彎曲工具」
3. 筆刷工具選項中
   適度調整筆刷尺寸
   控制筆刷作用的壓力與密度
4. 指標移動到問號的小圓點
   向下拖曳延伸圓點
   如果不是很理想也沒關係
   先單響「確定」按鈕
   離開液化濾鏡

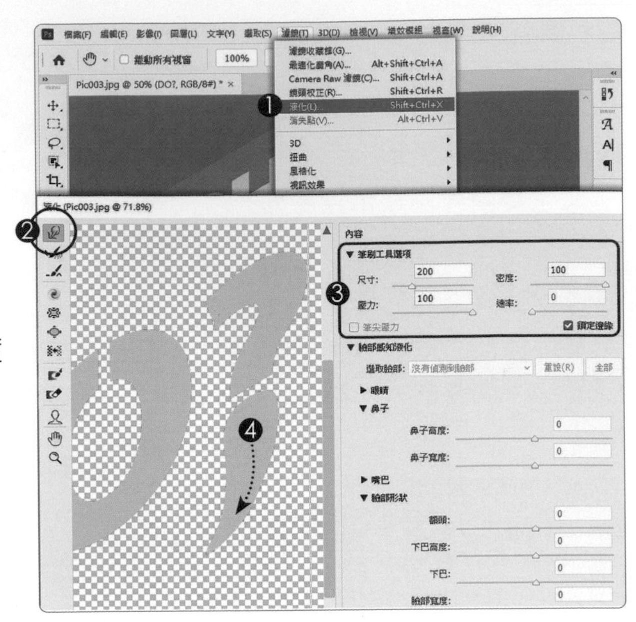

F> 濾鏡作用在圖層之外

1. 智慧型物件圖層下方
   顯示「液化」濾鏡
   雙響「液化」濾鏡名稱
2. 可以再次開啟「液化」
   使用「重設工具」
   塗抹液化過的區域
   就能還原囉
   使用「向前彎曲工具」
   再拖曳一次要變形的範圍
   完成後記得按「確定」喔

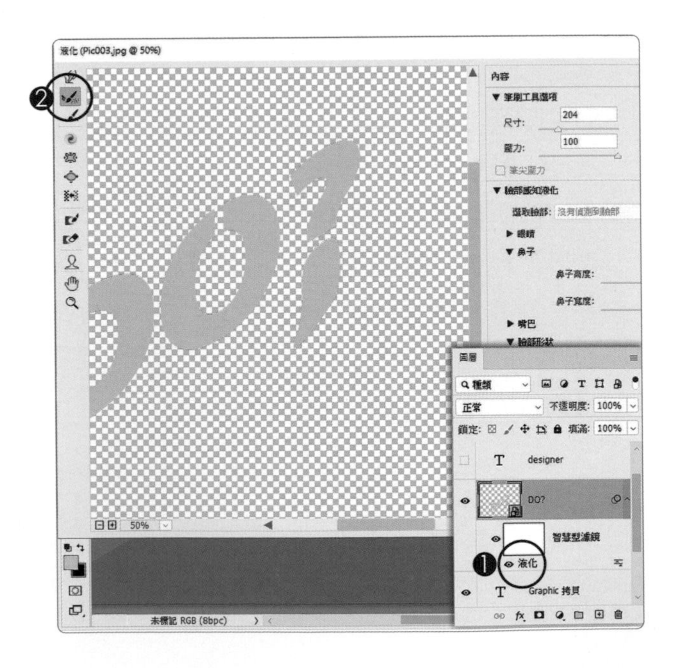

超級方便的智慧型物件

/ 套用濾鏡的標準程序：先將圖層轉成「智慧型物件」再套用濾鏡

1. 雙響「濾鏡」名稱
   可以再次開啟濾鏡
   編輯參數
2. 雙響濾鏡選項按鈕
3. 開啟「混合選項」
   調整模式與不透明度
4. 拖曳濾鏡到垃圾桶
   可以移除濾鏡
5. 智慧型物件上
   單響「右鍵」
   執行「轉換為圖層」
6. 就能將智慧型物件轉換為原始的「文字圖層」

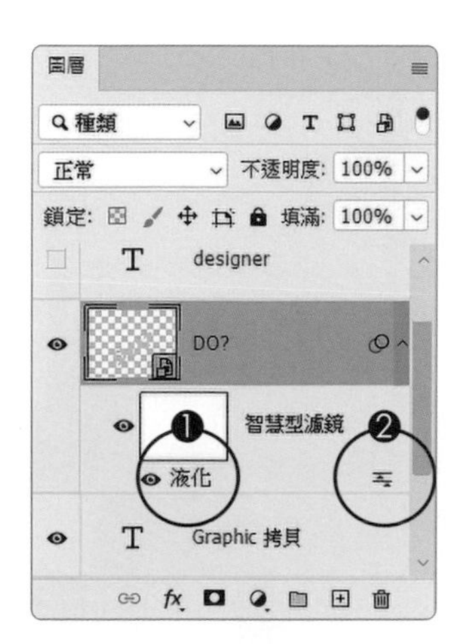

混合選項可以透過「不透明」調整濾鏡強弱，並改變濾鏡與圖層的混合「模式」。

刪除濾鏡

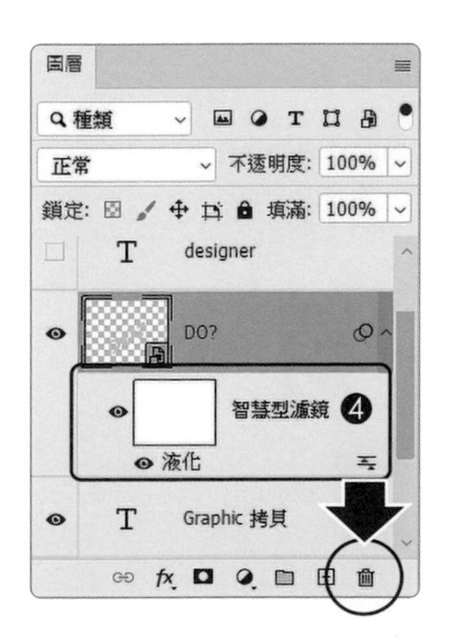

智慧型物件圖層「還原」成開始的狀態

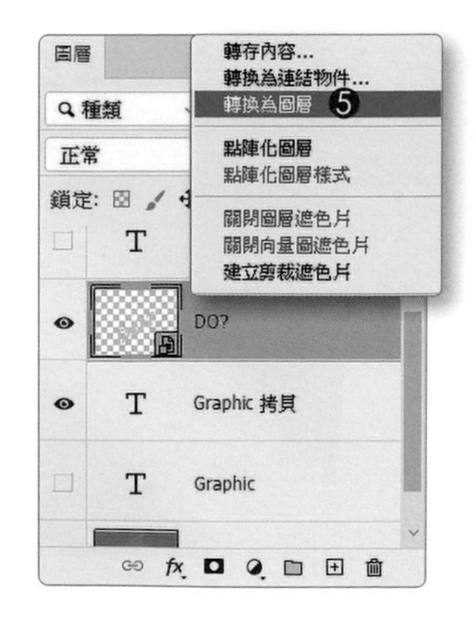

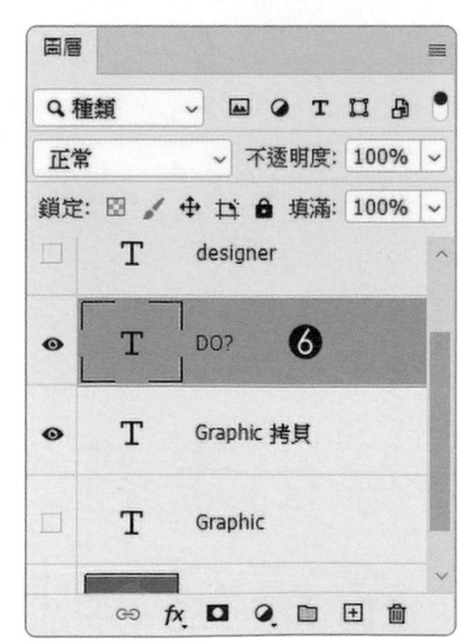

穿街走巷
路徑延伸技法

楊比比提供給大家的 TIF 檔案當中有兩個圖層「背景」，以及轉換為「形狀」的文字圖層；會把文字轉為「形狀」有兩個原因，一來是我們需要「形狀」來做文字外型上的變化，二來是楊比比擔心大家沒有這款字體，當然，同學也可以使用自己有的字體，進行相同的練習，來看看這個範例的操作程序。

階段一 文字外框變形技巧

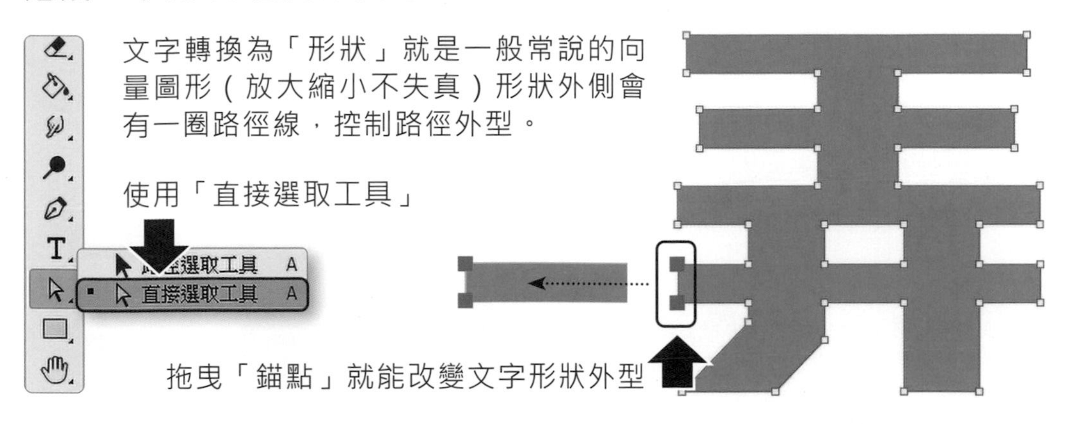

階段二 形狀轉為智慧型物件套用濾鏡

自從 Photoshop 有了「智慧型物件」之後，套用濾鏡之前，我們都會將圖層轉換為「智慧型物件」；智慧型物件能保留圖層的原始狀態，濾鏡套用了還能再次編輯濾鏡參數，並且透過濾鏡遮色片控制濾鏡的作用範圍，方便呀！

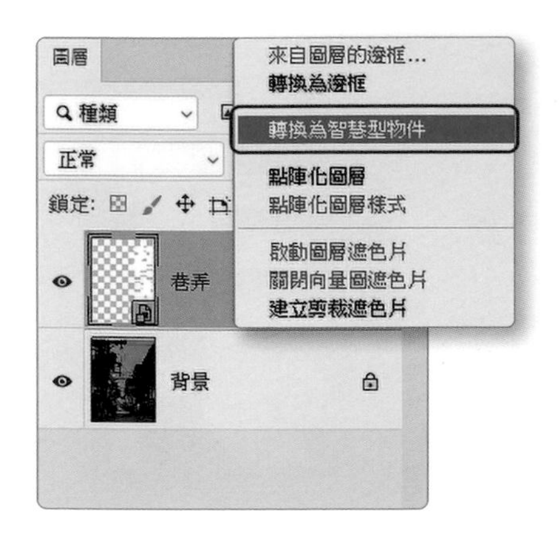

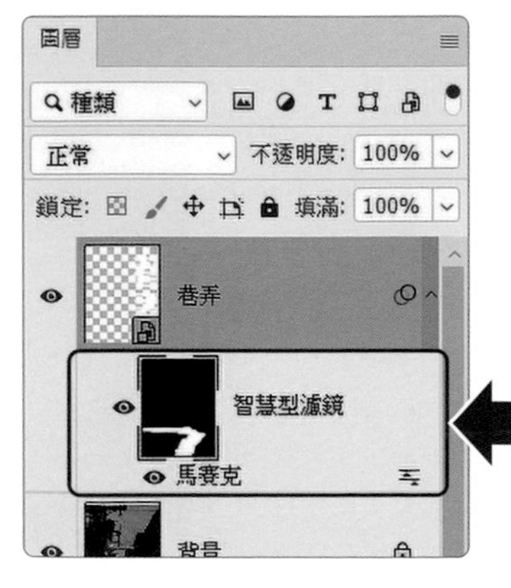

套用在「智慧型物件」上的濾鏡，稱為「智慧型濾鏡」。智慧型濾鏡中包含「套用的濾鏡、混合選項」以及「控制濾鏡作用範圍的遮色片」。

路徑延伸技法
階段一
文字外框變形技巧

A> 直接選取工具

1. 選取「形狀」圖層「巷弄」
2. 單響「直接選取工具」
3. 指標移動到路徑線上
   單響邊緣
   轉角處會顯示錨點

選取錨點

目前大家看到路徑線轉折處的「方框」稱為「錨點」，畫面中的「白色方框」表示錨點沒有被選取，還不能移動或是調整位置。

▲ 參考範例 Example\05\Pic004.TIF

B> 選取路徑錨點

1. 使用「直接選取工具」
2. 拖曳框選錨點
   被選取的錨點
   方框內會填入顏色

變更路徑線的顏色

文字形狀外側有一圈「藍色的細線」稱為「路徑線」，同學可以單響「直接選取工具」選項列上的「齒輪（紅圈）」就能變更路徑線的「顏色」與「線條粗細」。

C> 移動錨點位置

1. 使用「直接選取工具」
2. 按著 Shift 鍵不放
   向左水平拖曳錨點

選取多個錨點

除了拖曳框選之外，同學還可以按著 Shift 鍵不放，使用「直接選取工具」單響錨點，就能選到多個錨點（不是很好選，要多練）。

D> 再練習一次

1. 使用「直接選取工具」
2. 拖曳框選錨點
   指標移動到被選取的錨點上
   沿著角度向下拖曳

麻煩多拉幾條線

先不要離開「直接選取工具」，看一下「巷弄」，看哪條線順眼，就拉長一點（縮短也可以）反正就是練習，多多練習肯定沒錯。

路徑延伸技法
階段二

形狀轉為
智慧型物件套用濾鏡

A> 轉換為智慧型物件

1. 該延伸的線條都拉好了
2. 形狀圖層名稱上單響右鍵
   「轉換為智慧型物件」

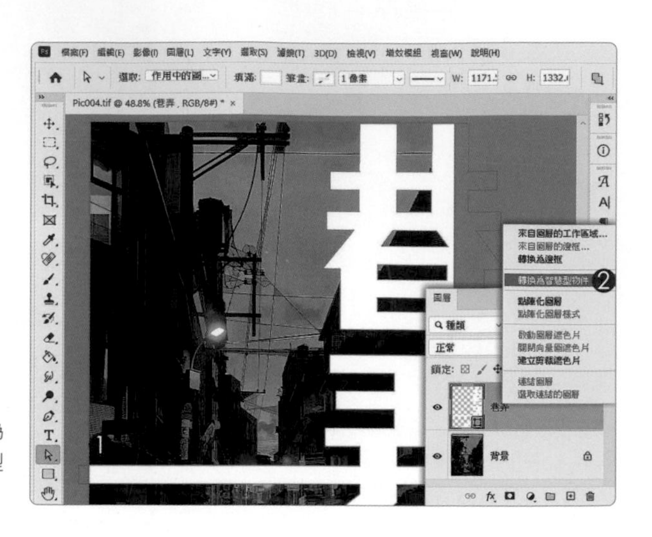

文字圖層也可以轉為「智慧型物件」

如果不打算調整文字外型，就不需要轉為「形狀」，直接將文字圖層轉換為「智慧型物件」圖層，再套用濾鏡。

B> 套用「馬賽克」濾鏡

1. 選取「智慧型物件」巷弄
2. 功能表「濾鏡」
   單響「像素」選單
3. 執行「馬賽克」
4. 適度調整「單元格大小」
5. 單響「確定」結束馬賽克
6. 智慧型物件圖層下方
   增加「智慧型濾鏡」馬賽克
   雙響「馬賽克」濾鏡名稱
   可以開啟濾鏡
   再次修改濾鏡參數

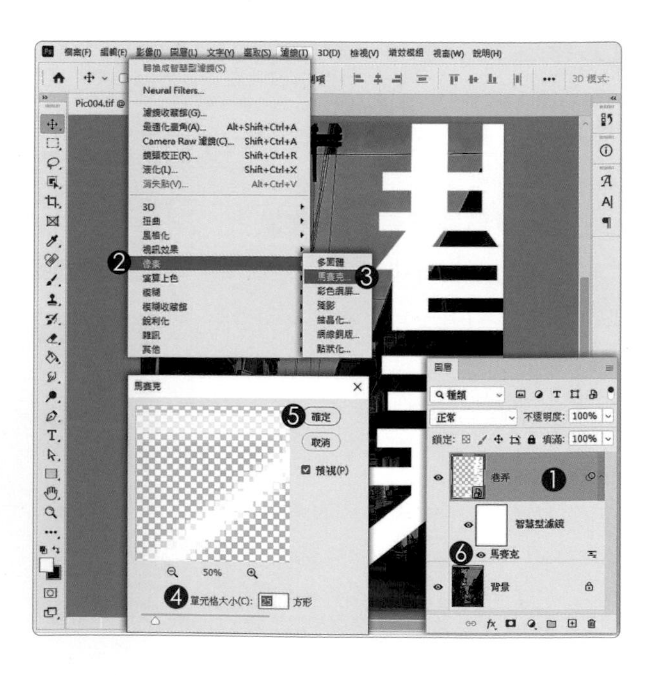

C> 反轉遮色片

1. 單響智慧型濾鏡
   白色「遮色片」
   白色沒有任何的遮擋作用
2. 內容面板中顯示「遮色片」
3. 單響「負片效果」按鈕
   遮色片變成黑色
   完全擋住馬賽克濾鏡

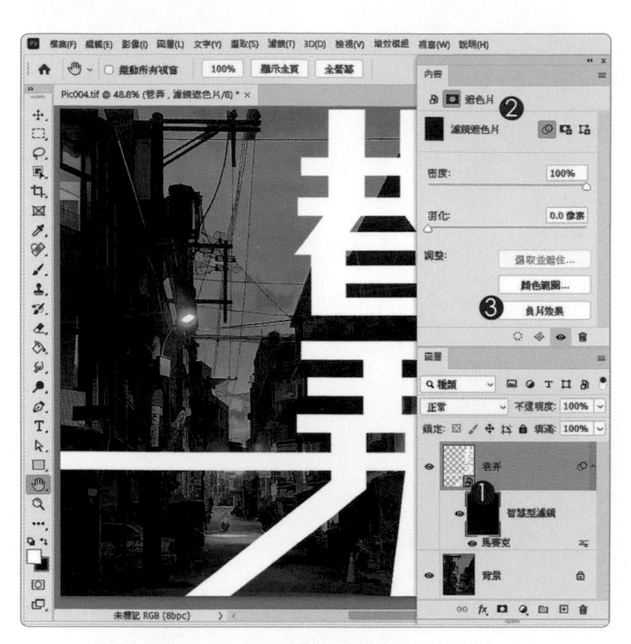

負片效果　快速鍵 Ctrl + I

濾鏡遮色片稱為「智慧型濾鏡遮色片」，用來遮擋濾鏡的作用範圍，當遮色片轉換為「黑色」之後，就看不到任何濾鏡效果囉！

D> 刷出濾鏡的作用範圍

1. 單響「智慧型濾鏡」遮色片
2. 使用「筆刷工具」
3. 小尺寸且邊緣清晰的筆尖
   模式「正常」
4. 前景色「白色」
5. 編輯區中拖曳筆刷
   刷出馬賽克濾鏡效果

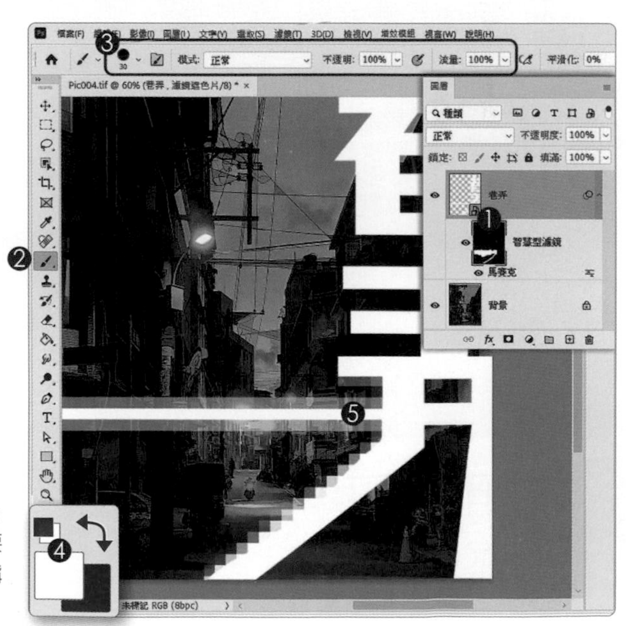

刪除智慧型濾鏡遮色片

直接在「智慧型濾鏡遮色片」上單響「右鍵」執行選單中的「刪除濾鏡遮色片」。如果要再加入遮色片，可以在「智慧型濾鏡」名稱上單響右鍵，執行「增加濾鏡遮色片」。

弗朗明哥
剪裁遮色片

這是一個很容易上手的範例（請收起懷疑的小眼神，真的簡單啦）。主要的程序就是把圖片塞入文字範圍中，所以我們不分階段，直接開工。

重點提示

電腦中沒有相同的字體？

我在範例中加了一個同學電腦系統中可能沒有的字體，因此檔案開啟後，同學會發現文字圖層上多一個「黃色三角形圖示」，提示系統中沒有這個字體。

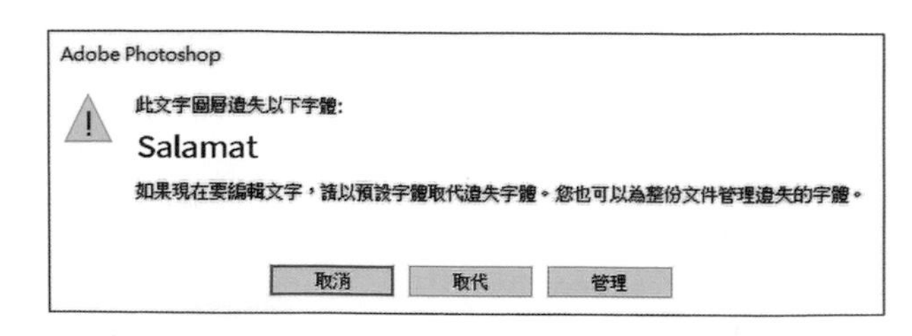

取代

使用 Times New Roman 取代目前的字體。

管理

開啟「管理遺失字體」對話框，可以選擇字體。

重點提示

建立剪裁遮色片

從我一開始學 Photoshop 就覺得「剪裁遮色片」有點難懂，其實難懂的就是「剪裁遮色片」這個名稱而已，概念單純，可以歸納成以下三個步驟。

▲ 置入圖片並轉為「剪裁遮色片」

▲ 圖片置入下方的文字範圍中

A> 系統缺少字體

1. 開啟範例 Pic005-1.TIF
2. 單響文字圖層
   縮圖上的黃色警示記號
   表示電腦沒有這個字體
3. 只要不修改文字屬性
   圖片上的文字
   仍會保持原來的字體樣式
4. 單響「水平文字工具」
5. 單響字體選單挑選其他字體
   或是
   選取 Adobe Font 的字體

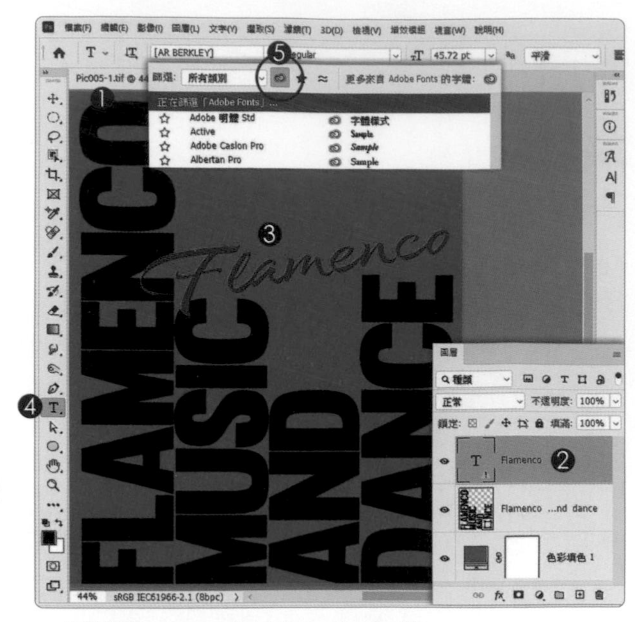

▲ 範例檔案：Example\05\Pic005-1.TIF

B> 純色圖層當底圖

1. 雙響「色彩填色」縮圖
2. 開啟「檢色器」面板
   可以重新指定底圖顏色
   是不是很方便（Ya ~）
3. 單響「確定」結束檢色器

不一定要背景

如果需要單一顏色（或是漸層）底圖，同學可以單響「圖層」面板下方的「調整（紅圈）」，使用「純色」或是「漸層」來做「底圖」，方便隨時變更顏色，非常方便。

C> 置入圖片

1. 功能表「檔案」
   執行「置入嵌入的物件」
   選取範例 Pic005-2.JPG
2. 圖片外側顯示變形控制框
   先不調整大小
   按下 Enter
3. 圖層中新增置入的圖片

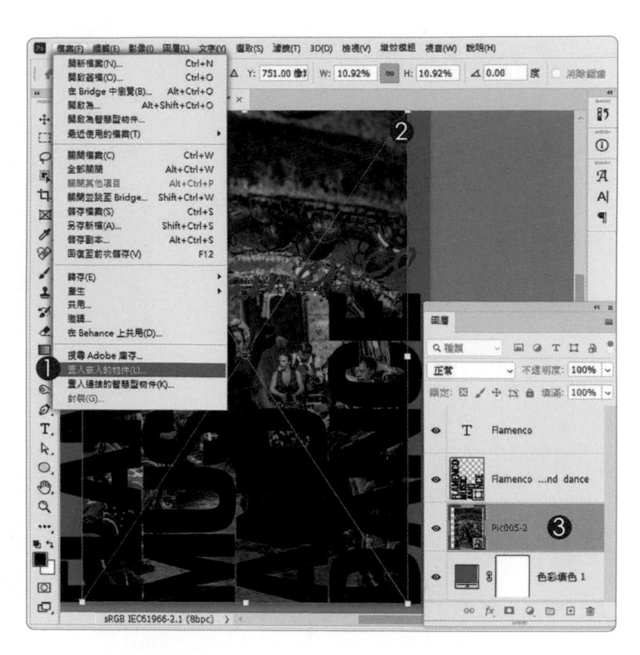

注意圖片在圖層中的順序

置入的圖片要放在「文字形狀」圖層上，才能透過「剪裁遮色片」功能，將圖片置入「文字形狀」範圍中（現在的圖層順序不對）。

D> 建立剪裁遮色片

1. 拖曳 Pic005-2 圖層
   到文字形狀圖層上方
2. 在圖層名稱上單響「右鍵」
   建立剪裁遮色片
3. 啟動「任意變形」
   拖曳調整圖片大小
   按 Enter 結束任意變形

使用「剪裁遮色片」快速鍵

按著 Alt（Mac：Option）鍵不放，單響圖層交界處（紅色粗線）就能啟動「剪裁遮色片」；按著 Alt 鍵不放，再次單響圖層交界的那條線，就能「取消」剪裁遮色片。

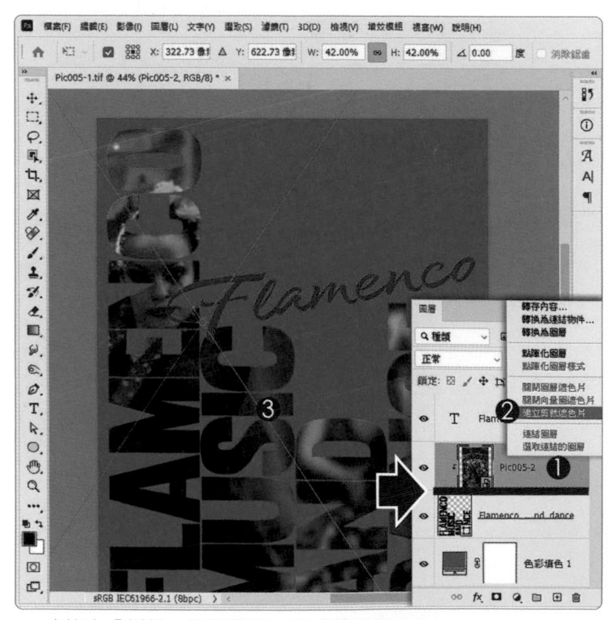

▲ 功能表「編輯 - 任意變形」快速鍵 Ctrl + T

E> 讓主角更明顯

將主角的臉放在比較明顯的位置，如果「形狀」範圍不能將臉部表現的很完整，記得使用「直接選取工具」，調整路徑「錨點」擴大臉部的顯示範圍。

1. 選取「形狀」圖層
2. 單響「直接選取工具」
3. 單響形狀邊緣
   路徑線顯示出來之後
   單響「錨點」
   拖曳調整「錨點」位置

F> 繼續調整形狀範圍

1. 確認單響形狀圖層
2. 使用「直接選取工具」
3. 單響要調整位置的錨點
   拖曳調整錨點位置

水平 / 垂直拖曳錨點　小技巧

使用「直接選取工具」拖曳錨點時，記得先把「錨點」拉出來（一定要先拉）再按 Shift 鍵不放，就能限制錨點移動的方向。

G> 建立圖片淡化效果

1. 單響圖層 Pic005-2
2. 按快速鍵 Ctrl + J
   複製出相同的圖層
3. 指定圖層混合模式「柔光」
4. 編輯區顯示目前的效果

圖片還是太清楚？

同學可以試著降低「Pic005-2 拷貝」圖層的不透明度，圖片看起來會更「淡」一些。

H> 檢查文字圖層

1. 開啟最上方的文字圖層
2. 單響「水平文字工具」
3. 單響「字體」選單
4. 單響 Creative Cloud
   可以從 Adobe Fonts
   中挑選字體

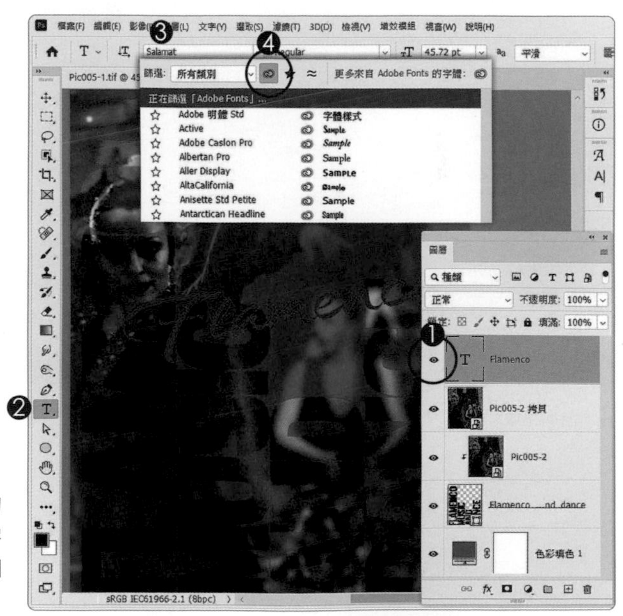

Adobe Fonts

加入 Adobe 會員或是租用 Adobe 軟體的用戶，都可以使用 Adobe Fonts 當中的字體，中英文都有，字體數量超級多，支援個人以及商業使用，非常方便。

Adobe Fonts 隨手使用高品質字體

搜尋關鍵字 Adobe fonts
https://fonts.adobe.com/

Adobe Fonts 是 Adobe 提供給月租用戶的額外服務，已經參與月租計畫的同學趕快動起來，Adobe Fonts 字體數量非常多，字體下載後，能立即同步到 Photoshop 的字體庫中，Photoshop 不需要重新啟動就能使用新字體。

數千種字體：中文、日文、英文字體

不用另外付費：包含在 Creative Cloud 月租中

支援個人與商業使用：已經獲得授權可以直接使用

啟動 Adobe Fonts

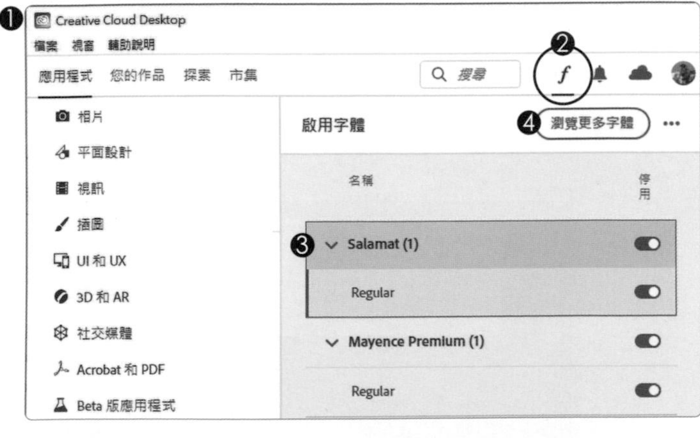

1. 開啟 Creative Cloud
2. 單響「字體」
3. 顯示已經下載的字體
4. 瀏覽更多字體
   或是
5. 文字選項列字體欄位
   進入 Adobe Fonts
6. Adobe Fonts 網頁
7. 會員請先登入
8. 單響「瀏覽字體」
   開始找需要的字體吧

搜尋手寫字體

1. 不分語系與作業系統搜尋範圍「全部」
2. 單響「筆跡」或是「書寫體」
3. 指定字體的線條粗細
4. 搜尋出來的字體中英文都有
5. 拖曳滑桿調整預覽字體的大小
6. 單響「檢視系列」進入字體下載頁面

搜尋中文字體

/ 語言可以選擇「中文（簡體）、中文「繁體」、日文（字體最多）」

1. 指定語系「日文」日文中有很多漢字
2. 能搜尋到 261 字體
3. 以「清單」檢視字體
4. 單響「檢視系列」
5. 啟用字體

彎曲文字
還是文字

參考範例　Example\05\Pic006.TIF

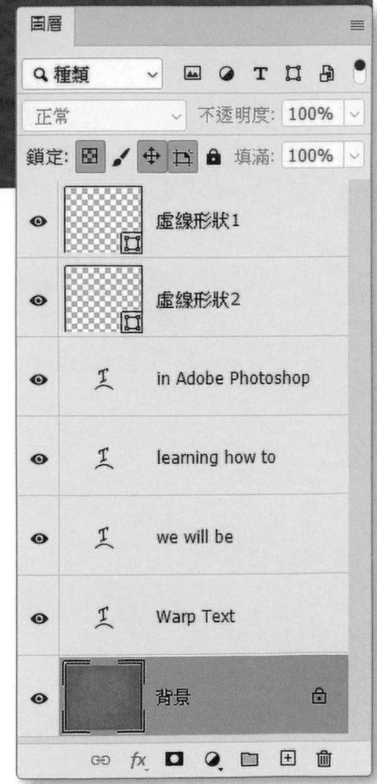

重點 一
建立彎曲文字

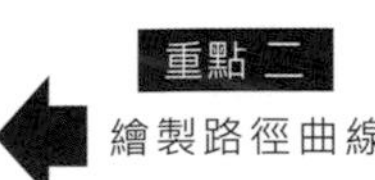

A> 文字放在畫面中央

1. 按 Shift 選取所有圖層
   也可以進入功能表「選取」
   執行「全部圖層」
   快速鍵 Alt + Ctrl + A
2. 單響「移動工具」
3. 單響選項列上「對齊分配」
4. 對齊的參考位置「畫布」
   也就是目前的檔案範圍
5. 對齊水平居中
6. 所有的圖層都對齊畫面中央

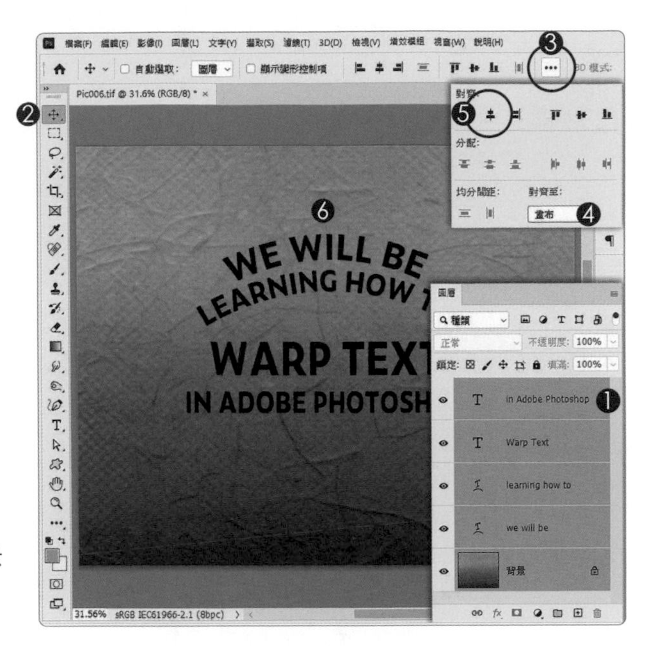

B> 建立彎曲文字

1. 單響 Warp Text 圖層
2. 單響「水平文字工具」
3. 單響「建立彎曲文字」
4. 單響「樣式」選單
5. 指定樣式「凸出」
6. 試著調整其他彎曲參數
7. 單響「確定」按鈕

移除「彎曲文字」

開啟「彎曲文字」執行「樣式」選單中的「無」（箭頭）就可以移除文字彎曲的屬性。

C> 弧形彎曲

1. 單響文字圖層
2. 使用「水平文字工具」
3. 單響「建立彎曲文字」
4. 樣式「弧形」
   方向「水平」
   彎曲「-72」% 弧度朝上
   彎曲「負值」弧度朝下
5. 指標移動到編輯區
   拖曳調整文字位置
6. 單響「確定」結束彎曲文字

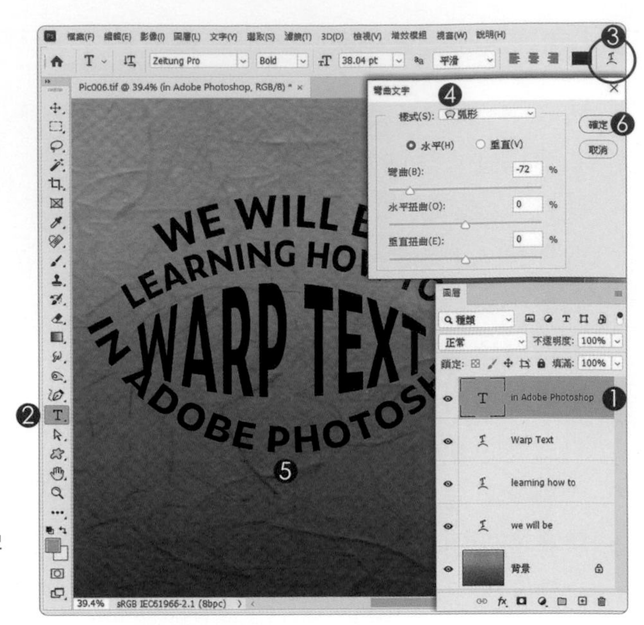

D> 變更文字屬性

1. 選取彎曲文字圖層
2. 使用「水平文字工具」
3. 拖曳選取文字
4. 單響「字元」面板按鈕
5. 調整文字間距 (約 50)
   按 ESC 結束文字編輯

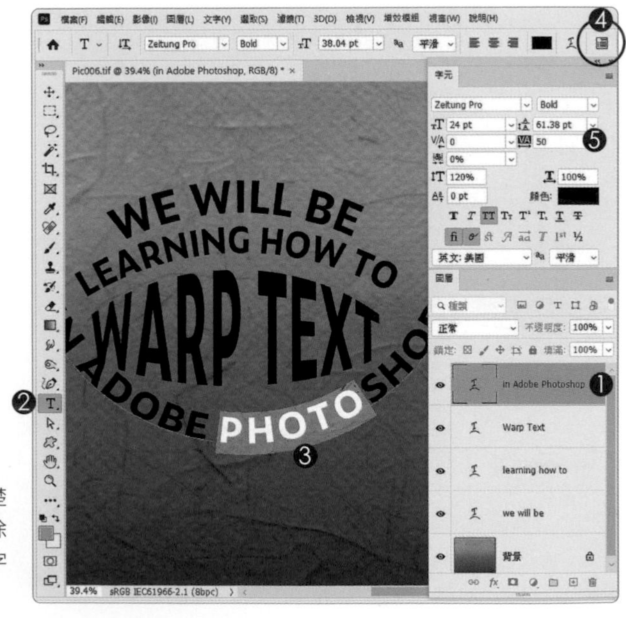

彎曲文字也是「文字」

文字套用「彎曲」樣式後，圖層縮圖會清楚標示目前的文字圖層的型態是「彎曲」，除此之外，文字還是文字，一樣能變更文字字體、修改文字內容、調整各項文字屬性。

E> 繪製虛線

1. 單響「創意筆工具」
2. 樣式「形狀」
3. 填滿「不填滿」▭
4. 單響「筆畫」色塊
5. 使用「純色」
   顏色選「黑色」
6. 單響筆畫選項
   筆畫樣式「虛線」
7. 對齊方式「中央」
8. 拖曳創意筆「繪製虛線」
9. 新增虛線「形狀」圖層

F> 編輯路徑虛線

1. 確認選取虛線「形狀」圖層
2. 使用「直接選取工具」
3. 單響路徑曲線
   顯示錨點與方向線
   拖曳錨點調整曲線長度
   拖曳方向線改變曲線弧度
4. 直接選取工具選項列中
   可以再次調整「線條粗細」
5. 選擇「線條樣式」
   編輯完成後按 Enter
   就可以隱藏藍色的路徑線

密技充電站

繪製直線與曲線

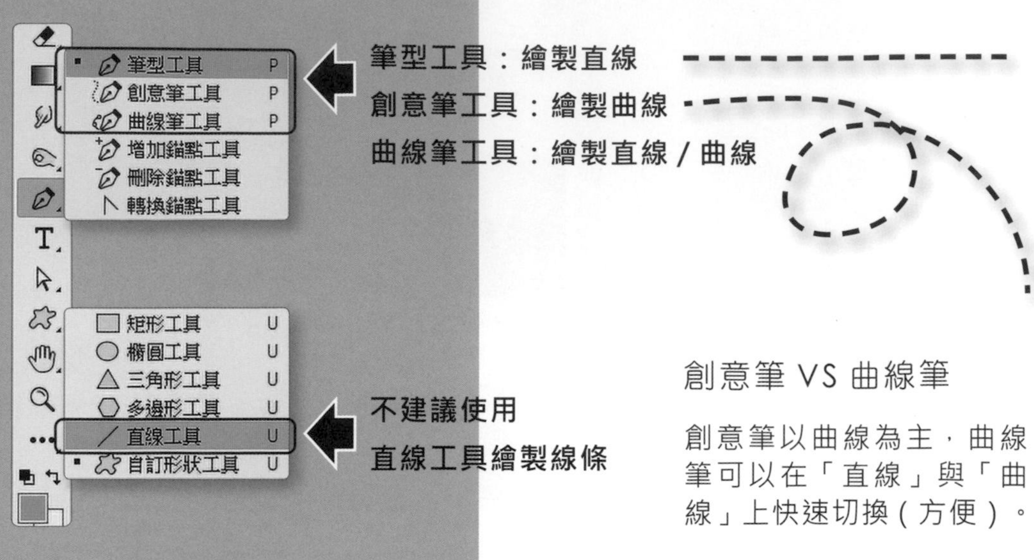

創意筆 VS 曲線筆

創意筆以曲線為主，曲線筆可以在「直線」與「曲線」上快速切換 (方便)。

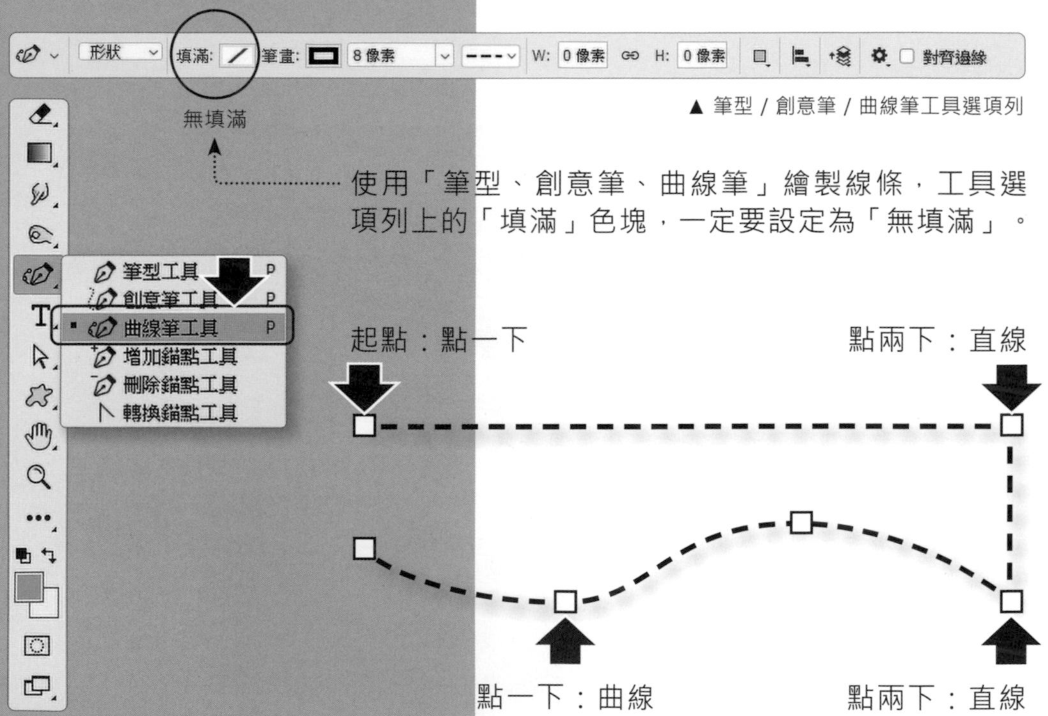

▲ 筆型 / 創意筆 / 曲線筆工具選項列

使用「筆型、創意筆、曲線筆」繪製線條，工具選項列上的「填滿」色塊，一定要設定為「無填滿」。

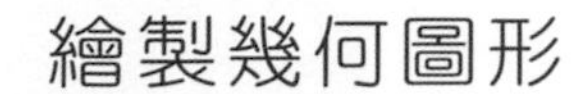

繪製幾何圖形

同學可以使用「矩形、橢圓、三角形、多邊形、直線、自訂形狀」這六款工具，依據特性繪製幾何圖形，繪製出來的都是具備路徑線的向量圖形，可以使用「直接選取工具」調整路徑線上的各個「錨點」。

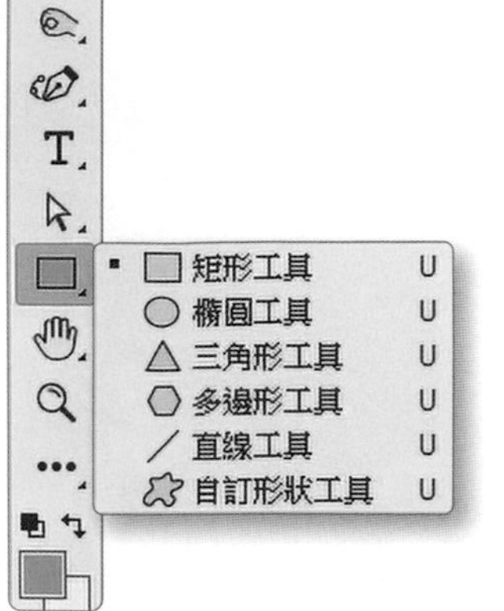

指定圖形寬高

使用工具繪製前，指標單響編輯區，可以從圖形對話框中，指定圖形的「寬度」與「高度」。

在寬度與高度欄位中單響右鍵，可以指定「單位」。

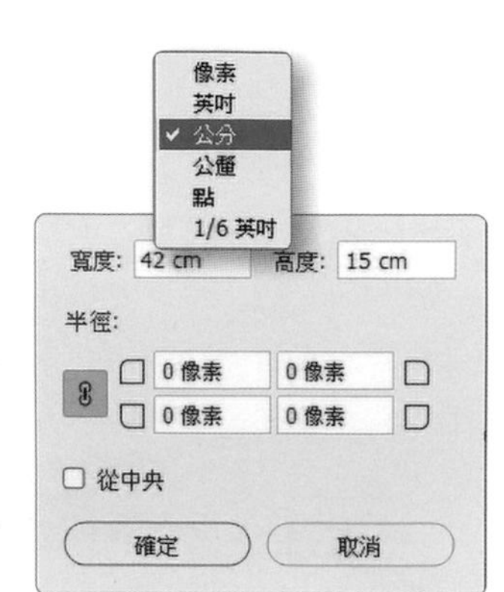

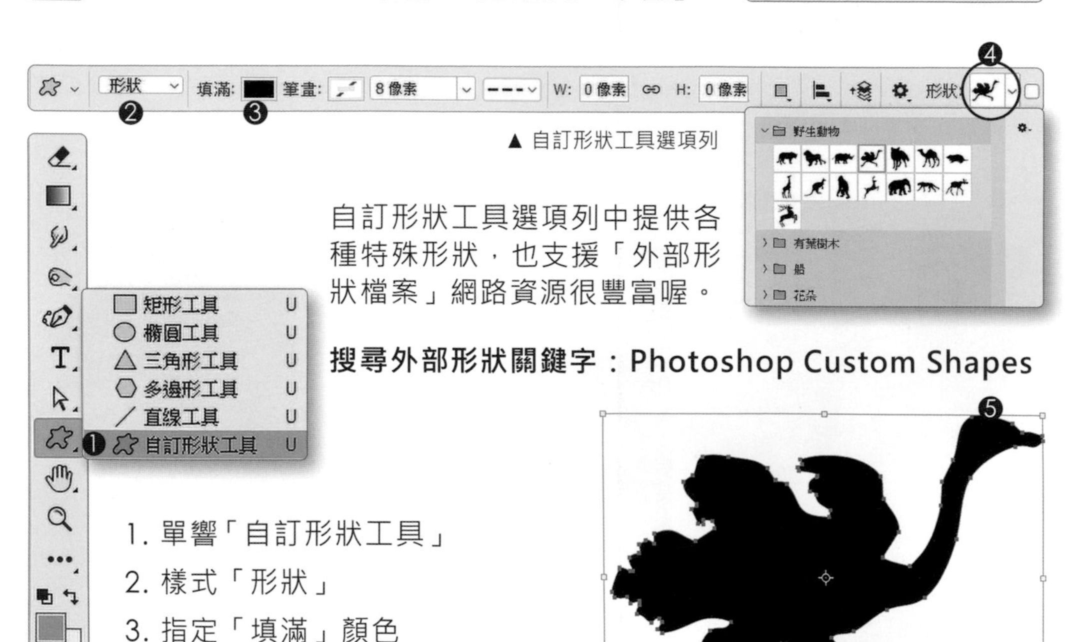

▲ 自訂形狀工具選項列

自訂形狀工具選項列中提供各種特殊形狀，也支援「外部形狀檔案」網路資源很豐富喔。

搜尋外部形狀關鍵字：Photoshop Custom Shapes

1. 單響「自訂形狀工具」
2. 樣式「形狀」
3. 指定「填滿」顏色
4. 指定「形狀」
5. 拖曳指標拉出形狀

矩形選取畫面工具
變形選取範圍

移除圖片中多餘範圍
內容感知 ｜ 修補影像

全新的 AI 選取功能
主體 ｜ 物件選取工具

精細去背技法
移除雜色 ｜ 毛髮去背

運用顏色建立選取範圍
魔術棒工具 ｜ 連續相近色

06 快速去背 完美選取

10組範例學習最新一代的選取工具、影像去背技巧

路徑去背 ｜ 筆型工具

商業用路徑去背

向量遮色片 ｜ 轉換錨點工具

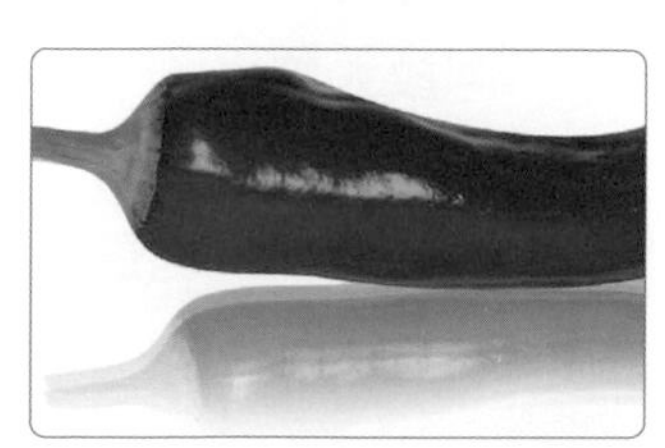

本章 10 組範例練習

建議使用 Photoshop 2019 以上版本

什麼是
選取範圍？

選取就是把圖片中的特定範圍「區隔」出來，「區隔」有兩種說法，一種是「去背（聽過吧）」，另一種是「摳圖（大陸用語）」，總之就是把我們需要的範圍「挖出來」，挖出來的範圍可以單獨處理，不影響其他區域，很方便。

選取之後
能做些什麼？

選出來的圖片，背景透明，不論是放大或是縮小都不影響其他範圍，還能變更顏色、或是作為平面設計的素材，都很方便。

- -- **變更顏色**
- -- **強調細節**
- -- **放大縮小**
- -- **匯出成為素材**
- -- **合併在其他圖片中**

透明背景
該儲存成什麼格式？

使用選取工具移除圖片中不需要區域後，這些區域會以「灰白相間的方格」顯示出來，這樣的顯示狀態，就稱為「透明區域」。要保留「透明」這組顏色資訊（透明也可以算是一種顏色），可以依據輸出需求來指定檔案格式。

Photoshop 內部使用 / 存成能保留圖層結構的 PSD、TIF、PDF

如果是 Photoshop（或是 Adobe 旗下軟體，如 Indesign）內部使用，移除不用區域後的檔案，可以儲存為能保留圖層結構的 PSD、TIF 或是 PDF 格式。

匯入其他軟體使用 / 存成能紀錄透明區域的 PNG、GIF

去背後的圖片要放置在其他軟體中（如 PowerPoint），可以儲存為能紀錄透明區域的 PNG，或是 GIF。不要存成 JPG，JPG 不能保留透明範圍（牢記）。

▲ PNG 能紀錄透明區域畫質佳

▲ GIF 保留透明但最多紀錄 256 色

▲ JPG 會在透明範圍中填入背景色

Photoshop
招牌選取工具

在 Photoshop 裡面想選的快、選的精準，需要三方配合：選取工具、選取指令，還有「遮色片」。也就是說，單靠「選取工具」是不夠的，還要搭配「選取指令」以及「遮色片」。先來看看工具箱中常用的「選取工具」。

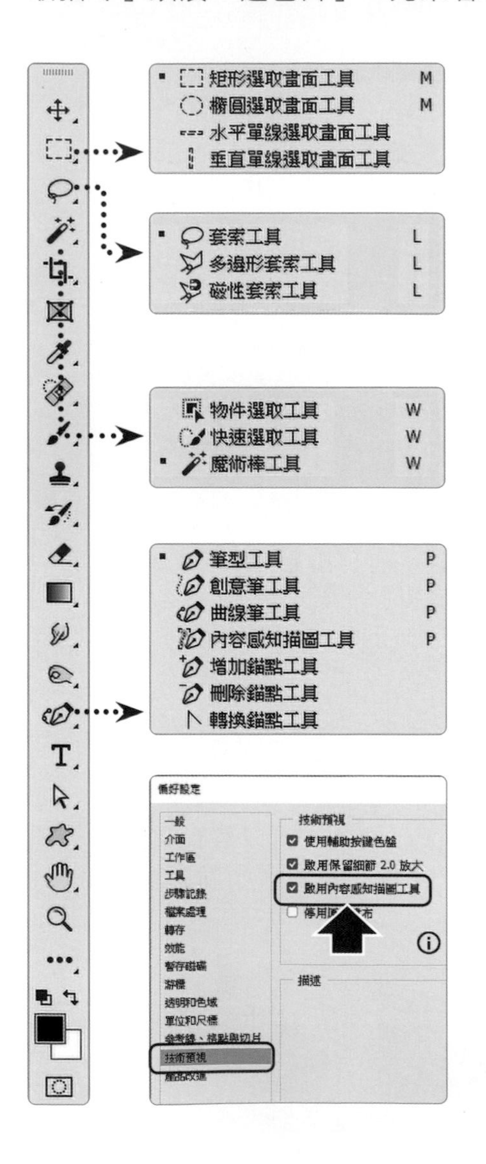

依據範圍建立選取區域

矩形選取畫面工具

橢圓選取畫面工具

套索工具

多邊形套索工具

依據影像邊界建立選取區域

磁性套索工具

物件選取工具

快速選取工具

魔術棒工具

路徑選取工具

筆型工具

內容感知描圖工具

內容感知描圖工具是 2021 的「暗黑」工具，同學必須先進入「偏好設定 - 技術預視」當中，開啟「啟用內容感知描圖工具」，重新啟動 Photoshop 就能在「筆型工具」選單中看到。

Photoshop
智能選取指令

不得不說 Photoshop 這幾年在「選取」這個領域真是下足了血本，不僅大幅提高影像邊緣的偵測能力，還進行 AI 運算，細如髮絲，都能精準選取，並且抽離髮絲邊緣的雜色，對於設計工作者來說，升級新版本，是絕對必要的。

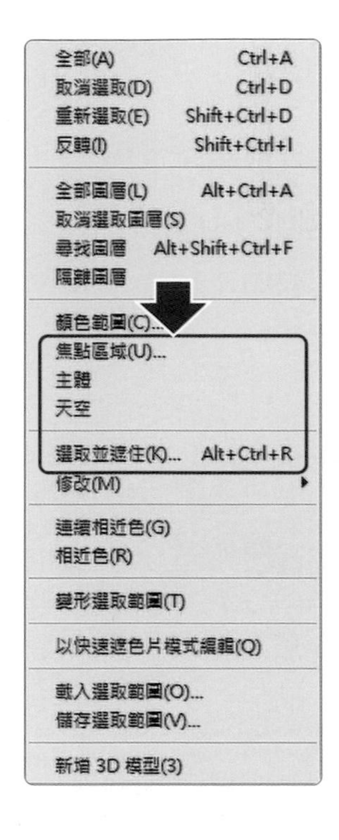

建議更新版本

工欲善其事，必先利其器，如果沒有好的工具，想把圖片中的小安安（狗狗名）抓出來，那要花多少時間呀！

比對一下「選取」功能表

左側顯示的是 2021 版本的「選取」功能表，麻煩同學們單響一下自己的功能表「選取」，看看選單內容，特別注意以下幾個新的選取指令：

焦點區域：依據對焦範圍來進行選取

主體：自動判別畫面可能的主體，直接選取。

天空：自動判別圖片的天空範圍，直接選取。

選取並遮住：精準的毛髮去背指令，非學不可。

建立並調整矩形選取範圍

範例練習重點

建立矩形選取範圍、調整選取範圍

取消選取範圍（快速鍵 Ctrl + D）

儲存選取範圍 / 載入選取範圍

使用選取範圍建立圖層遮色片

參考範例　Example\06\Pic001.JPG

A > 建立矩形選取範圍

1. 單響「矩形選取畫面工具」
2. 模式「新增」
3. 羽化「0」像素
4. 樣式「正常」
5. 拖曳拉出矩形選取範圍
   隨便拉就好，不用很準

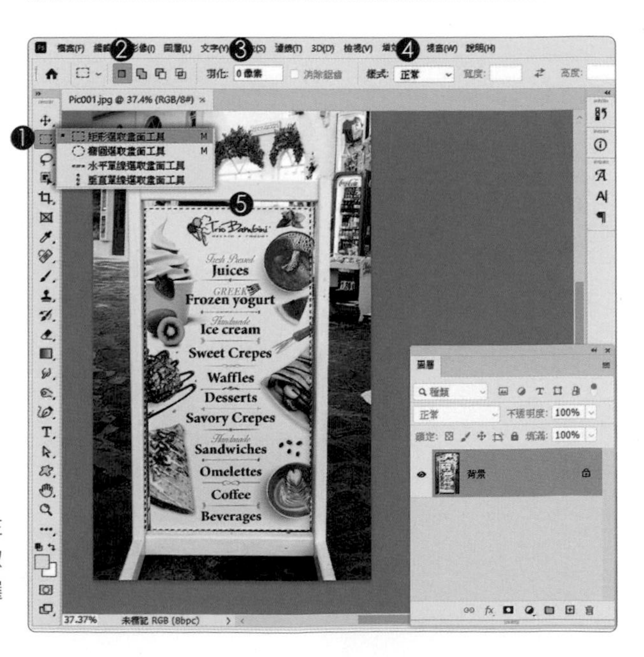

什麼是「羽化」？

羽化指的是「選取邊緣模糊的範圍」數值在「0 - 1000」像素之間。像素值越大，選取邊緣模糊的範圍越大。羽化設定為「0」選取邊緣清晰銳利，符合我們目前的需求。

B> 變形選取範圍

1. 功能表「選取」
   執行「變形選取範圍」
2. 矩形選取範圍外側
   顯示變形控制框
   拖曳控制框
   可以改變選取範圍的大小

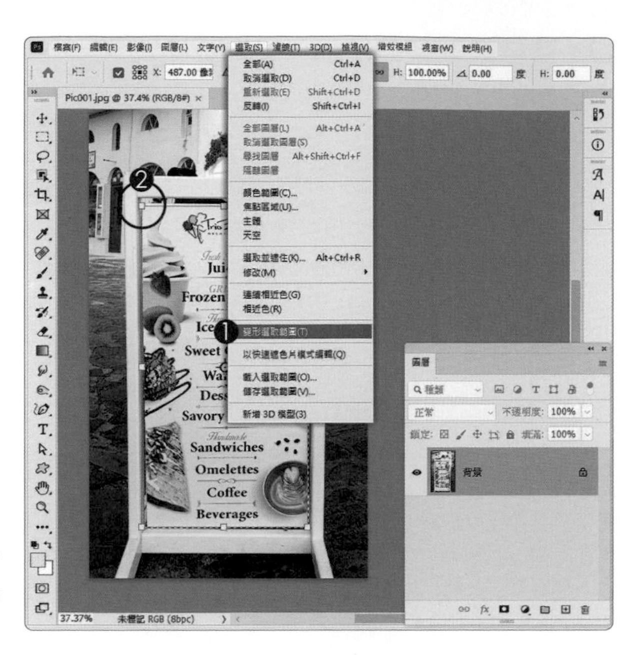

變形選取範圍 ≠ 任意變形

變形控制框跟調整的方式，跟「任意變形」一模一樣，但「變形選取範圍」作用的對象是「選取範圍」不是範圍內的影像喔！

C> 扭曲選取範圍

1. 變形選取範圍啟動的狀態下
   指標移動到控制框內側
   單響右鍵
   執行「扭曲」
2. 拖曳調整控制點
3. 調整完成後
   單響「✓」結束變形

整理一下指令結束的程序

任意變形、變形選取範圍，都可以按 Enter 結束指令。但 Enter 在文字中表示換行，所以結束文字的按鍵是 ESC（記得吧）。

D> 儲存選取範圍

1. 功能表「選取」
   執行「儲存選取範圍」
2. 不用輸入名稱
   操作模式「新增色版」
   單響「確定」按鈕
3. 色版面板中
   顯示儲存範圍 Alpha 1

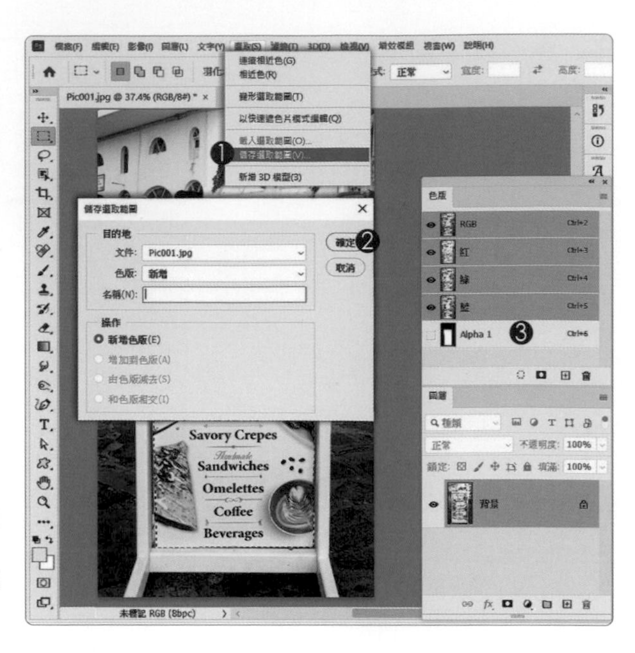

色版面板

色版的主要作用是顯示影像的色彩結構（目前是 RGB，所以有「紅綠藍」三個色版），以及儲存選取範圍。找不到「色版」的同學可以到功能表「視窗」中開啟「色版」。

E> 取消 / 載入選取範圍

1. 功能表「選取」
   單響「取消選取」指令
   取消目前的選取範圍
2. 開啟「色版」
3. 按 Ctrl 鍵 + 單響 Alpha
   重新載入儲存的選取範圍

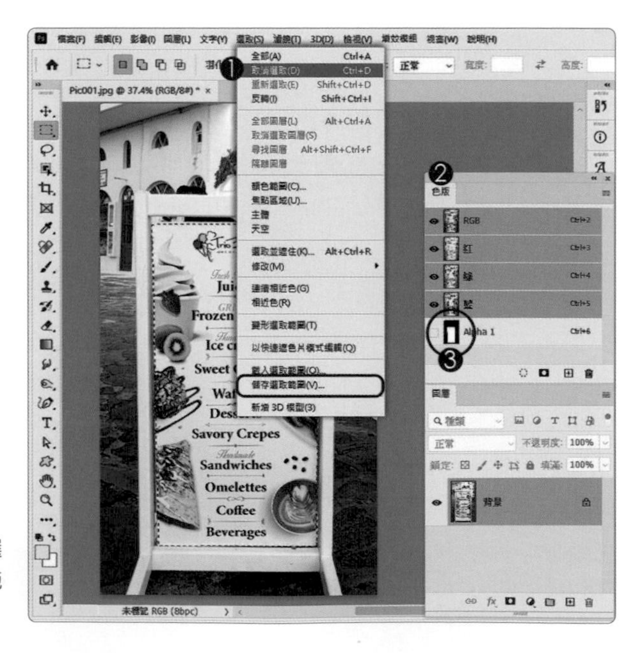

載入選取範圍

也可以使用功能表「選取」當中的「載入選取範圍（紅框）」指令，將色版中的選取範圍重新載入到編輯區，同學試試。

F> 選取範圍轉為遮色片

1. 圖層面板中
   單響「增加遮色片」按鈕
2. 依據目前的選取範圍
   建立遮色片

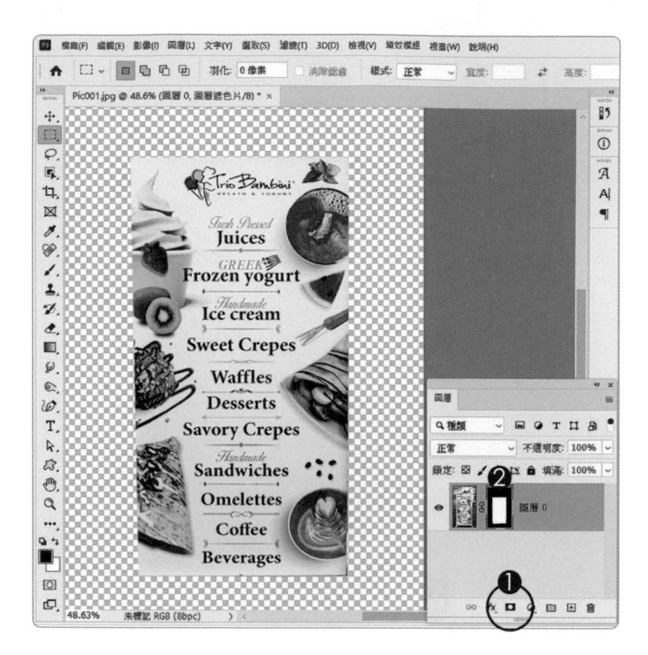

圖層遮色片

黑色：遮住目前圖層內容
白色：就是目前的選取範圍，顯示圖層內容
負片：遮色片中黑白對調，快速鍵 Ctrl + I

G> 轉存圖層為 PNG

1. 編輯區中顯示透明背景
2. 圖層名稱上單響右鍵
3. 執行「轉存為」
4. 檔案格式「PNG」
   記得勾選「透明度」
   檢查一下相關參數
5. 單響「轉存」按鈕

記得多存一份 TIF 或 PSD

如果要保留目前的圖層遮色片以及色版中儲存的選取範圍，一定要再存一份能保留圖層結構的 TIF 或是 PSD 格式（記得喔）。

建立選取範圍常用的方式

對角線拖曳拉出範圍

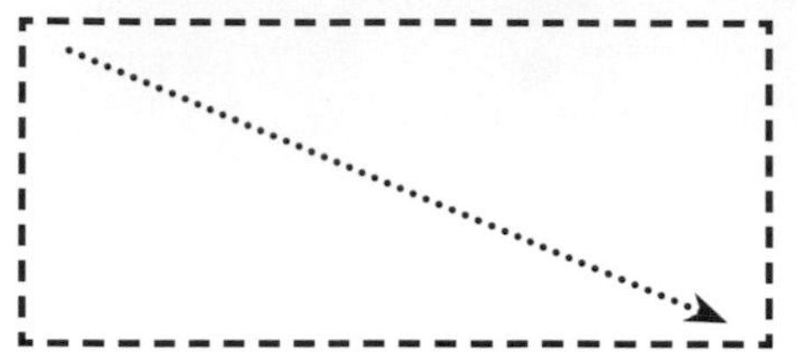

沿著對角線拖曳，能依據拖曳的距離，建立矩形 / 橢圓選取範圍，也是最常使用的方式。

建立等比例的選取範圍

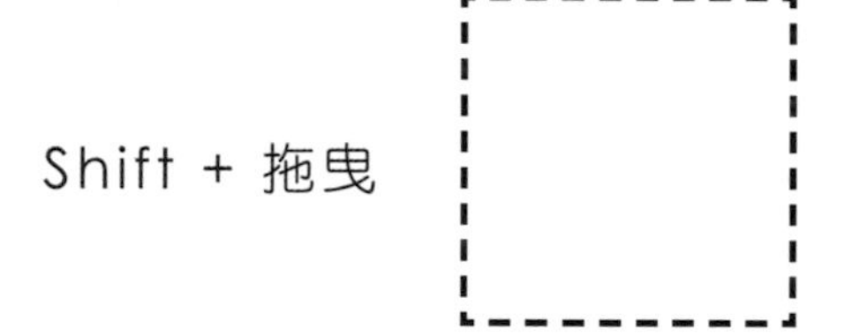

按著 Shift 鍵不放，拖曳指標，便能建立出寬高等比例的「正方形」或「圓形」範圍。

套索工具 建立任意形狀範圍

套索工具適合建立不規則的範圍中；結束選取前，可以試著按 Alt 或 Option（Mac）鍵，放開指標後就能完成選取範圍的建立。

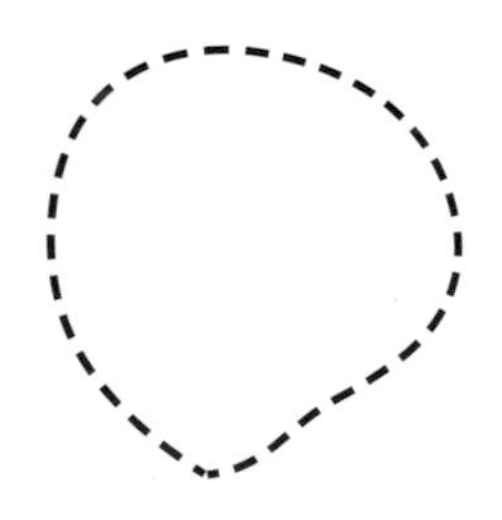

按著 Alt 由中心拉出範圍

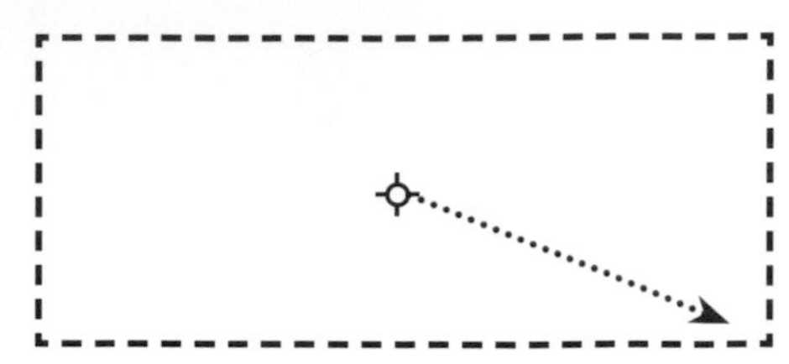

按著 Alt 鍵（Mac：Option）不放，可以由中心點拖曳出矩形 / 橢圓選取範圍。

由中心點建立等比例範圍

Alt 中央、Shift 等比例，兩個一起按就是從中央等比例建立「正方形」或「圓形」範圍。

多邊形套索 建立直線形狀範圍

每單響一次，就能建立一條直線；按「倒退（Backspace）」能回到「上一個」點，連續點兩下，會立即接回起點，完成多邊形範圍的建立。

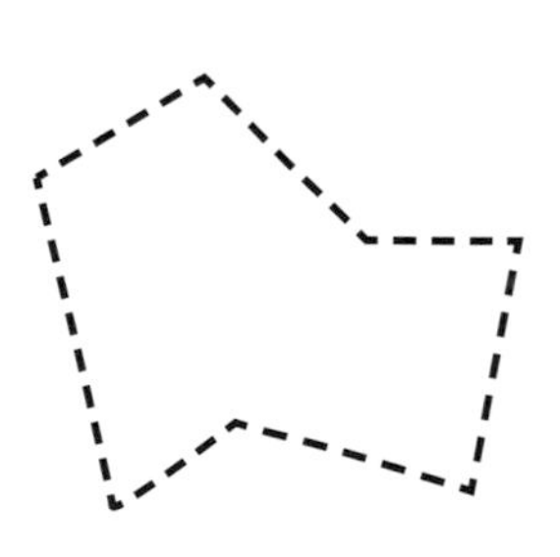

建立固定尺寸的選取範圍

選取畫面工具選項列中，指定「固定比例」能建立如 16:9 或是 4:3 的特定比例。也可指定為「固定尺寸」，建立出特定寬度與高度的選取範圍。

1. 選取工具樣式：固定比例
2. 設定「寬度」與「高度」欄位的比例值
3. 交換「寬度」與「高度」數值

1. 選取工具樣式：固定尺寸
2. 設定「寬度」與「高度」需要的尺寸
3. 在「寬度」或「高度」上單響右鍵指定單位

羽化邊緣

/ 羽化範圍：0 - 1000 像素之間

「羽化」算 Adobe 的特有名詞，簡單的說就是「邊緣模糊的距離」。羽化數值越大，模糊的寬度也就越大，來看看上一個範例中選取的廣告看板。

▲ 羽化值：0 像素 邊緣清晰銳利

▲ 羽化值：20 像素 邊緣有 20 像素的模糊範圍

移除圖片中多餘的範圍

範例練習重點

使用「套索工具」建立選取範圍

使用「內容感知」移除圖片多餘的範圍

使用「修補工具」建立修補範圍

調整修補範圍的「結構」與「顏色」

參考範例　Example\06\Pic002.JPG

A > 使用「套索工具」

1. 複製圖層 Ctrl + J
2. 單響「套索工具」
3. 模式「新增」或「增加」
4. 拖曳框選左側的丹頂鶴

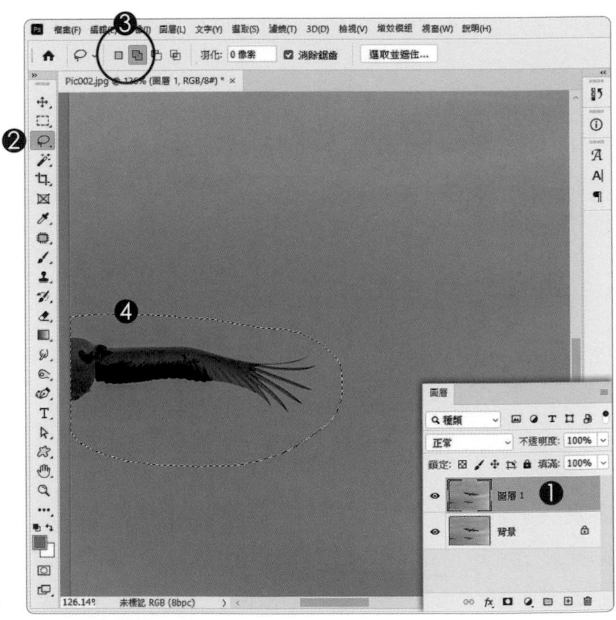

選取模式：新增 VS 增加

「新增」是一次建立一個選取範圍。「增加」是不斷加入新的選取區域（推薦「增加」）。

B> 內容感知移除多餘的區域

1. 位於複製的圖層中
2. 功能表「編輯」
   執行「填滿」
3. 內容「內容感知」
4. 勾選「顏色適應」
5. 單響「確定」
6. 移除左側的丹頂鶴

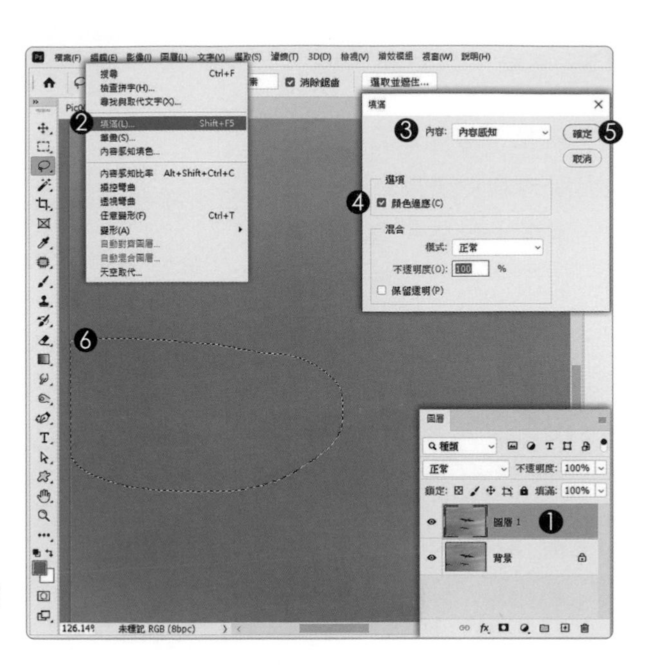

顏色適應

新版本的「內容感知」加強「顏色適應」，可以讓選取邊緣的色差降到最低，效果不錯。

C> 取消選取範圍

1. 在「增加」模式下
   建立的套索範圍
2. 可以單響「右鍵」
   執行「取消選取」

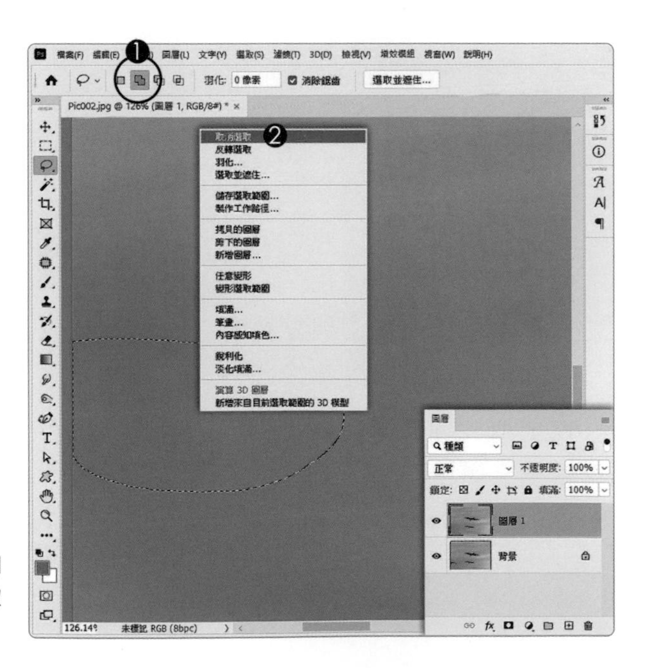

使用「新增」建立選取範圍

「新增」一次只能建立一個選取範圍。使用「新增」建立選取區域的同學，直接在選取範圍外「單響」，就能取消選取。

D> 修補工具移除影像

1. 單響「建立新圖層」
2. 新增空白圖層
3. 單響「修補工具」
4. 使用「新增」模式
5. 修補方式「內容感知」
6. 勾選「取樣全部圖層」
7. 拖曳框選下方的丹頂鶴

「結構」與「顏色」

在修補工具運算完成後，才調整修補範圍內「結構」的協調性，以及邊緣「顏色」的差異。

E> 內容感知修補

1. 向上拖曳修補範圍
   找到合適的區域就放開
2. 調整「結構」與「顏色」
   觀察修補範圍的變化
3. 剛剛使用「新增」建立範圍
   現在只要在範圍外單響
   就能取消選取
4. 修補結果在新圖層中

取消選取後不能再修改「結構」與「顏色」

「結構」與「顏色」必須在修補範圍還顯示「選取外框線」的時候修改，一旦「取消選取」就不能再調整「結構」與「顏色」。

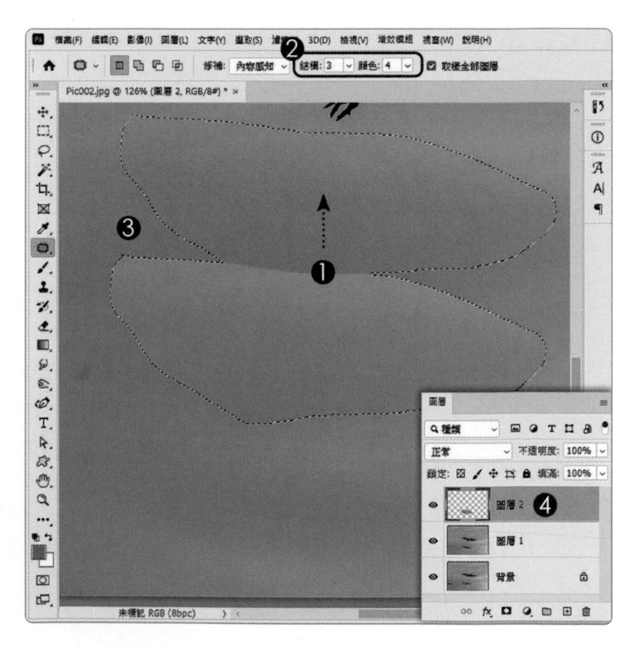

範圍選取工具四種選擇模式

同學應該發現了「修補工具」建立範圍的方式跟套索相同，而且工具選項列上跟「套索、矩形、橢圓」一樣有「新增、增加、減去、相交」四種經典的選取範圍建立模式。來看看這四種模式的操作技巧與常用切換鍵。

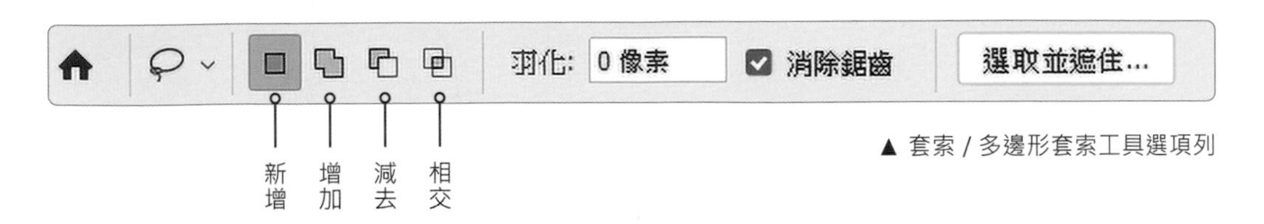

▲ 套索 / 多邊形套索工具選項列

新增　一次建立一個選取範圍，拉出第二個範圍，前一個就會自動取消，還有一個好處，只要在選取範圍旁點一下，就能啟動「取消選取」。

增加　這是楊比比最推薦的模式，尤其使用「魔術棒工具」時，可以不斷點選、不斷增加，非常方便。**即時切換鍵：Shift**。

減去　楊比比習慣使用「增加」模式，需要「減去」的時候，只要**按著 Alt 鍵不放，就能即時切換為「減去」模式**，非常方便（推薦使用）。

相交　多半用來選取範圍內的特定顏色。以下圖為例：先建立矩形範圍，把選取區域限制在矩形中，再運用「魔術棒：相交」選取範圍內的顏色。

▲ 使用「矩形工具：新增」建立選取範圍

▲ 使用「魔術棒：相交」在限制範圍中選取糖葫蘆

運用顏色
建立選取範圍

範例練習重點

了解選取模式「相交」的用法

魔術棒：選取特定顏色

使用「相近色」與「連續相近色」

使用「色相 / 飽和度」變更選取範圍的顏色

參考範例　Example\06\Pic003.JPG

A > 限制選取範圍

1. 單響「矩形選取畫面工具」
2. 選取模式為「新增」
或是隔壁的「增加」
3. 拖曳框選糖葫蘆

哈爾濱的糖葫蘆很大串

哈爾濱的冬天很冷（零下 30-40 度），糖葫蘆泡了糖漿半秒就凍住（太冷）最常見的是微酸的小梨子跟小蘋果，搭上外層厚厚的脆皮糖，酸甜好吃。我還吃過辣條糖葫蘆，不論是外型或是口味都很顛覆，如果有機會去東北，不要怕胖，體驗一下。

B> 練習一下「減去」模式

1. 換一款「套索工具」
2. 選項列顯示「新增」模式
3. 按著 Alt 不放
   注意選項列
   模式會切換為「減去」
   拖曳框選矩形左下角
   就能減去一塊範圍

選取模式：減去

目前要「減」的區域只有一小塊，按著 ALT 即時切換為「減去」是很方便的。如果需要「減」的範圍太多，還是切換模式比較快。

C> 魔術棒上場

1. 單響「魔術棒工具」
2. 選取模式「相交」
3. 設定「樣本尺寸」
   數值越大偵測的範圍越多
4. 容許度「30 - 50」
   數值越大相近色彩越多
5. 單響紅色的糖葫蘆

沒選好？

運用魔術棒進行「相交」選取，風險很高（就是不夠精準啦），如果覺得範圍不夠多，可以試試下一頁提供的方式。

D> 連續相近色

1. 功能表「選取」
   執行「連續相近色」
2. 擴大目前的選取範圍

步驟記錄面板

如果覺得選取範圍不理想，麻煩開啟「步驟紀錄面板」，退回到使用「套索」減去範圍的這個階段（紅框處）。也可以使用快速鍵 Ctrl +Z 回到前面的步驟，不要覺得挫折，我們只是在練習，魔術棒本來就不是太準，加油！

E> 啟動「色相 / 飽和度」

1. 編輯區顯示選取範圍
2. 調整面板中
   單響「色相 / 飽和度」
3. 內容面板顯示相關參數
   預設為「主檔案」
4. 新增一個包含遮色片的
   色相 / 飽和度調整圖層

還記得「主檔案」吧？

「主檔案」指的是調整目前範圍內所有的畫素，雖然已經將範圍縮小到糖葫蘆這個區域，但選的不是很準，還要再設一個門檻。

F> 限制調整的顏色

1. 確認選取調整圖層縮圖
   不是後面的遮色片喔
2. 指定調整的顏色「紅色」
3. 拖曳「色相」滑桿
4. 糖葫蘆變成一種可疑的顏色

調整範圍不夠精準怎麼辦？

魔術棒建立的選取範圍已經轉換為「圖層遮色片」，如果範圍不夠精確，那就調整遮色片。

G> 調整遮色片

1. 單響「圖層遮色片」
2. 使用「筆刷工具」
3. 選項列上單響「筆尖」
4. 適度調整「尺寸」與「硬度」
5. 前景色「黑色」
6. 拖曳筆刷遮蓋
   色相飽和度的影響範圍

圖層遮色片的遮色範圍

來！我們複習一下，在遮色片中「黑色」能遮住目前圖層作用，或是畫素。「白色」能顯示目前圖層的作用，或是畫素。

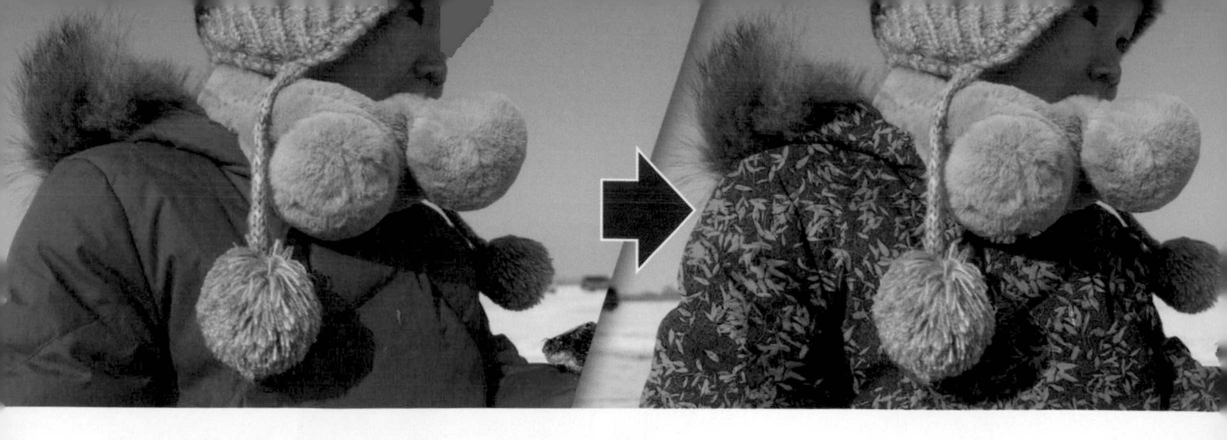

新一代
選取工具

範例練習重點

新一代選取指令：主體

新一代選取工具：物件選取

練習：選取模式「相交」與「減去」

選取範圍內「混合」圖層樣式：圖樣

參考範例　Example\06\Pic004.JPG

A> 選取畫面「主體」

1. 複製圖層 Ctrl + J
2. 功能表「選取」執行「主體」
3. 立刻選取到畫面中最突出的主體

選取「主體」

新一代的「主體」提供特殊的運算技法，具備學習能力，能快速抓到畫面中最突出且清晰的影像，表現相當穩定，推薦使用。

B> 再練習一次「相交」模式

1. 單響「物件選取工具」
2. 使用「相交」
3. 以「矩形」模式選取
4. 勾選「增強邊緣」
   以及「物件縮減」
5. 拖曳框選藍色衣服

物件選取工具

物件選取工具會依據「顏色」以及「反差」定義選取範圍。也可以跳開前一個「主體」程序，直接使用「物件選取工具」框選畫面中的藍色衣服；楊比比多寫一個「主體」，是為了能讓同學多練習幾個指令（用心良苦呀）。

C> 減去多選的範圍

1. 還是一樣使用「物件選取」
2. 同樣是「相交」
3. 按著 Alt 不放
   切換為減去
   拖曳框選多餘的範圍
   物件選取偵測邊緣
   的能力真的很強

再複習一次「減去」即時切換鍵

「新增、增加、相交」狀態下，按著 Alt 鍵不放，就能即時切換為「減去」，建議多多練習，牢牢記住，感謝合作（嘿嘿）。

D> 選取範圍轉換為遮色區域

1. 編輯區顯示選取範圍
2. 單響「增加遮色片」
3. 建立遮色片
   白色區域就是選取範圍

重新載入選取範圍

選取範圍轉換為遮色片後，編輯區上的選取框線就會消失；同學可以按著 Ctrl 不放，單響遮色片，就會以遮色片的「白色」區域為選取範圍，重新顯示在編輯區中。

E> 圖樣覆蓋

1. 確認選取複製的圖層
2. 單響「fx 圖層樣式」
   執行「圖樣覆蓋」
3. 挑選適合的圖樣
   混合模式「覆蓋」
   不透明「100」%
   試著調整「角度」
   與圖樣的「縮放」比例
4. 單響「確定」按鈕
5. 藍色棉襖加上圖樣囉

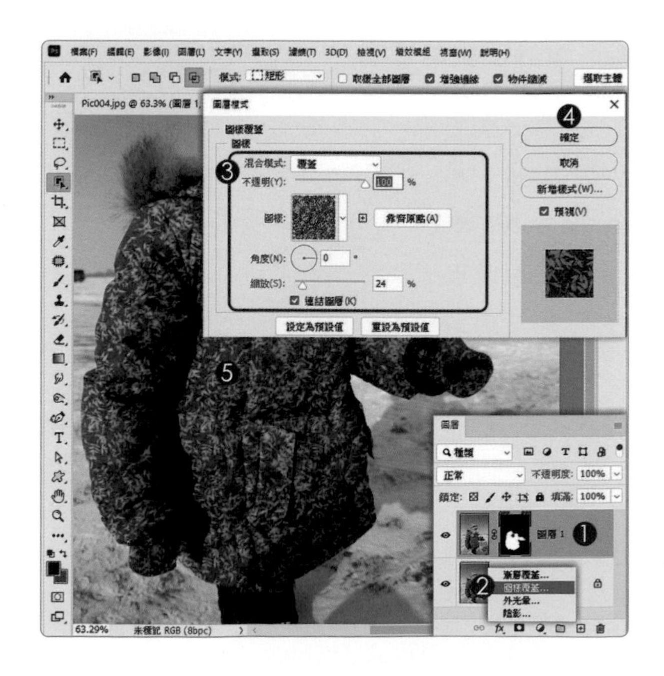

F> 再次調整圖樣內容

1. 雙響「圖樣覆蓋」樣式
2. 重新開啟「圖層樣式」
   顯示圖樣覆蓋的參數與內容
3. 調整圖樣的「縮放」比例
4. 指標移動到編輯區
   拖曳調整圖樣的位置
5. 單響「確定」按鈕

增減圖層遮色片的範圍

圖層遮色片的範圍可以用「筆刷工具」搭配「黑 / 白」前景色來進行增減，沒問題吧！

下載並匯入更多的「圖樣」素材

關鍵字「photoshop pattern download」就能在網頁中找到很多精彩的「圖樣素材」。素材下載後，可以透過「圖樣」面板，將下載的素材檔案匯入 Photoshop，就能在「圖樣覆蓋」以及「圖樣」面板中看到匯入的素材。

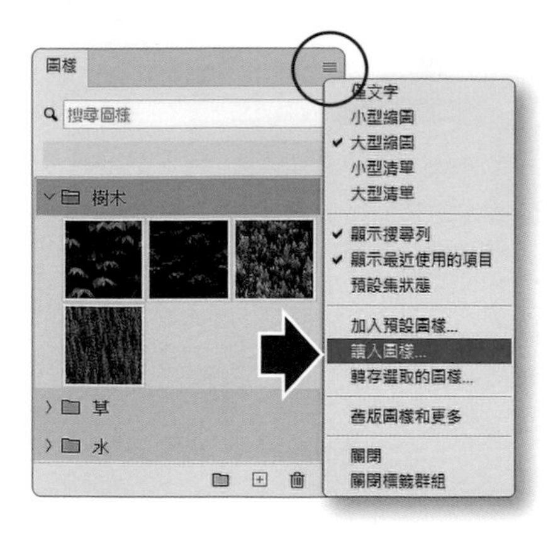

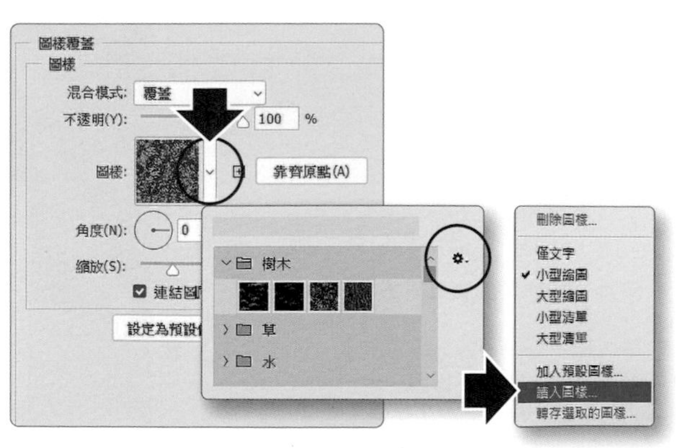

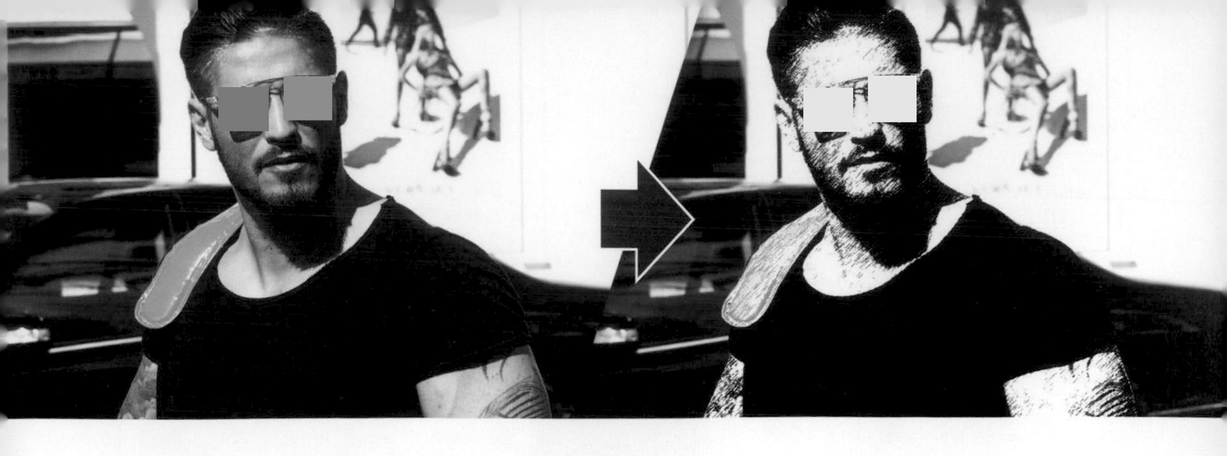

突顯主角的彩色素描技法

範例練習重點

運用「主體」與「物件選取」抓出主角

套用「濾鏡收藏館 - 素描」風格

使用「智慧型濾鏡」並調整混合模式

圖層遮色片轉換為「選取範圍」

參考範例　Example\06\Pic005.JPG

A > 轉換為智慧型物件

1. 背景圖層上單響右鍵
   執行「轉換為智慧型物件」
2. 面板顯示智慧型物件圖層
   縮圖不太一樣了

套用濾鏡前建議轉換為「智慧型物件」

智慧型物件能保留圖層原始狀態，套用濾鏡後可以反覆修改濾鏡參數、變更濾鏡與圖層間的混合模式、還能修改濾鏡強度。

B> 選取主體

1. 單響「物件選取工具」
2. 選項列上單響「選取主體」
3. 編輯中顯示選取範圍

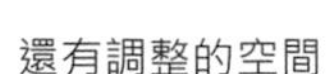

還有調整的空間

「選取主體」沒有參數控制，是純粹的 AI 智慧型工具，大致上來說，選的都算不錯，但還是會有不足的地方，同學可以使用「物件選取」來增減目前的選取範圍。

C> 套用素描濾鏡

1. 按快速鍵 D
   設定前景 / 背景「黑 / 白」
2. 功能表「濾鏡」
   執行「濾鏡收藏館」
3. 開啟「素描」類別
4. 單響筆畫效果
5. 拖曳滑桿或調整顯示比例
   找到男主角
6. 控制筆畫參數
7. 單響「確定」套用濾鏡

D> 反轉一下遮色片範圍

1. 單響智慧型濾鏡遮色片
   執行「負片效果」
   快速鍵 Ctrl + I
2. 遮色片黑白對調
   濾鏡套用到背景中

負片效果

不想記快速鍵的同學（記一下比較好），可以雙響「智慧型濾鏡遮色片」，就能開啟「內容」面板；內容面板中也提供「負片效果」功能。

E> 變更濾鏡混合選項

1. 雙響「混合選項」按鈕
2. 開啟「混合選項」
   指定混合模式「覆蓋」
   不透明度「100%」
3. 單響「確定」
4. 編輯區顯示混合效果

智慧型濾鏡提供「混合選項」

混合選項能將濾鏡效果以不同的方式混合到圖片中，看起來真的不錯！同學還可以試試不同的混合模式，能啟發更多的靈感與想法。

F> 再次載入選取範圍

1. 智慧型濾鏡遮色片
   單響右鍵
   增加濾鏡遮色片至選取範圍
2. 顯示選取範圍

載入遮色片範圍

還記得快速鍵吧～沒錯！就是 Ctrl，按著 Ctrl 不放，單響智慧型濾鏡遮色片，就能將白色範圍轉換為選取區域，顯示在編輯區中。

圖層遮色片 VS 智慧型濾鏡遮色片

圖層遮色片，遮擋的對象是目前對應的「圖層」；智慧型濾鏡遮色片，遮擋的對象是濾鏡。透過這個範例，同學可以發現，素描濾鏡僅會顯示在「智慧型濾鏡遮色片」白色的區域中，黑色範圍會把濾鏡範圍擋下來。

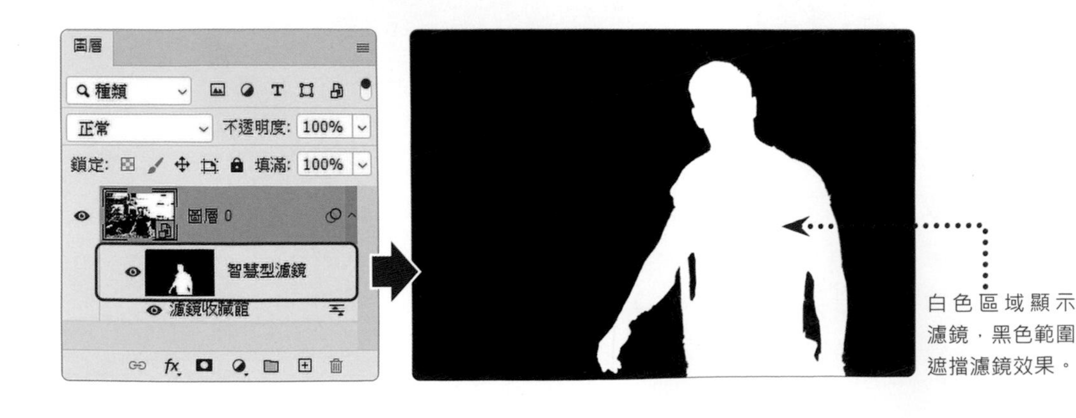

白色區域顯示濾鏡，黑色範圍遮擋濾鏡效果。

精細去背（一）完美移除所有雜色

範例練習重點

運用主體或物件選取工具建立範圍

精細去背指令：選取並遮住

轉存去背圖層為 PNG 格式

參考範例　Example\06\Pic006.JPG

A > 開工了！專注喔

1. 圖層面板顯示「背景」
   我們會運用圖層遮色片
   來遮蓋不用的背景
   不會破壞原圖「背景」
   所以不用再複製圖層
2. 使用「物件選取工具」
3. 選項列單響「選取主體」
4. 物件選取選項列
   使用「減去」
5. 框選萬壽菊內側多選的範圍
6. 單響「選取並遮住」

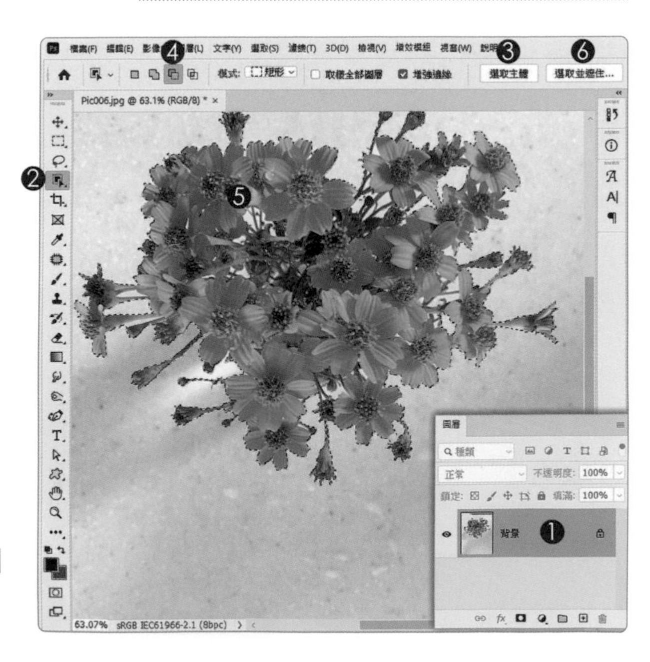

B> 檢視去背範圍

1. 進入「選取並遮住」
   單響「檢視」選單
2. 指定背景顏色「黑色」
   背景黑色看淺色範圍
   會比較清楚
3. 不透明「100%」

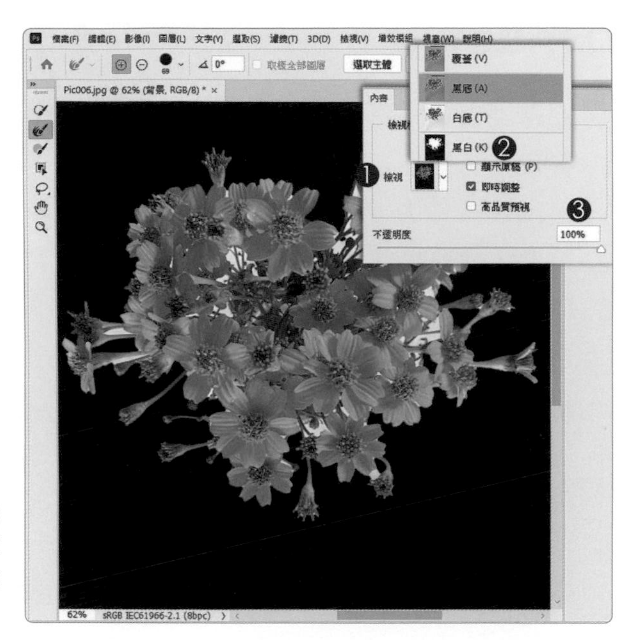

面對複雜度高的範圍不要硬拼

在黑色背景襯托下，可以清楚看到芳香萬壽菊內側有很多要移除的範圍，這些區域雜亂又不規則，老方法是行不通（太花時間），來試試新工具與新指令（很厲害的）。

精細去背 階段一

C> 智慧型邊緣偵測

1. 仍然在「選取並遮住」中
   開啟「邊緣偵測」
2. 勾選「智慧型半徑」
3. 向右拖曳滑桿
   提高偵測的「強度」
4. 比對一下上面的圖
   芳香萬壽菊內側
   的淺色部份是不是少很多
   簡單一點的圖
   到這個階段就可以收工
   但這張比較複雜，我們繼續

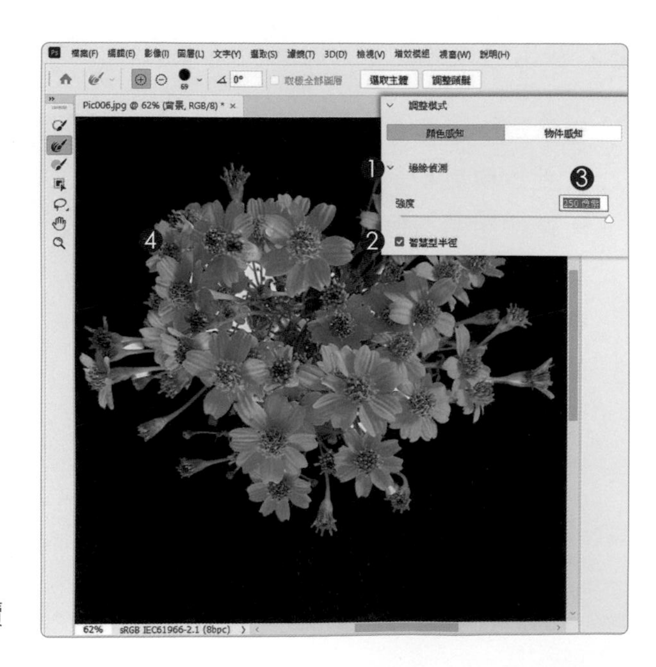

D> 調整邊緣筆刷

1. 即時調整會不斷偵測邊界
   很浪費時間
   建議取消勾選「即時調整」
2. 單響「調整邊緣筆刷」
3. 使用「+」筆刷
   左右中括號（[ ]）
   適度調整筆刷尺寸
4. 調整模式「顏色感知」
   沒有這個項目可以跳過
5. 拖曳筆刷塗抹縫隙間的顏色

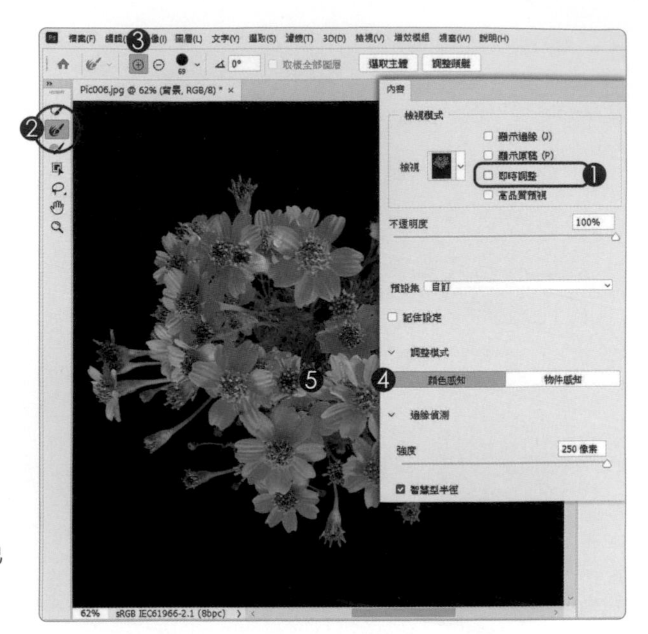

E> 輸出選取範圍

1. 檢查一下底色都清乾淨了
2. 找到「輸出至」欄位
   新增使用圖層遮色片的圖層
   記得單響「確定」按鈕
   結束「選取與遮住」
3. 圖層面板中
   顯示包含遮色片的新圖層

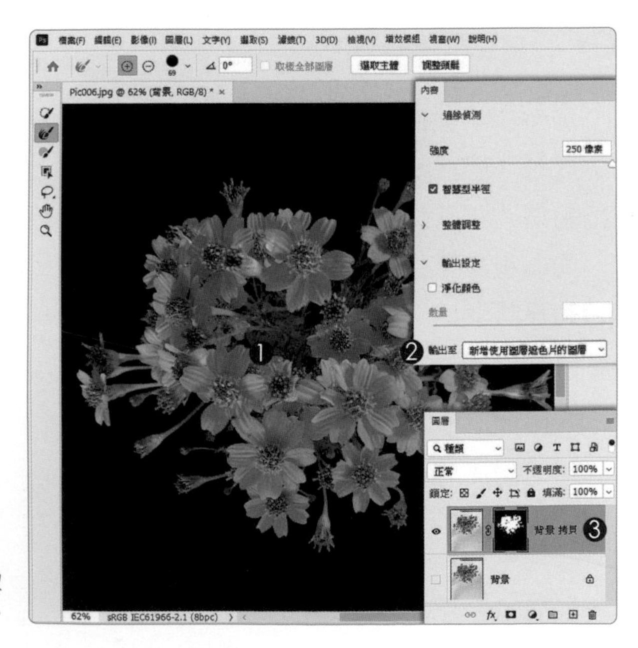

選取並遮住的輸出方式

除了我們目前使用的方式之外，還可以將選取範圍輸出至「選取區域」或是「圖層遮色片」。

F> 再次修改圖層遮色片

1. 圖層遮色片上單響右鍵
   執行「選取並遮住」
2. 再次開啟「選取並遮住」

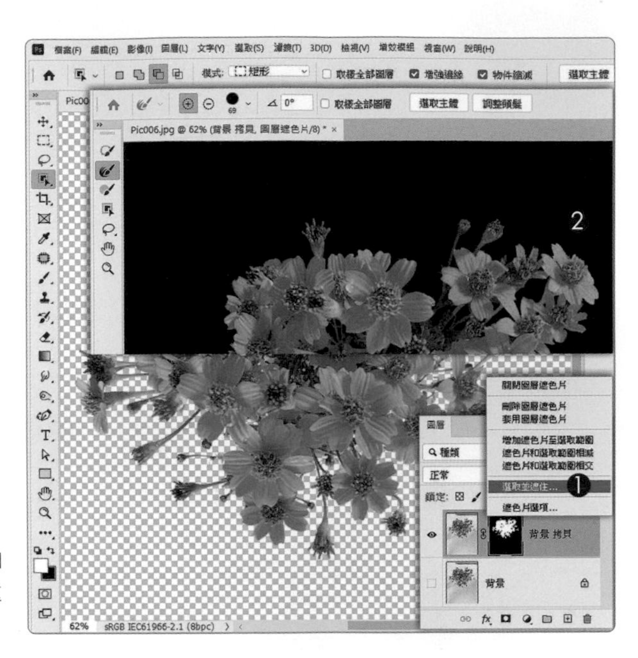

如果要再次載入選取範圍呢？

還記得快速鍵嗎？沒錯！就是 Ctrl。按著 Ctrl 鍵不放，單響圖層遮色片，就能將白色範圍重新載入成為選取區域（很常用喔）。

G> 轉存圖層成為 PNG

1. 在圖層遮色片
   旁邊的圖層名稱上
   記得喔，是「圖層名稱」
   單響右鍵
2. 執行「轉存為 ...」
3. 格式「PNG」
4. 記得勾選「透明度」
5. 檢查一下參數與影像尺寸
6. 單響「轉存」按鈕
   將圖層以能紀錄透明範圍的 PNG 格式轉存出去

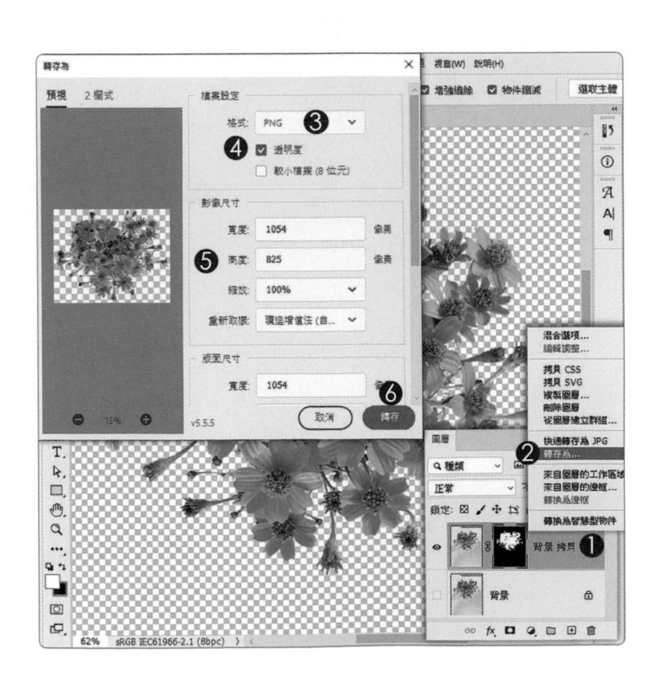

精細去背（二）清除毛髮雜色

範例練習重點

使用「選取並遮住」中的「主體」

全新 AI 智慧型功能「調整頭髮」

編輯區中檢視遮色片狀態（Alt）

參考範例　Example\06\Pic007.JPG

A＞啟動「選取並遮住」

1. 照片上的小安安
   是楊比比家對門的狗狗
   使用「物件選取工具」
2. 工具選項列上
   單響「選取並遮住」按鈕
3. 進入「選取並遮住」
   因為我們沒有建立選取範圍
   所以「選取並遮住」編輯區
   沒有出現影像

B> 選取主體

1. 「選取並遮住」選項列中
   單響「選取主體」按鈕
2. 抓是抓到了
   但選取邊緣不理想
3. 看一下目前的檢視模式
   楊比比選用的是「洋蔥皮」
   科普一下喔
   洋蔥皮 (Onion skin)
   早期稱為「描圖紙」
   能半透明檢視選取範圍
   現在直接翻譯 (哈)

精細去背 階段一

C> 調整頭髮

1. 使用五款「選取工具」
   的任何一款
2. 單響「調整頭髮」按鈕
   選取完成度 85%
   標準的 AI 智慧偵測

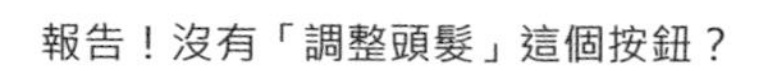

報告！沒有「調整頭髮」這個按鈕？

「調整頭髮」是新一代的選取功能，沒有這個按鈕的同學，辛苦一點，使用「邊緣調整筆刷工具」，我們下一頁繼續（翻頁）。

精細去背 階段二

D> 智慧型邊緣偵測

沒有「調整頭髮」功能，可以先使用智慧型邊緣偵測：

1. 展開「邊緣偵測」
2. 勾選「智慧型半徑」
3. 向右拖曳「強度」滑桿
   拖曳滑桿時，記得
   調整 10 個像素左右
   就停下來觀察毛髮的變化
   強度太高也不見得理想

精細去背 階段三

E> 調整邊緣筆刷

1. 單響「調整邊緣筆刷」
2. 使用「+」擴張偵測範圍
3. 使用「左右方括號（[ ]）」
   適度調整筆刷尺寸
4. 調整模式「物件感知」
   沒有這個按鈕就跳過去
5. 毛髮邊緣拖曳筆刷
   清除毛髮邊緣雜色
   按「空白鍵」不放
   可以切換為「手形工具」
   拖曳圖片顯示位置

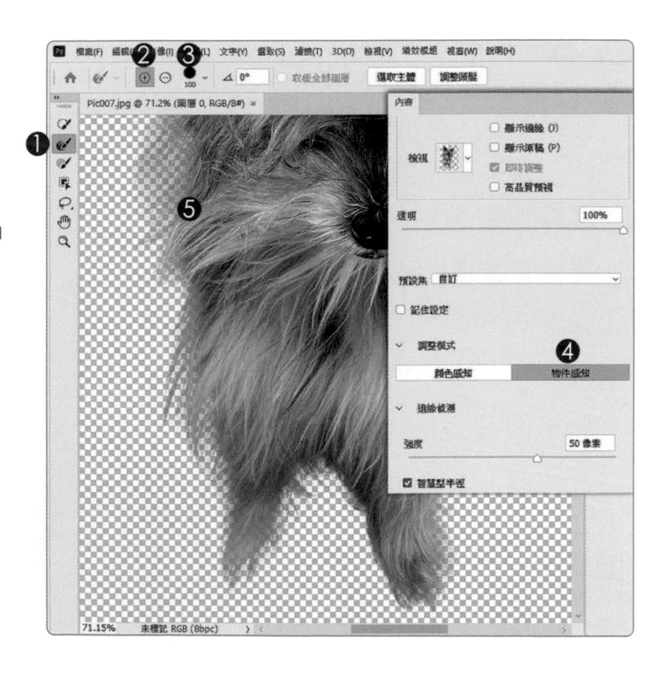

F> 輸出選取範圍

1. 建議勾選「淨化顏色」
   並向右拖曳「數量」滑桿
   觀察毛髮邊緣的雜色
2. 將選取範圍「輸出至」
   新增使用圖層遮色片的圖層
3. 單響「確定」按鈕

毛髮必勾「淨化顏色」

啟動「淨化顏色」後，會把選取範圍內的顏色，也就是小安安毛髮的顏色，拿來取代毛髮邊緣的雜色，效果真的很好，建議開啟。

G> 檢視「圖層遮色片」

1. 圖層面板中
   多了一個相同的圖層
   還有遮色片
   按 Alt 不放 + 單響遮色片
2. 遮色片顯示在編輯區中
   同學可以使用黑白筆刷
   調整遮色片的範圍
3. 單響圖層縮圖
   或是按著 Alt
   再單響一次圖層遮色片
   就可以回到正常編輯狀態

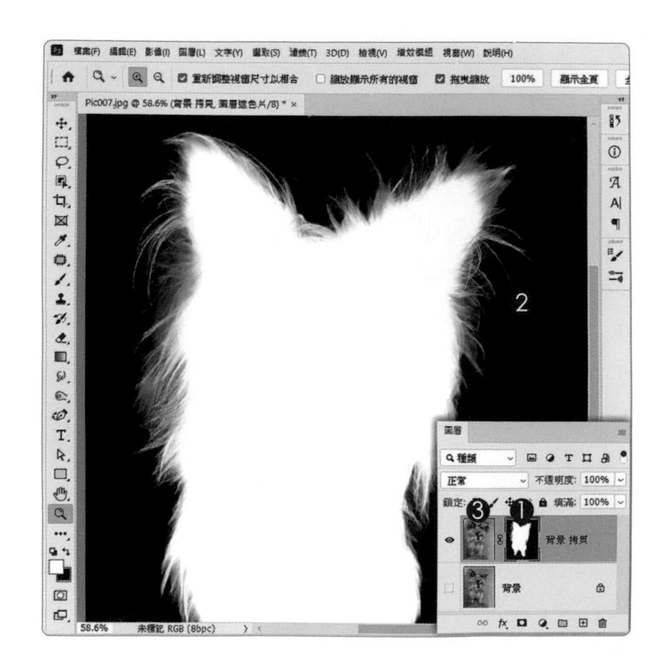

路徑去背（一）筆型繪製路徑邊緣

範例練習重點

使用「筆型工具」建立路徑

筆型工具繪製「直線」路徑

路徑線轉換為「向量遮色片」

參考範例　Example\06\Pic008.JPG

A > 啟動「筆型工具」

1. 開啟「路徑」面板
2. 單響「筆型工具」
3. 工具選項列中
   指定工具模式「路徑」
4. 編輯區中單響建立錨點
5. 路徑面板中
   新增「工作路徑」

筆型工具建立「直線錨點」

筆型工具可以建立「直線」與「曲線」兩種錨點，差異就在「點下去的瞬間」。「單響：直線錨點」。「單響後拖曳：曲線錨點」。

B> 拉出直線路徑

1. 還是使用「筆型工具」
2. 按著 Shift 鍵不放
   移動指標到盒子的另一側
   單響一下
   不要拖曳
   錨點呈現「實心」狀態
   表示正處理作用中

微調錨點位置

處於作用狀態的錨點（填滿顏色的方框），可以直接使用鍵盤「上下左右」按鈕，來微調「錨點」位置，同學試試，很簡單的。

C> 完成封閉路徑

1. 筆型工具沿著盒子邊緣
   單響建立錨點
   回到圓點後
   筆型指標旁會顯示圓圈
   單響一下就能封閉路徑
2. 路徑面板中
   顯示斜體字的「工作路徑」

斜體字的「工作路徑」？

工作路徑顯示的是「正在編輯的路徑」，屬於「暫存區」，所以使用「斜體字」標示，位置只有一個，顯示的永遠是正在編輯的路徑線。

D> 編輯路徑位置

1. 仍然使用「筆型工具」
2. 按著 Ctrl 鍵不放
   會切換「直接選取工具」
   單響路徑線的轉角處
   選取錨點
   使用「上下左右」方向鍵
   或是直接拖曳調整錨點位置

可以使用「直接選取工具」調整嗎？

當然可以，如果需要調整的錨點太多，一直按著 Ctrl 也很麻煩，但同學還是要知道怎麼從「筆型工具」即時切換到「直接選取工具」。

E> 建立向量遮色片

1. 路徑線建立完畢
2. 按著 Ctrl 鍵不放
   單響「增加遮色片」
3. 圖層旁增加「向量遮色片」
4. 路徑面板中又出現一組路徑
   一看斜體字就知道是
   目前圖層遮色片的暫存路徑

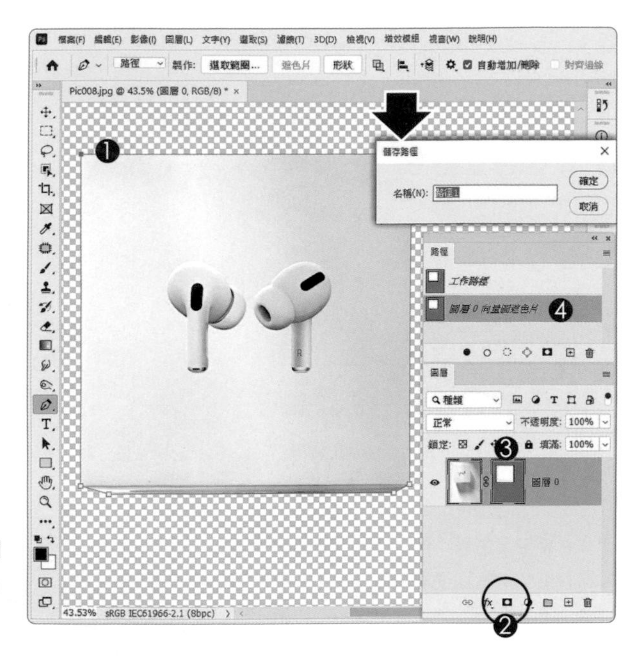

儲存路徑

斜體字的暫存路徑很容易被新路徑取代，同學可以「雙響」路徑名稱，開啟「儲存路徑」（箭頭），單響「確定」就能儲存路徑。

筆型工具
更精確的路徑繪製

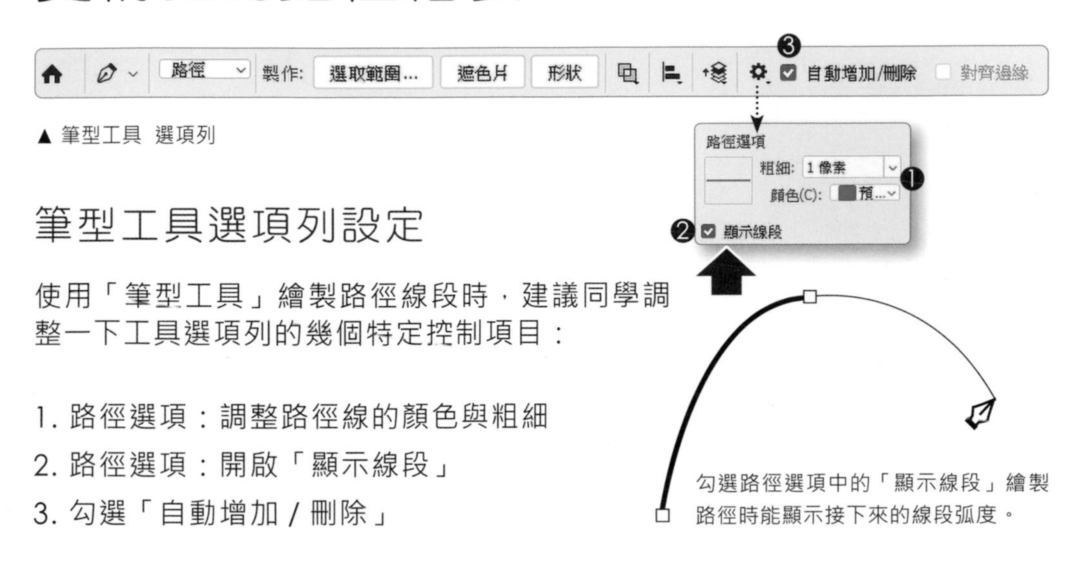

▲ 筆型工具 選項列

筆型工具選項列設定

使用「筆型工具」繪製路徑線段時，建議同學調整一下工具選項列的幾個特定控制項目：

1. 路徑選項：調整路徑線的顏色與粗細
2. 路徑選項：開啟「顯示線段」
3. 勾選「自動增加 / 刪除」

勾選路徑選項中的「顯示線段」繪製路徑時能顯示接下來的線段弧度。

筆型工具繪圖三步驟

筆型工具可以建立「直線錨點」或是「包含方向線的曲線錨點」。但曲線弧度不容易掌握，也因此楊比比使用「筆型工具」時，都是直接建立「直線錨點」，等路徑拉完，再使用轉換錨點工具轉換成曲線（請參考下列步驟）。

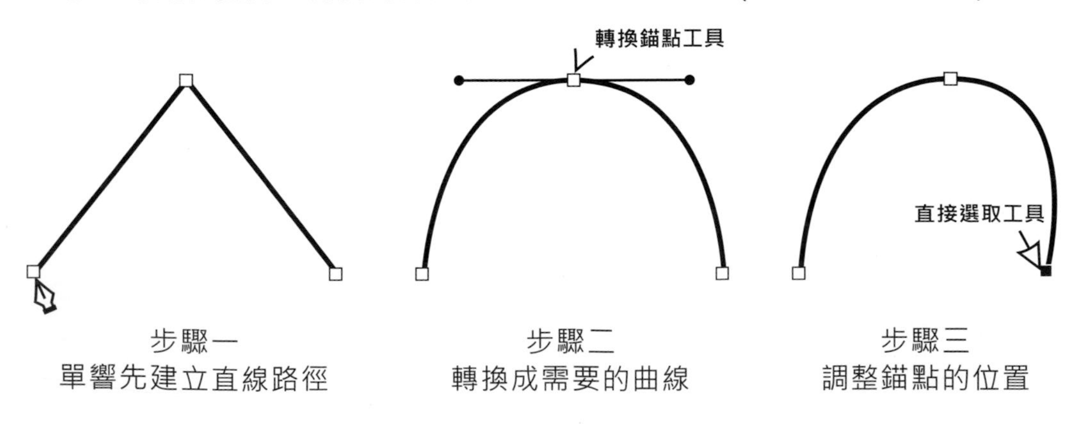

步驟一
單響先建立直線路徑

步驟二
轉換成需要的曲線

步驟三
調整錨點的位置

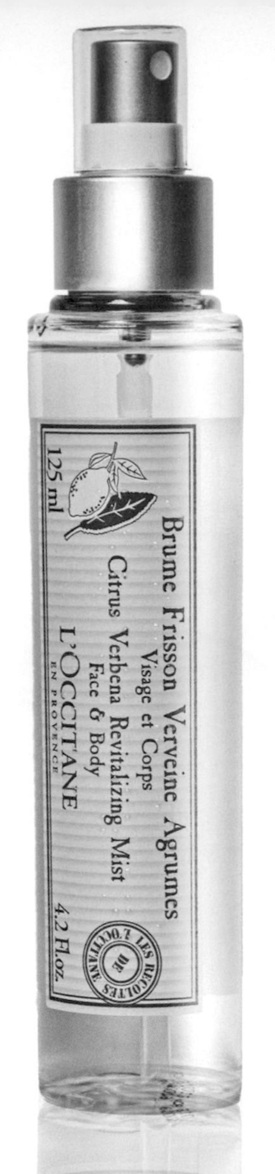

路徑去背（二）商業常用路徑模式

範例練習重點

編輯調整路徑線與轉換錨點

載入路徑線並轉換為「向量遮色片」

加入圖層遮色片修飾去背範圍

參考範例　Example\06\Pic009.JPG

A > 檢查路徑面板

許多知名的公司提供檔案給用戶時，都會加上「路徑」，方便用戶快速去背。

1. 檔案為 JPG 格式
2. 開啟「路徑」面板
3. 顯示儲存好的路徑線

B> 檢查並調整錨點位

原廠提供的路徑線，通常沒有太大問題，我們可以直接載入並轉換為「向量遮色片」，但轉換前先檢查一下，也是設計者應該做的功課。

1. 使用「直接選取工具」
2. 單響路徑線

   拖曳需要調整的錨點

   如果錨點包含方向線

   就是曲線錨點

   拖曳方向線能改變曲線弧度

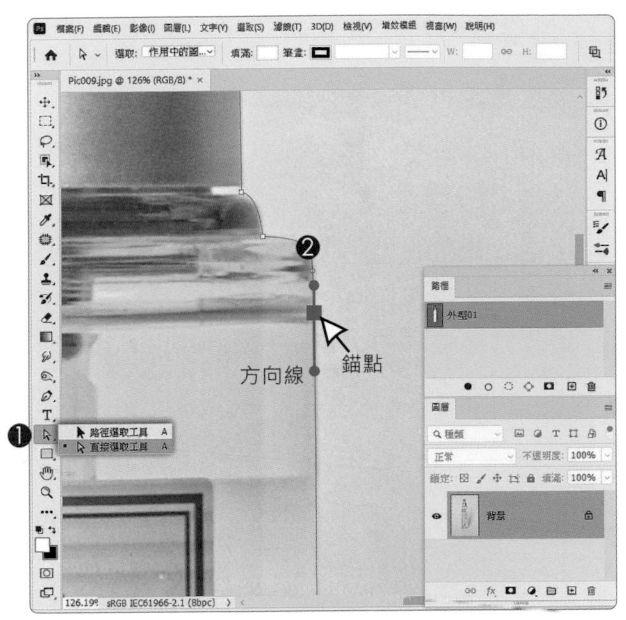

C> 轉換曲線為直線

如果不再需要「方向線」，可以使用「轉換錨點工具」將「曲線錨點」轉換為「直線錨點」。

1. 單響「轉換錨點工具」
2. 單響曲線錨點

   控制曲線弧度的方向線消失

   成為直線錨點
3. 再次拖曳錨點

   能拉出方向線

   直線錨點轉換為曲線錨點

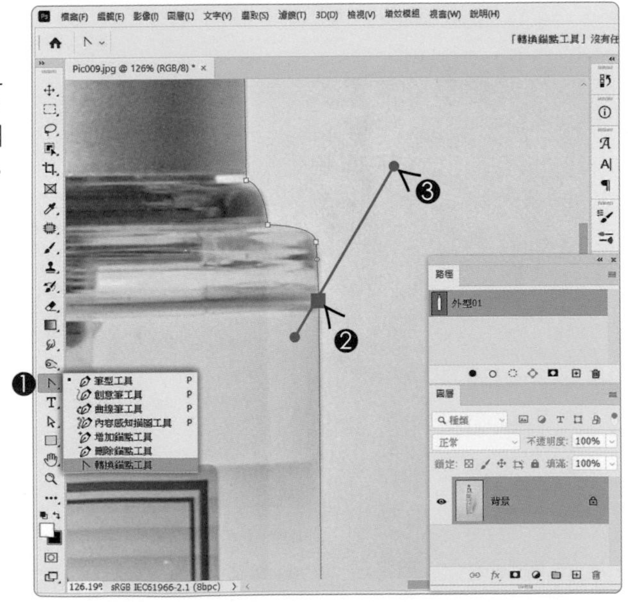

D> 路徑轉換為向量遮色片

1. 路徑面板中
   單響「外型 01」路徑
2. 按著 Ctrl 鍵不放
   單響「增加遮色片」按鈕
3. 新增「向量遮色片」
4. 編輯區顯示透明背景

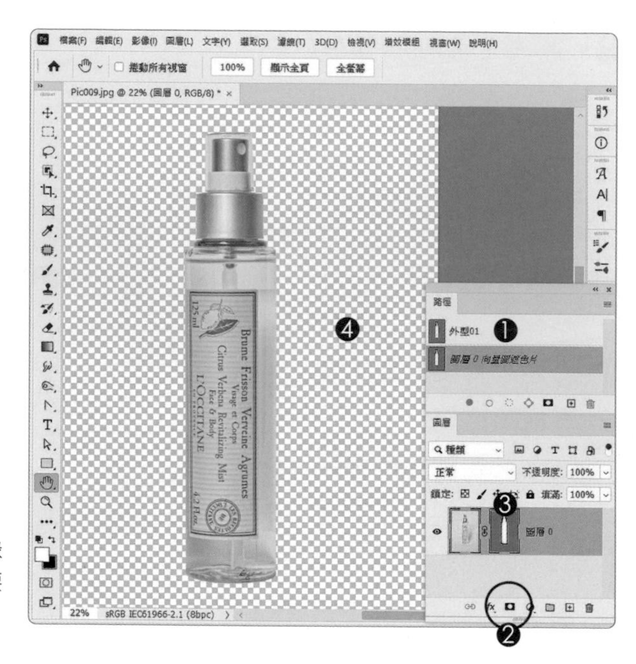

使用「向量遮色片」的好處是？

向量遮色片是依據「路徑線」建立而成，邊緣平滑工整，非常適合使用在 3C 商品等，需要邊緣非常乾淨平整的物品上。

E> 建立圖層遮色片

同學可以使用「放大鏡」把圖片拉的近一點，會發現有些小細節處理的並不理想，可以重新調整路徑線，也可以透過「圖層遮色片」以黑白筆刷來修改調整，來試試。

1. 單響「增加遮色片」按鈕
2. 圖層縮圖與向量遮色片中
   新增「圖層遮色片」
   可以使用黑白筆刷
   控制圖層的顯示狀態

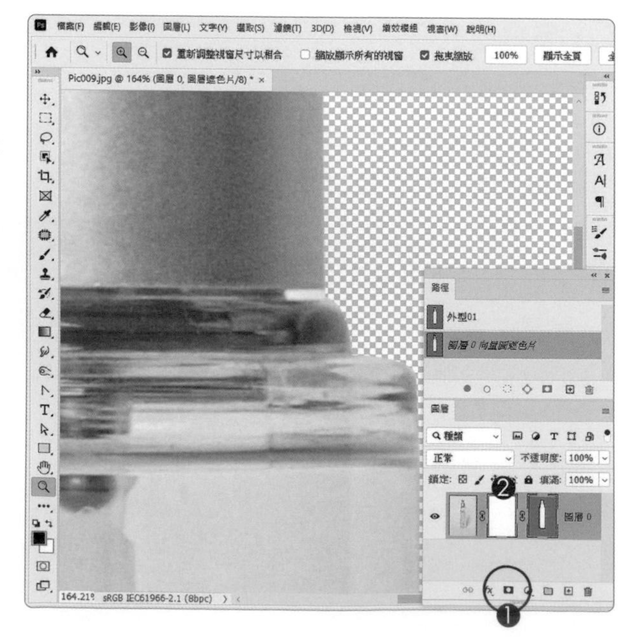

F> 建立黑色遮色範圍

1. 確認單響「圖層遮色片」
   是中間那個白色區域
2. 矩形選取畫面工具
3. 拖曳拉出矩形選取範圍
4. 前景色「黑色」
5. 使用「筆刷工具」
   放心的拖曳黑色筆刷
   筆刷只會遮蓋範圍內的畫素
   按 Ctrl + D 取消選取
   按「空白鍵」切換為「手形」
   檢查一下其他範圍

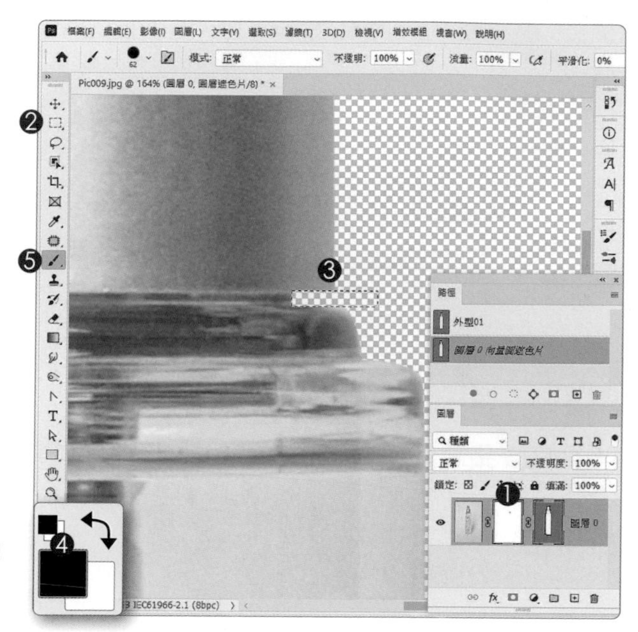

圖層遮色片 VS 向量圖遮色片

圖層遮色片屬於「點陣」，適合使用在「樹木」、「絨毛玩具」以及「髮絲」這類邊緣比較複雜精細的影像圖片中。向量遮色片是由「路徑」建立的，路徑的特色就是「平滑」、「工整」，適合使用邊緣簡單、細節少的商品中。

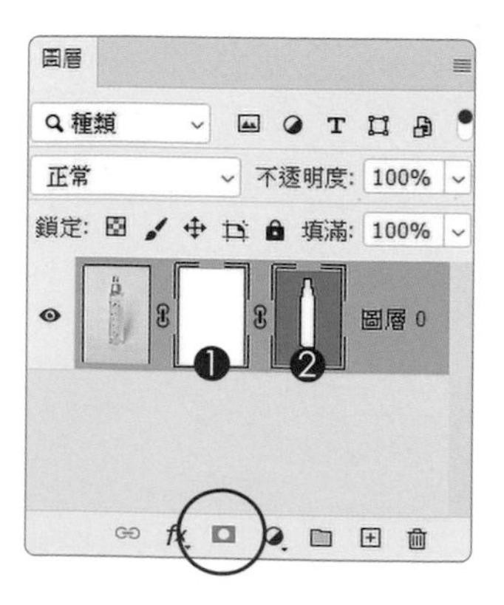

1. 點第一下「增加遮色片」
   新增「圖層遮色片」
2. 點第二下「增加遮色片」
   新增「向量遮色片」
3. Ctrl + 增加遮色片
   新增「向量遮色片」
4. Alt + 增加遮色片
   新增「黑色圖層遮色片」

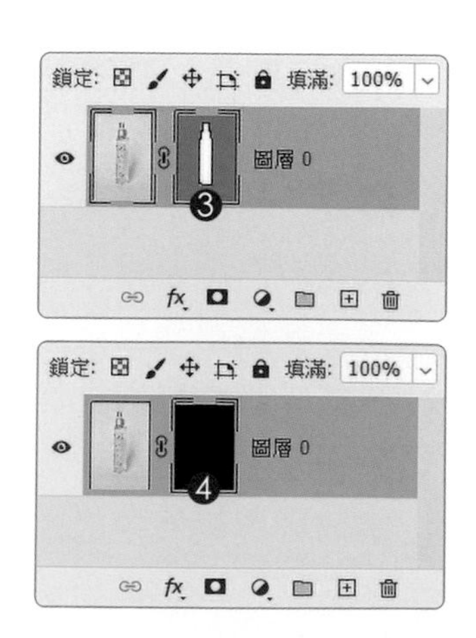

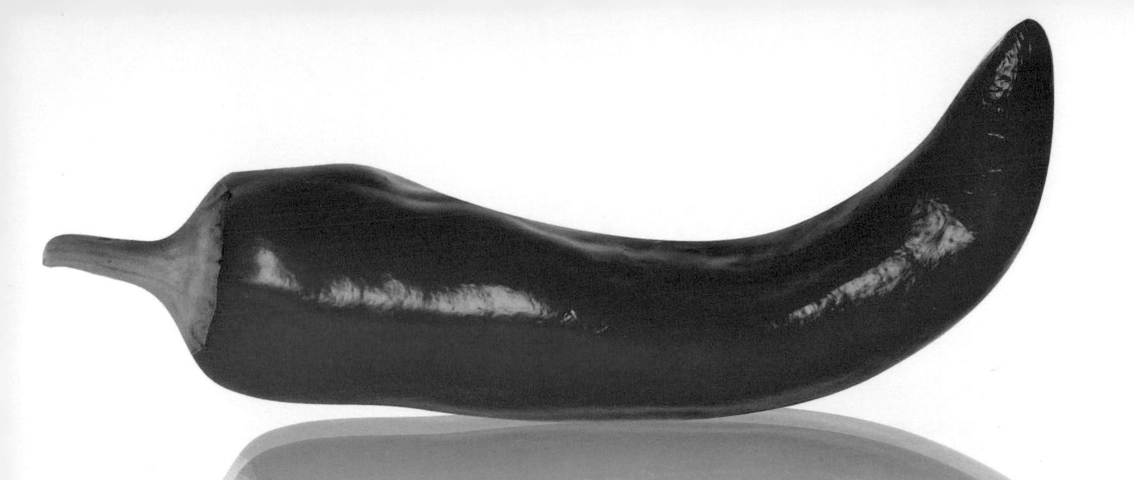

路徑去背（三）選取範圍轉換為路徑

範例練習重點

編輯調整路徑線與轉換錨點

載入路徑線並轉換為「向量遮色片」

加入圖層遮色片修飾去背範圍

參考範例　Example\06\Pic010.JPG

A > 選取主體

就現在的版本來說，我們已經不太需要使用「筆型」，一個錨點、一個錨點的拉出路徑線，可以透過「選取」方式，將選取範圍轉換為路徑。

1. 開啟「路徑」面板
   果然沒有路徑線（哈）
   同學要自己建立路徑線囉
2. 單響「物件選取工具」
3. 單響「選取主體」按鈕
4. 選取到編輯區中的辣椒

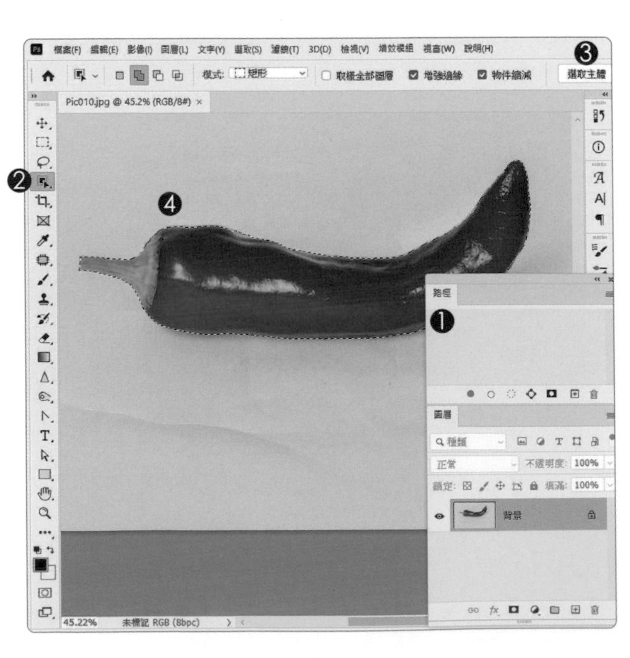

B> 縮減選取範圍

建議選取範圍轉換路徑前，先把目前的選取範圍向內「收縮」1 到 2 個像素，這樣能避開邊緣顏色比較鬆散的區域。

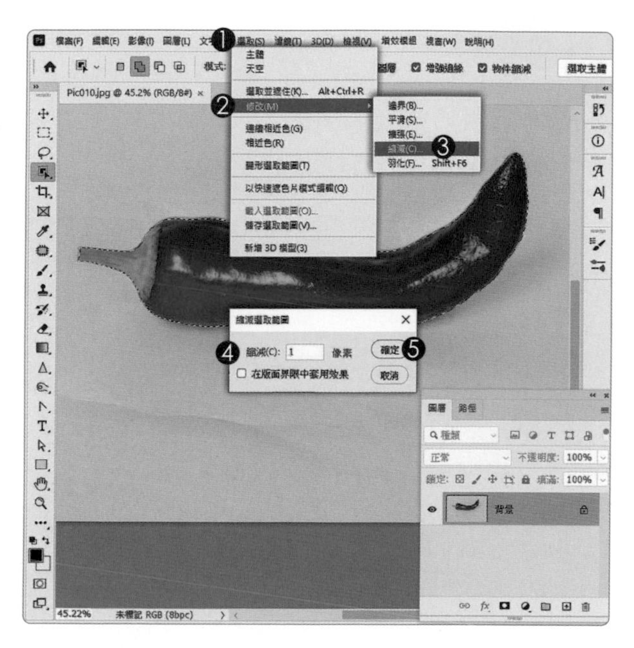

1. 功能表「選取」
2. 單響「修改」選單
3. 執行「縮減」指令
4. 縮減「1」像素
   其實 1 到 2 像素都可以
5. 單響「確定」按鈕

C> 轉換選取範圍為路徑

單響「路徑」面板的「從選取範圍建立工作路徑」按鈕（紅色箭頭）就能將選取範圍轉為路徑，但這樣不夠精確，來試一種可以設定容許度的方式。

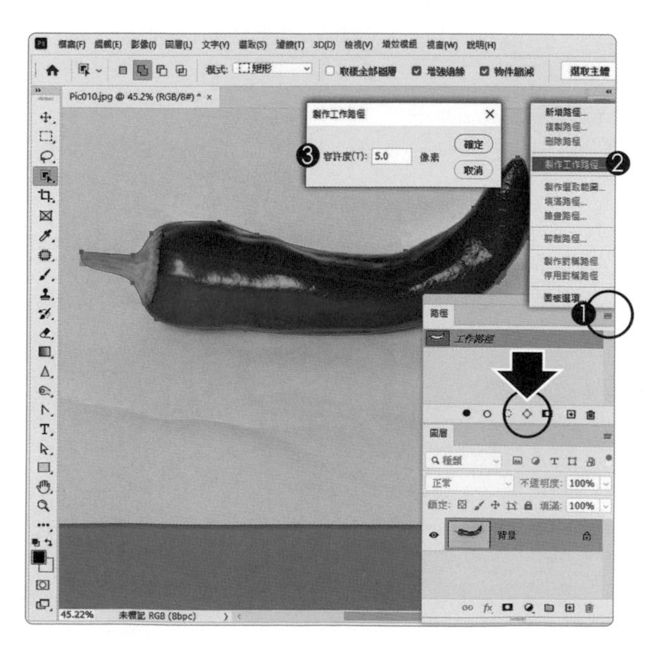

1. 單響路徑面板「選項」
2. 執行「製作工作路徑」
3. 容許度「5.0」像素
   範圍在 0.5 到 10 像素之間
   數值越大錨點越少
   路徑線越平滑

D> 調整錨點

建議把圖片「拉近」一點，再調整錨點位置，能看的比較清楚；按著「空白鍵」不放可以即時切換為「手形工具」，拖曳圖片調整檢視位置。

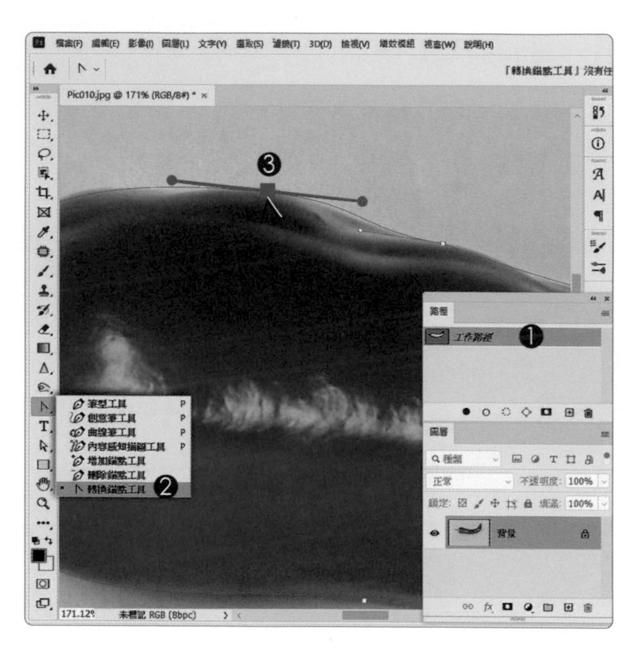

1. 確認選取「工作路徑」
2. 單響「轉換錨點工具」
3. 單響路徑線顯示錨點
   單響錨點：移除方向線
   拖曳錨點向右拉出方向線
   方向線可以調整曲線弧度

E> 右鍵選單很方便

「轉換錨點工具」主要的作用是轉換「曲線」跟「直線」錨點，但也可以透過右鍵選單來「增加」或是「刪除」路徑線上的「錨點」，來試試。

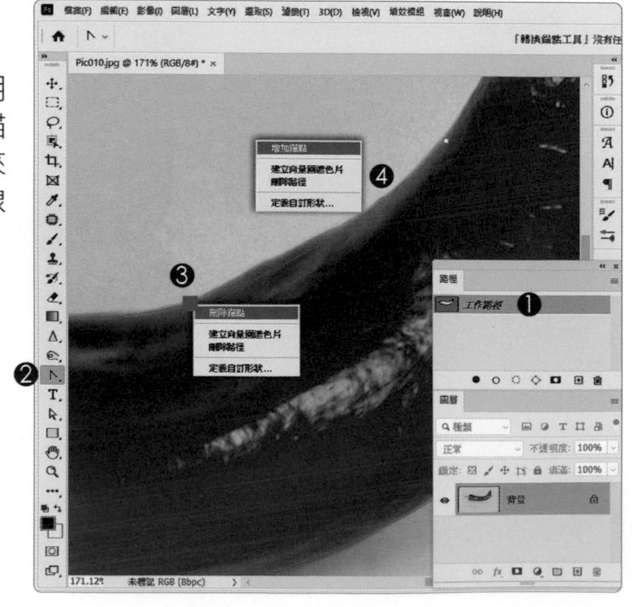

1. 確認選到「工作路徑」
2. 使用「轉換錨點工具」
3. 指標移動到「錨點」上
   單響右鍵可以「刪除錨點」
4. 指標移動到「路徑線」上
   單響右鍵可以「增加錨點」

F> 路徑轉換為向量遮色片

1. 確認選取「工作路徑」
2. 圖層面板中
   按 Ctrl + 新增遮色片
3. 路徑線轉換為向量遮色片

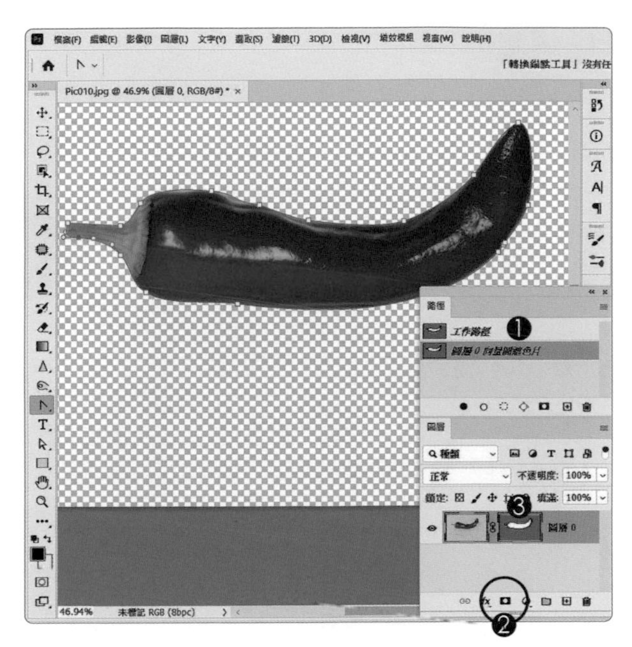

轉換成「向量遮色片」仍然可以調整

沒錯！沒錯！我們仍然可以使用「直接選取工具」或是「轉換錨點工具」調整錨點，改變路徑線，就能影響「向量遮色片」的作用範圍。

G> 新增白色純色圖層

使用「純色」建立白色背景最大的好處就是隨時都可以更換顏色，還記得吧！雙響「純色」圖層縮圖（紅箭頭）就能再次開啟「檢色器」變更顏色。

1. 單響「建立調整圖層」按鈕
   選擇「純色」
2. 開啟「檢色器」
3. 顏色為「白色」
   色碼：ffffff
4. 單響「確定」按鈕

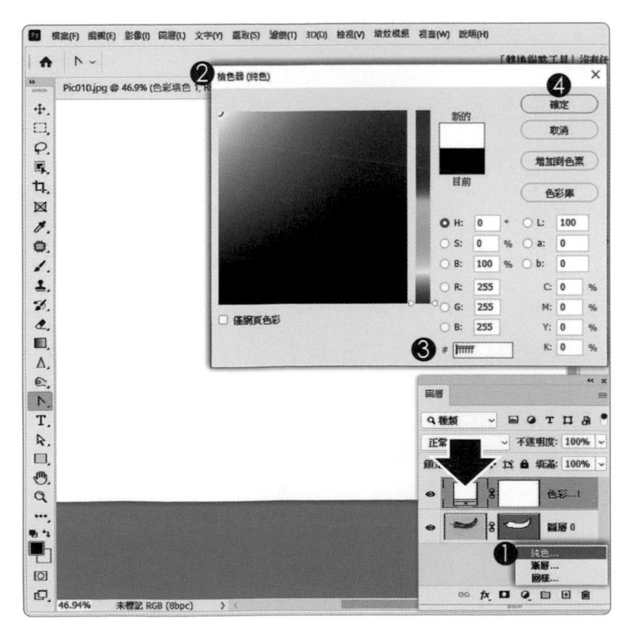

H> 調整一下圖層

純色圖層要放在辣椒下方(沒問題吧),還要麻煩大家幫我再複製一個辣椒圖層,用來表現辣椒的「倒影」。

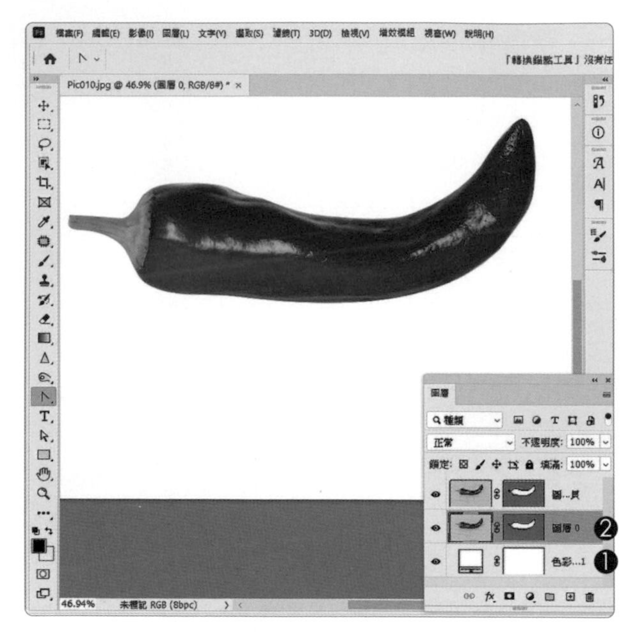

1. 拖曳純色圖層到最下方
2. 單響辣椒圖層
   快速鍵 Ctrl + J 複製圖層
   複製出來的辣椒圖層
   是要製作倒影的

I > 製作倒影

製作倒影需要三個程序:垂直翻轉、往下位移、降低圖層不透明度(可以喔!我們開始)。

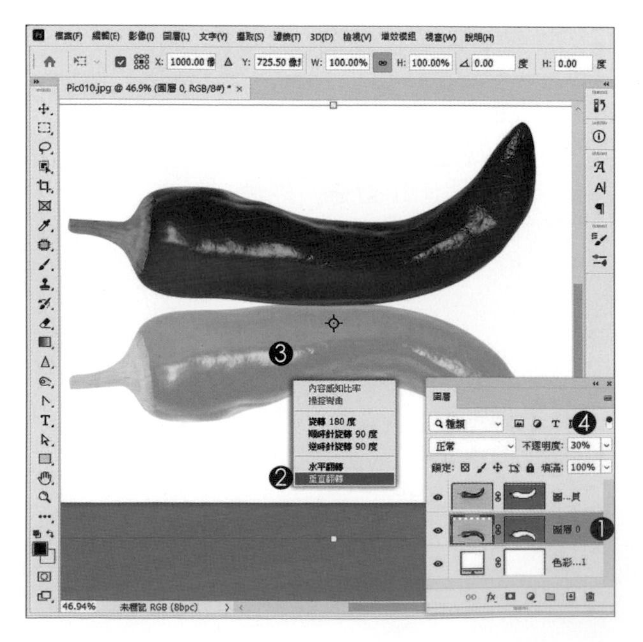

1. 單響中間的辣椒圖層
2. 快速鍵 Ctrl + T 任意變形
   控制框內單響右鍵
   執行「垂直翻轉」
3. 往下拖曳調整辣椒位置
   按 Enter 結束變形
4. 圖層不透明度「30」左右

J > 淡化倒影

倒影的下半部通常都不太清楚，所以增加圖層遮色片，使用邊緣模糊且大尺寸的黑色筆刷，遮蓋「倒影」下半部。

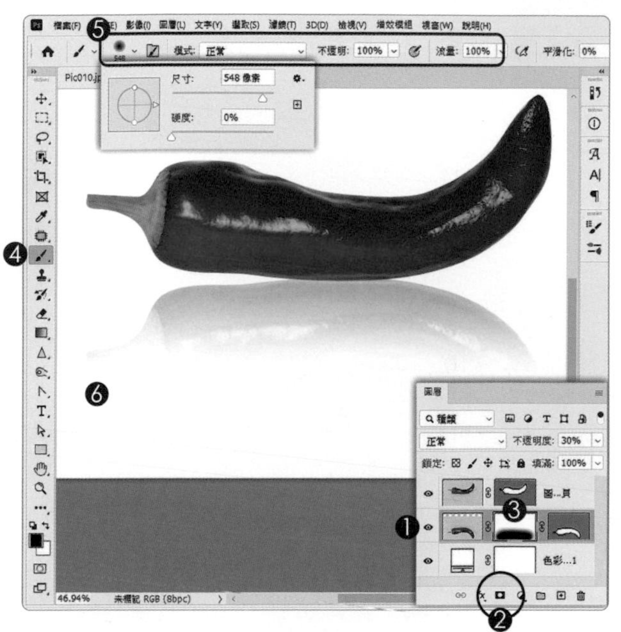

1. 選取倒影圖層
2. 單響「增加遮色片」按鈕
3. 新增「圖層遮色片」
4. 使用「筆刷工具」
5. 大尺寸且硬度「0%」
6. 刷一下倒影下半部

K > 兩層倒影更真實

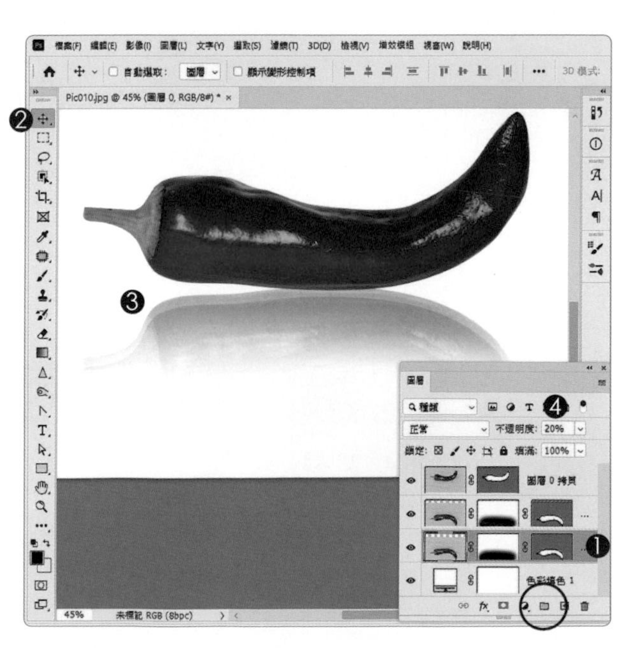

1. 快速鍵 Ctrl + J 複製圖層
2. 單響「移動工具」
3. 向下略微移動第二層倒影的位置
4. 第二層倒影的不透明度可以再低一點

將性質相似的圖層結合成群組

建議同學選取三個辣椒圖層，單響「圖層」面板下方的「建立群組」（紅圈）。相同性質的圖層「結合成群組」不僅能節省圖層空間，調整圖形的大小、移動位置都很方便。

密技充電站

有效率的使用圖層面板

圖層面板選單中有完整的圖層管理功能，方便快速。

使用圖層篩選器

圖層數量多的時候，找圖層是比較麻煩的，建議使用圖層中的「篩選器」能快速找到特定的圖層類型，還挺方便的。

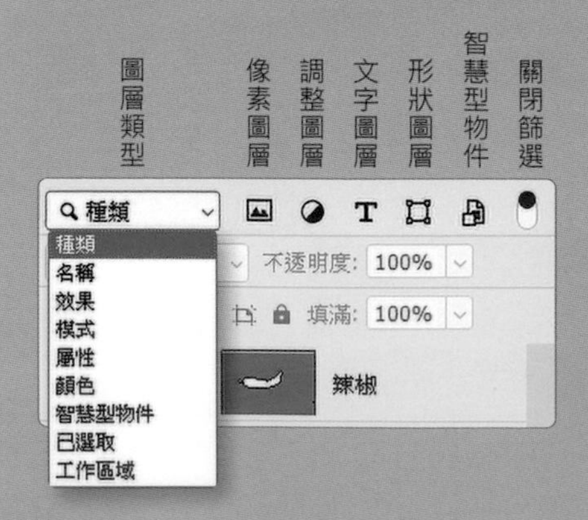

鎖定圖層的特定範圍

「鎖定」可以保護圖層中的特定範圍不被調整、移動，或是修改。

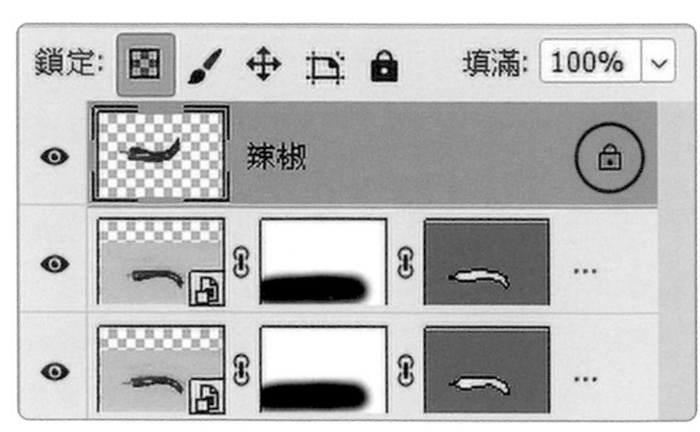

▲ 辣椒圖層「鎖定透明區域」

圖層面板功能

圖層面板下方提供了 7 組管理圖層的功能，「連結」我們用的比較少，主要是把相同性質的圖層「綁」在一起，方便移動位置、調整大小。

建立圖層遮色片

圖層遮色片屬於「像素點陣」，可以使用選取、筆刷工具來增減範圍。

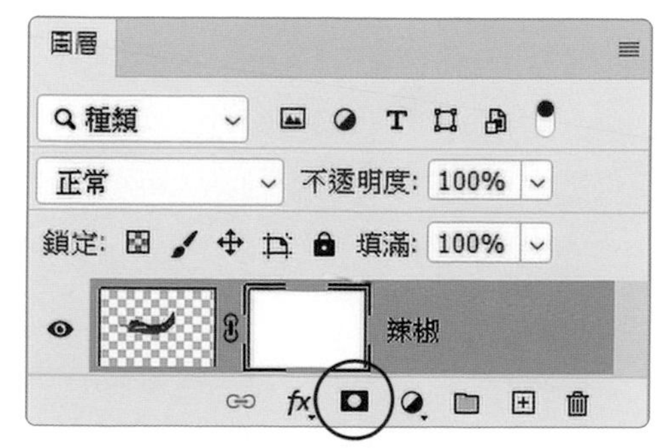

白色遮色片：單響「增加遮色片」
黑色遮色片：Alt + 單響「增加遮色片」
對調黑色 / 白色遮色片：Ctrl + I

建立向量遮色片

向量遮色片由「路徑線」建立，透過路徑線的範圍指定遮色範圍。

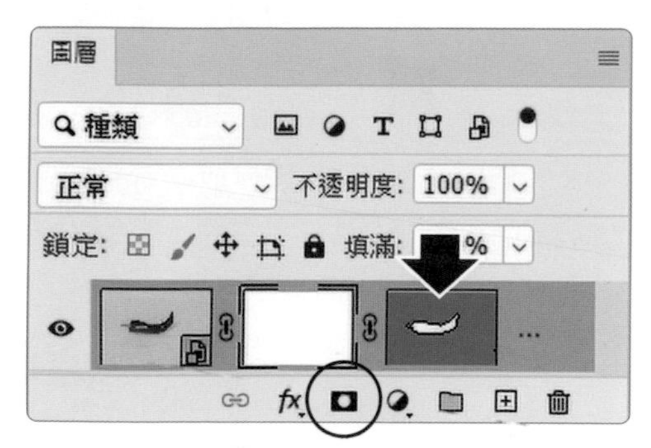

單響一下「增加遮色片」= 建立「圖層遮色片」
單響第二下「增加遮色片」= 建立「向量遮色片」
Ctrl + 單響「增加遮色片」= 建立「向量遮色片」

圖層面板常用快速鍵

功能	Windows	macOS
開啟 / 關閉圖層面板	F7	F7
拷貝圖層	Ctrl + J	Command + G
剪下圖層	Shift + Ctrl + J	Shift + Command + J
圖層群組	Ctrl + G	Command + G
圖層範圍符合螢幕	Alt+ 單響圖層縮圖	Option+ 單響圖層縮圖

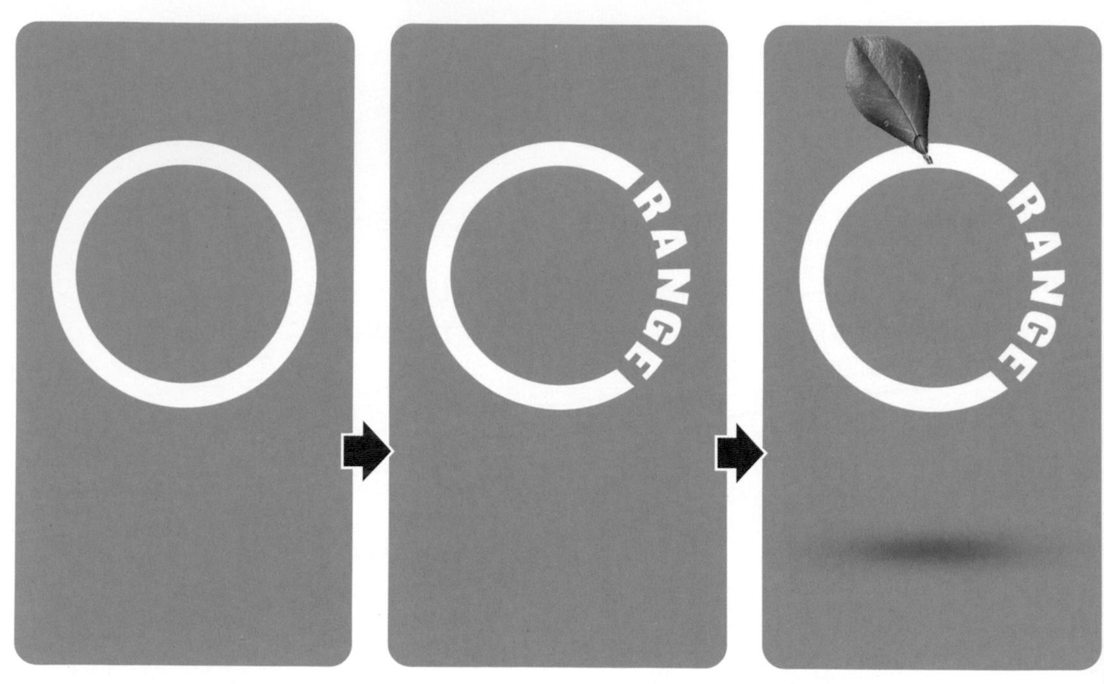

扁平化 Logo
數位時代新設計

繪製白色圓環
建立彎曲文字

橘子葉去背
製作懸浮式陰影

蘇格拉底石雕
與魔鬼城的岩石合體

逼真的
岩石雕像合成技法

07 影像編輯技法全面精進

充滿創意的純粹技法

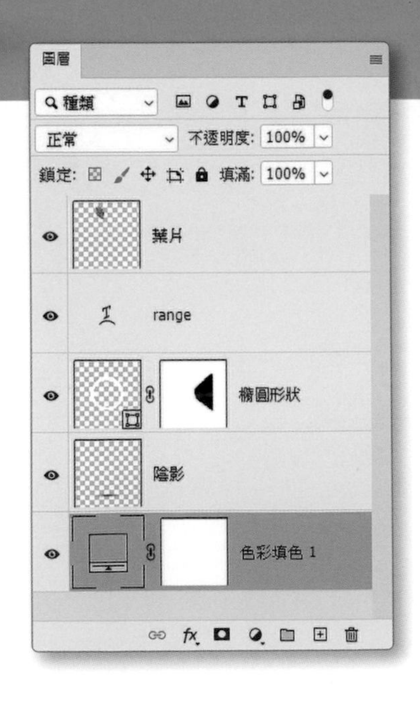

扁平化 Logo 數位時代新設計

參考範例　Example\07\Pic001.JPG

Logo 也有流行趨勢，就這幾年的走向來看，多數人喜歡 Logo 造型簡單、述求清楚、顏色搶眼。現在我們就依據目前的潮流，使用楊比比頂樓花園剛長出來的小橘子葉，設計一款以「圓形」為基本架構的「扁平化 logo」。

階段一 建立印刷用的新檔案

最後一個章節，該把之前學過的內容拿出來應用一下。講到「印刷用」，建立新檔案的時候就該考慮「單位」與「解析度」；檔案底圖顏色不需要立刻決定，楊比比建議大家在Photoshop中使用「純色」圖層來建立底色更方便。

12cm x 12cm ｜ 解析度 300 像素 / 英吋 ｜ 底色 ecb51f

階段二 白色圓環與彎曲文字

使用「橢圓工具」繪製只有外框線沒有填色的白色圓環，插個話，也有人會使用文字工具，挑選適合的字體，運用「0」來表現白色圓環，這樣的變化似乎更大一些。最後加上彎曲文字，放置在白色圓環的右側。

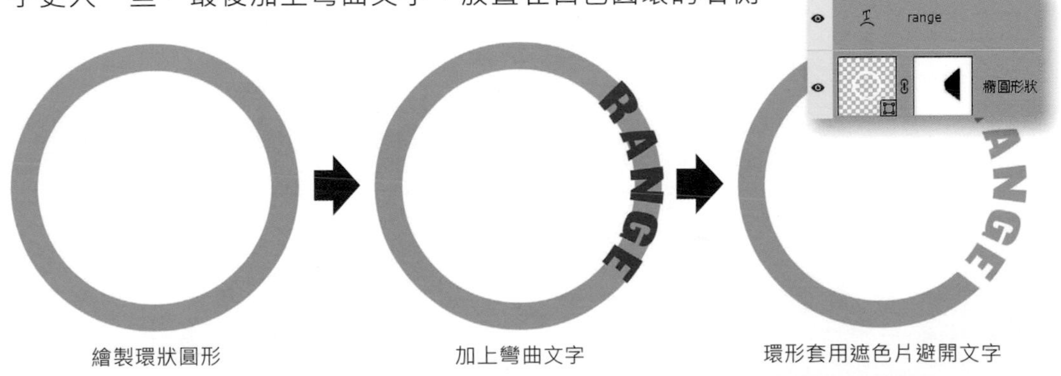

繪製環狀圓形　　加上彎曲文字　　環形套用遮色片避開文字

階段三 葉片去背並加入陰影

楊比比準備了一張完全沒有處理過的原始檔案，讓同學好好的磨練一下去背的能力（一臉壞笑）照片中有四片葉子，喜歡哪一片就用哪一片。

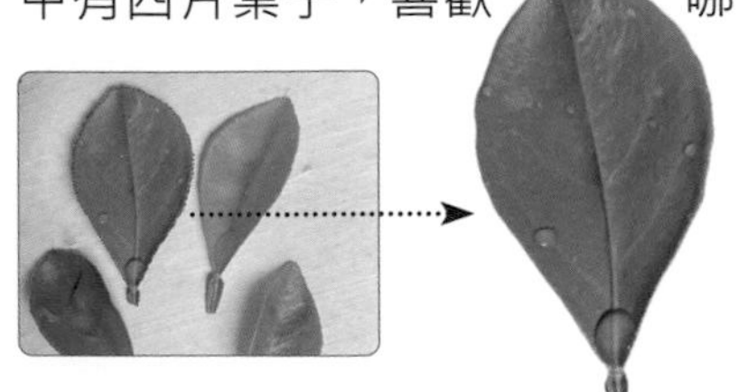

還要運用邊緣模糊的圓形筆刷製作陰影，讓這個平面的Logo有點懸浮感。

階段四 轉換色彩模式並存為印刷格式

建立
印刷用的新檔案

A> 建立新檔案

1. 首頁環境下單響「新建」
2. 先設定「單位」公分
3. 寬度 12 高度 12
4. 解析度 300 像素 / 英吋
5. 單響「建立」按鈕

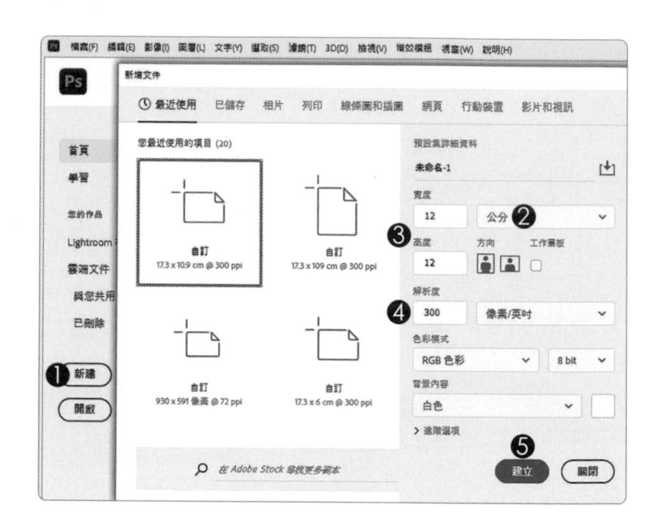

印刷 VS 螢幕觀看解析度

沖洗印刷：解析度 300 像素 / 英吋
螢幕觀看：解析度 72 - 96 像素 / 英吋

B> 校樣設定

同學應該還記得在 RGB 模式下才能使用 Photoshop 所有指令，因為這份作品有「印刷」需求，所以必須開啟「校樣設定」在 RGB 模式下，以 CMYK 色彩來進行檢視，可以將轉換後的色差降到最低。

1. 功能表「檢視」
   單響「校樣設定」選單
2. 使用中的 CMYK
3. 檔案標題列顯示 RGB 模式
   以 CMYK 色彩進行校樣

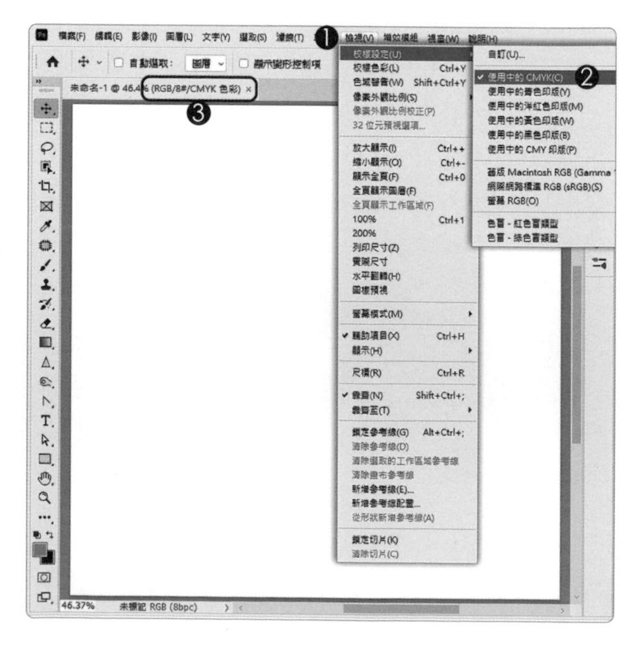

C> 設定底色

1. 單響圖層面板「調整」按鈕
2. 選擇「純色」
3. 開啟「檢色器」面板
   輸入色碼 ecb51f
4. 單響「確定」按鈕
5. 背景圖層可以刪除了

檢色器有多種顏色控制方式

最常用的是「HSB」模式，目前楊比比使用的是「H（色相）」模式，同學也可以依據需求切換為「S（彩度）」或是「B（明度）」。

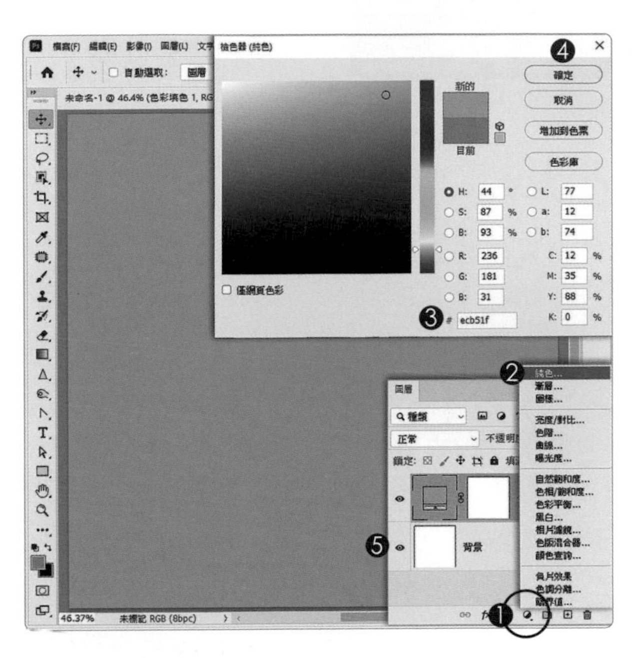

D> 檢色 VS 色彩庫

1. 如果要變更底色
   可以雙響純色縮圖
2. 再次開啟「檢色器」
   變更顏色
3. 也可以單響「色彩庫」按鈕
4. 挑選需要的色票
   或是直接輸入色票號碼
   色彩庫沒有欄位
   輸入色票號碼速度要快喔
5. 單響「檢色」按鈕
   可以回到「檢色器」面板

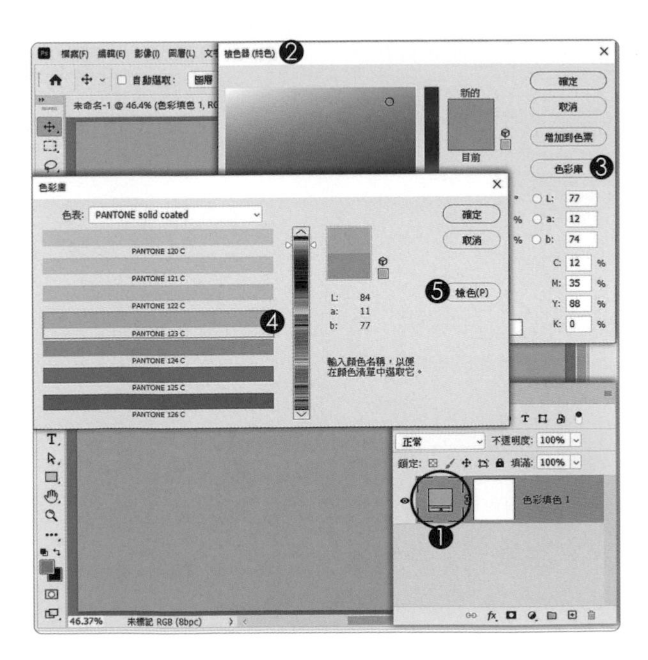

扁平化 Logo 設計
階段二

白色圓環與彎曲文字

A> 橢圓形狀選項設定

1. 單響「橢圓工具」
2. 記得選「形狀」
   才能繪製「形狀圖層」
3. 填滿「無顏色」
   筆畫「白色」
   寬度「70」像素
4. 筆畫線條「實線」
5. 對齊方式「中央」

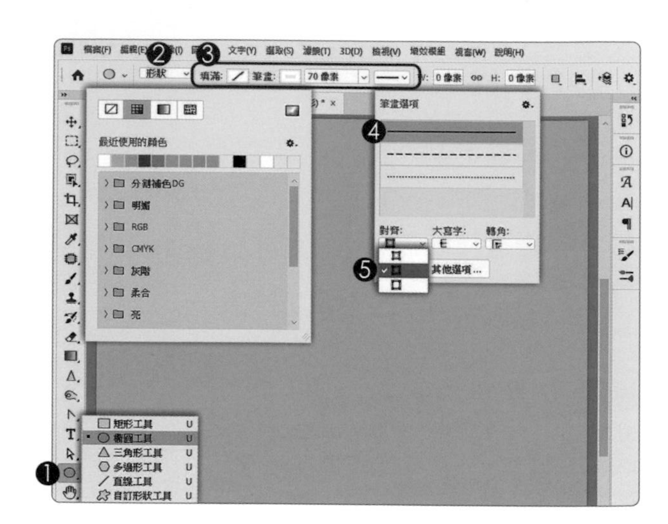

B> 繪製橢圓形狀

1. 單響工具選項列「齒輪」
2. 路徑選項中
   設定「圓形」
   勾選「從中央」
3. 確定是「形狀」喔
4. 指標移動到檔案中央
   不用按 Shift 鍵
   我們已經指定「圓形」了
   拖曳出只有筆畫線條的圓形
5. 新增橢圓形狀圖層

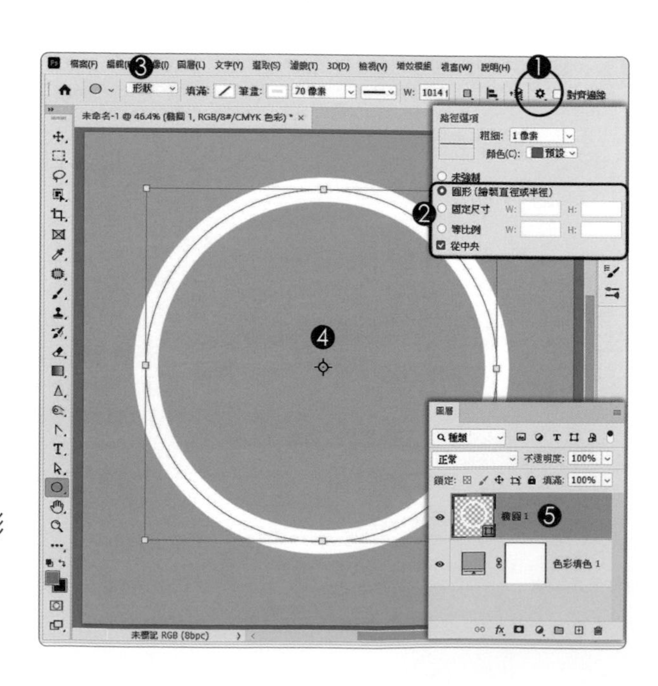

C> 指定橢圓尺寸

1. 確認選取橢圓形狀圖層
2. 開啟「內容」面板
   顯示「形狀屬性」
3. 開啟「等比例」按鈕
4. W 或是 H 欄位上單響右鍵
   指定單位「公分」
   W 欄位輸入「7.5」

單位不要直接輸入

碰到需要「單位」的數值，記得在欄位上單響「右鍵」，從右鍵選單指定「單位」，不要自己輸入，容易打錯（記得喔）。

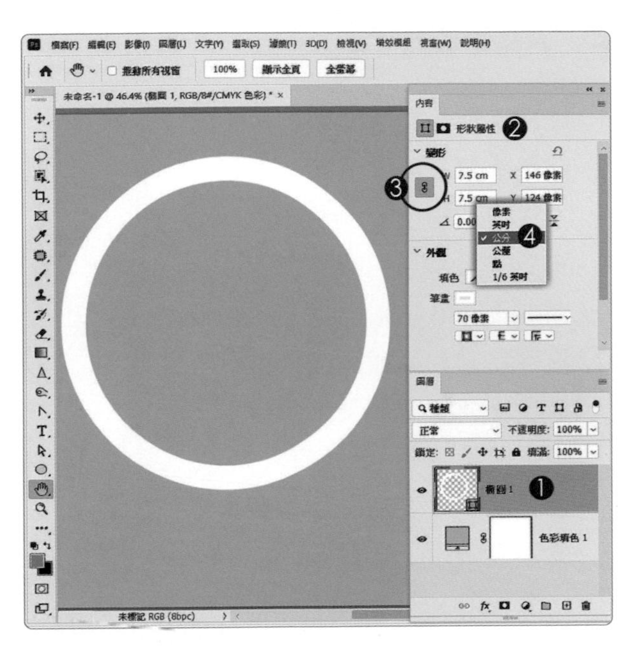

D> 建立錨點文字

1. 單響「水平文字工具」
2. 選項列中指定字體
3. 設定文字顏色「黑色」
   不要選用「白色」
   文字會看不清楚
   等文字就定位再修改顏色
4. 單響編輯區指定錨點位置
   輸入文字內容
   按 ESC 結束文字輸入
5. 開啟「字元」面板
6. 文字間距「100」

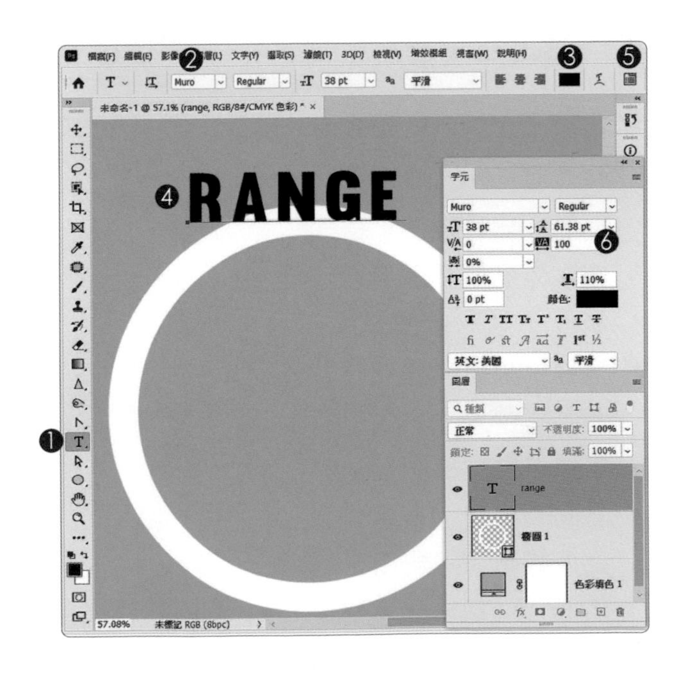

E> 轉換為彎曲文字

1. 確認選取「文字圖層」
2. 單響「建立彎曲文字」按鈕
3. 樣式「弧形」
   方向「水平」
   彎曲「+50」%
4. 指標移動到編輯區
   拖曳彎曲文字到圓形線條上
   如果弧度不吻合
   可以調整「彎曲」這個參數
5. 單響「確定」按鈕
   結束彎曲文字

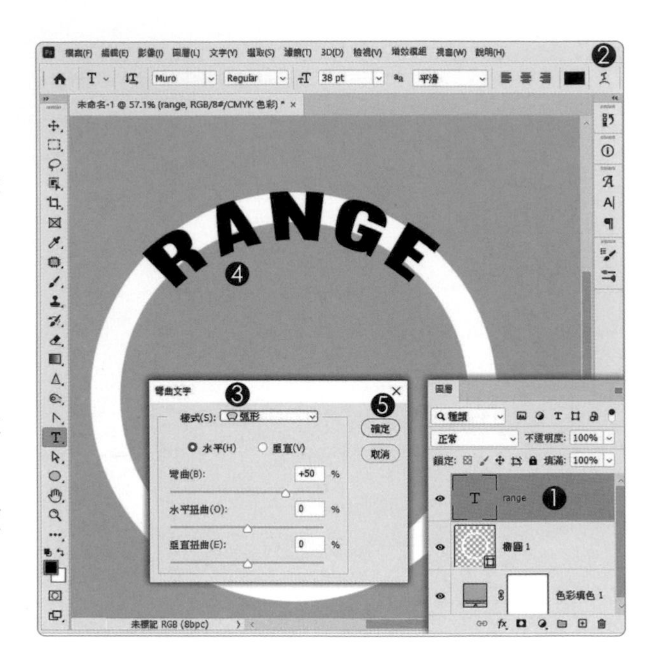

F> 轉動文字角度

1. 確認選取彎曲文字圖層
2. 快速鍵 Ctrl + T
   啟動「任意變形」指令
   文字外側顯示變形控制框
3. 開啟「中央參考點」
4. 拖曳中央參考點
   到圓形中央（大概就可以）
5. 指標移動到控制框外側
   看到「旋轉」指標
   拖曳轉動文字角度
   按 Enter 結束任意變形

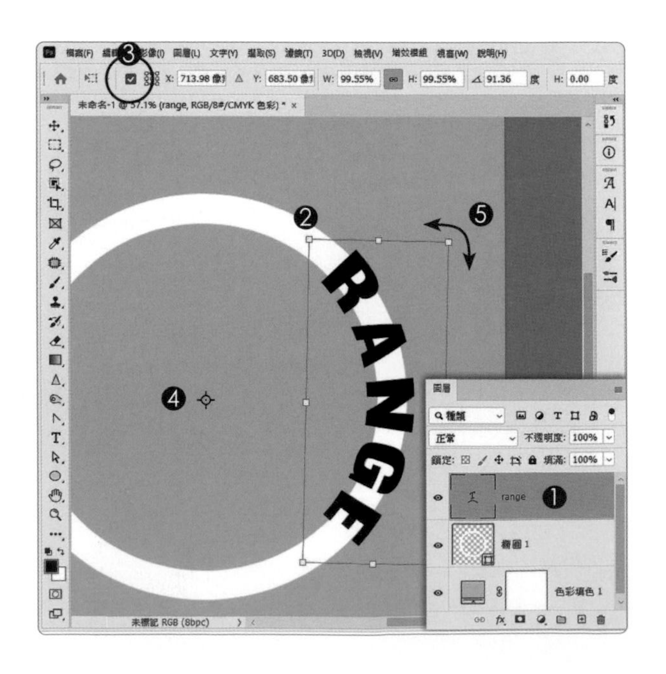

G> 建立遮色範圍

1. 單響「橢圓」形狀圖層
2. 單響「增加遮色片」按鈕
   建立空白圖層遮色片
3. 單響「多邊形套索工具」
4. 單響編輯區指定起點
   建立多邊形時
   注意文字兩側的邊線
   紅色箭頭指的兩條線
   要跟文字平行
   編輯區快速點兩下
   可以封閉多邊形套索範圍

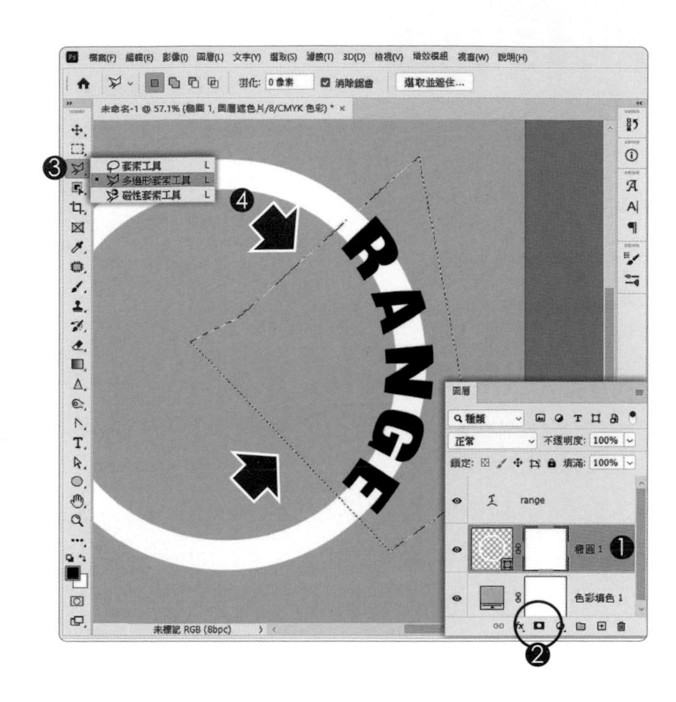

H> 遮住圓形線條

1. 多邊形範圍建立好後
   確認選取「圖層遮色片」
2. 單響「筆刷工具」
3. 指定前景色為「黑色」
4. 拖曳筆刷塗抹多邊形範圍
   已經限制範圍了
   同學可以放心的塗
   不會塗到範圍以外
   Ctrl + D 取消選取範圍
5. 順便修改文字顏色
   改為「白色」

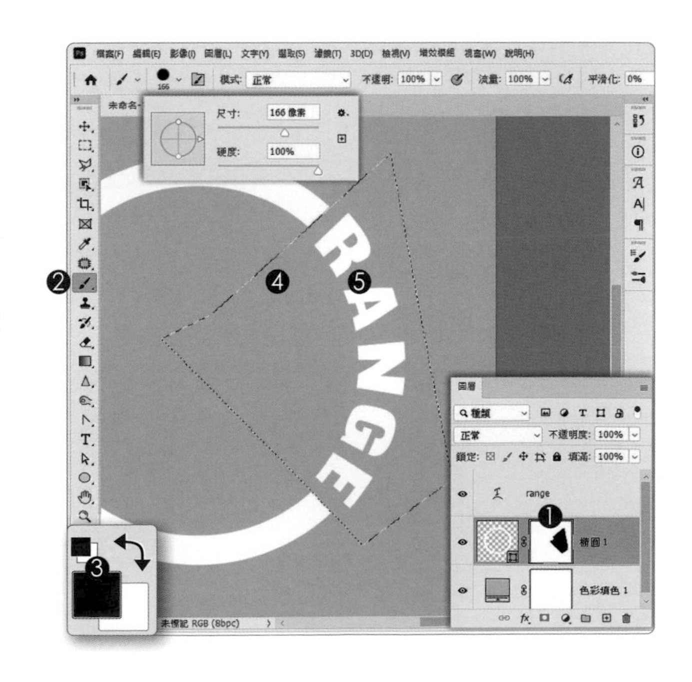

葉片去背
並加入陰影

A> 置入樹葉檔案

1. 功能表「檔案」
   執行「置入嵌入的物件」
   選取 \07\Pic001.JPG
2. 圖片外側顯示變形控制框
   記得開啟「等比例」
   拖曳控制框調整圖片大小
   按下 Enter 結束變形
3. 新增智慧型圖層 Pic001

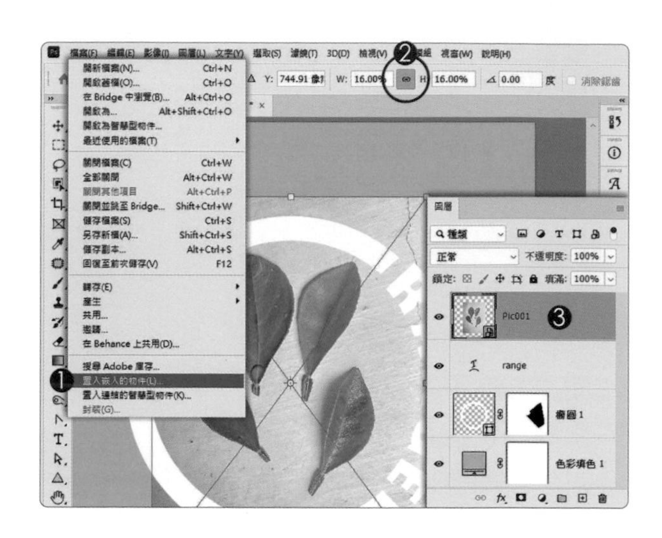

B> 選取橘子葉片

1. 確認選取圖層 Pic001
2. 單響「物件選取工具」
3. 模式「矩形」
4. 拖曳框選葉片
   框不用拉的太大
   能含括葉片即可

不能使用「選取主體」嗎？

目前圖層中的「主體」有四片葉子，這表示「選取主體」會選到這四片葉子，而我們只要一片，還是「物件選取工具」比較快。

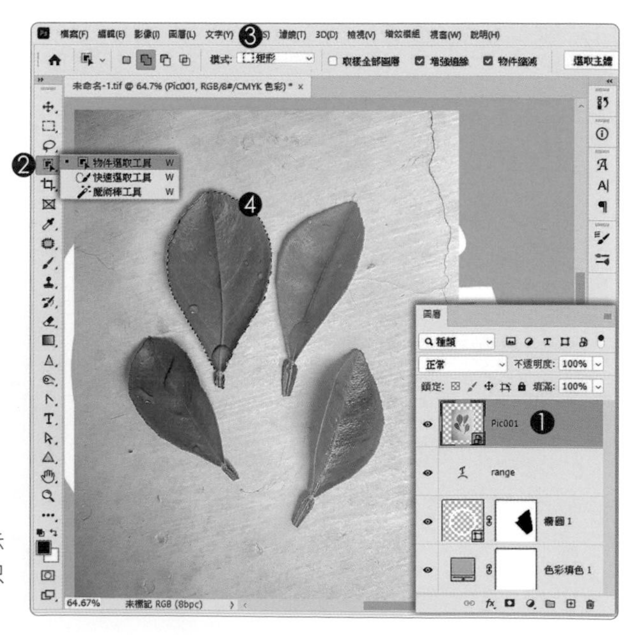

C> 葉片邊緣調整

1. 確認一下是葉片圖層沒錯吧
   功能表「選取」
   單響「修改」選單
2. 單響「縮減」
3. 選取範圍向內縮減 1 像素
4. 再執行「修改」選單中
   的「平滑」指令
5. 取樣強度「10」像素
   平滑範圍 1 - 500 像素
   數值越大邊緣越平滑
   單響「確定」結束設定

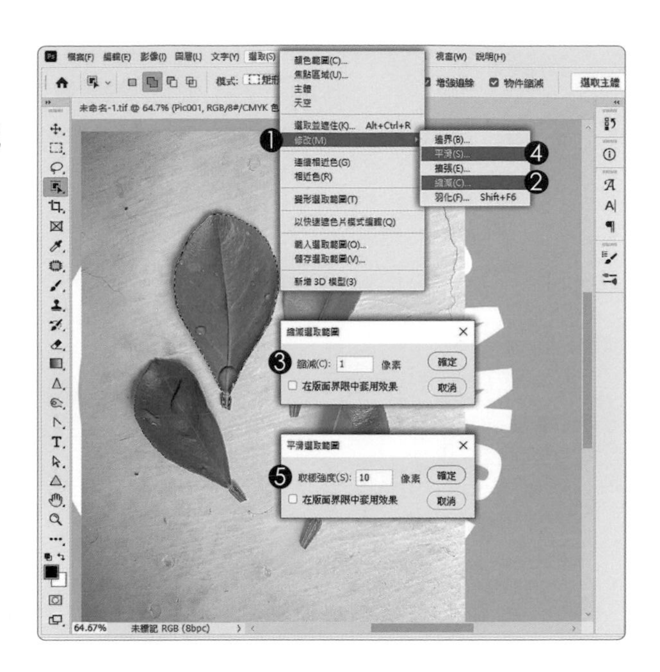

D> 選取範圍轉換為遮色片

1. 單響「增加遮色片」按鈕
   將葉片外側的選取範圍
   轉換為遮色片
2. 單響「移動工具」
3. 開啟「顯示變形控制項」
4. 葉片外側顯示控制框
   拖曳控制框調整葉片大小
   按 Enter 結束變形

不能使用「任意變形」嗎？

當然可以。只是怕同學忘了「移動工具」選項列中也有一個跟「任意變形」一樣的「顯示變形控制項」，稍稍提醒一下。

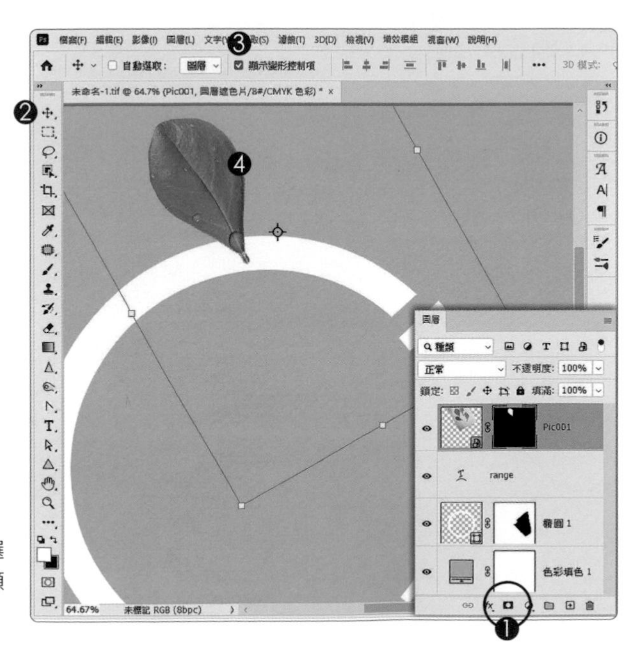

E> 讓葉片更立體一點

1. 葉片是「智慧型物件」圖層
2. 功能表「濾鏡」
3. 單響「其他」選單
4. 執行「顏色快調」指令
5. 強度「1.5」像素
   建議強度控制在 3 像素以內
   單響「確定」按鈕
6. 智慧型物件圖層下方
   新增智慧型濾鏡
   雙響「顏色快調」名稱
   可以再次修改濾鏡參數

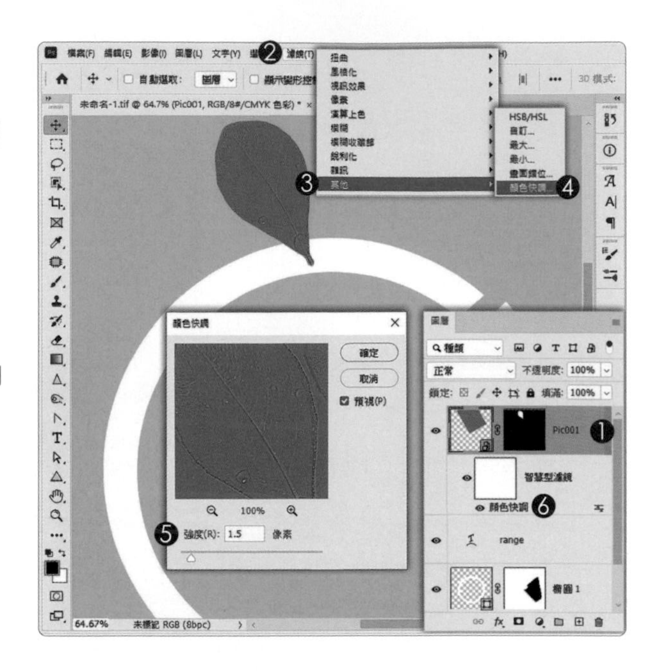

F> 調整濾鏡混合選項

1. 雙響「濾鏡混合選項」
2. 開啟「混合選項」對話框
   模式「覆蓋」
   葉片跳出來囉～～
   葉片脈絡很立體吧
   如果覺得太清楚
   可以降低「不透明」數值
   單響「確定」結束混合選項

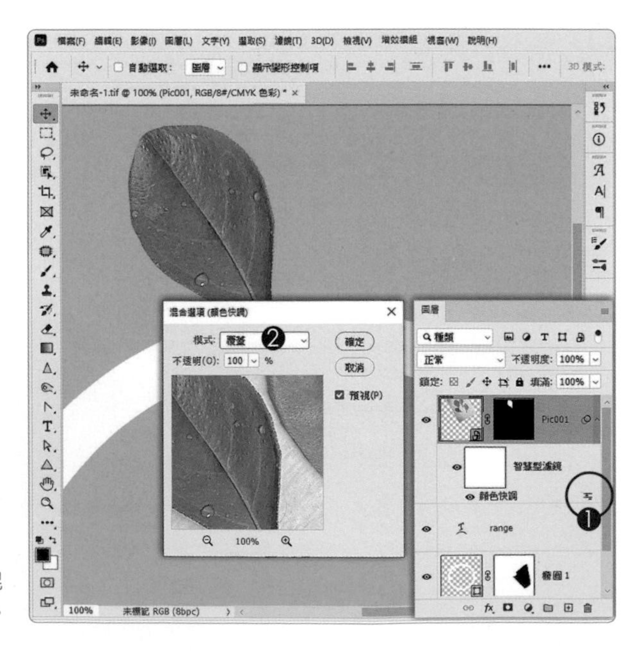

顏色快調 + 混合模式：覆蓋

顏色快調濾鏡很少單獨使用，一定要搭配混合模式「覆蓋」，這是標準組合（記得喔）。

G> 建立陰影圖層

1. 單響「建立新圖層」按鈕
2. 新增空白透明圖層
   拖曳到純色圖層上方
3. 單響「筆刷工具」
4. 使用邊緣模糊大尺寸的筆刷
   模式「正常」
   不透明「100%」
   流量「100%」
5. 單響編輯區
   繪製出邊緣模糊的圓形筆刷

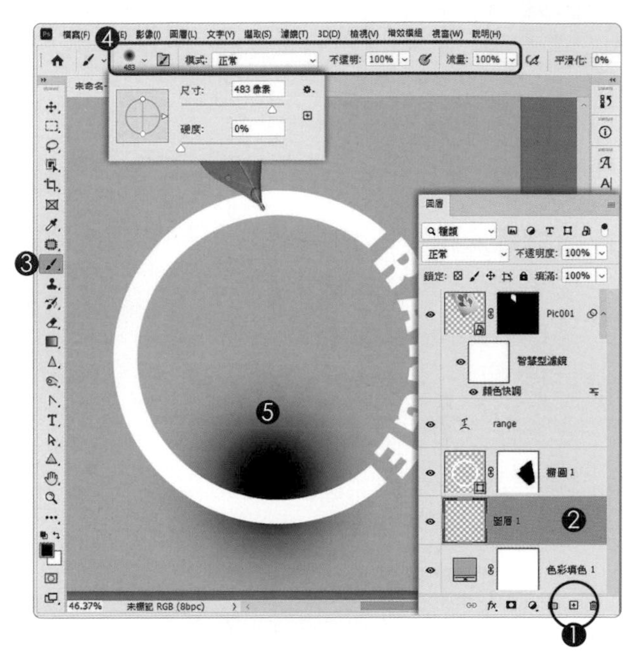

H> 調整陰影大小

1. 雙響圖層名稱
   修改為「陰影」
2. 啟動「任意變形」Ctrl + T
   取消「等比例」
3. 壓扁圓形筆刷
   左右拉寬筆刷範圍
   拖曳到 LOGO 下方
   按 Enter 結束變形
4. 也可以試著修改
   圖層混合模式為「覆蓋」

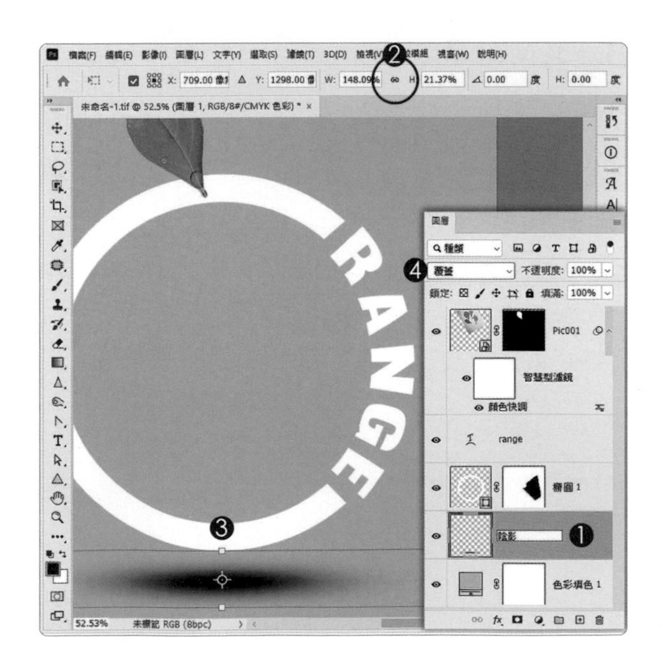

扁平化 Logo 設計
階段四

轉換色彩模式 並存為印刷格式

A> 建立圖層群組

1. 單響選取圖層 Pic001
2. 按著 Shift + 單響圖層陰影
   選取 Logo 的所有圖層
3. 單響「建立新群組」
   或是按下 Ctrl + G
4. 圖層結合成群組
5. 單響「移動工具」
6. 可以指定選取對象「群組」

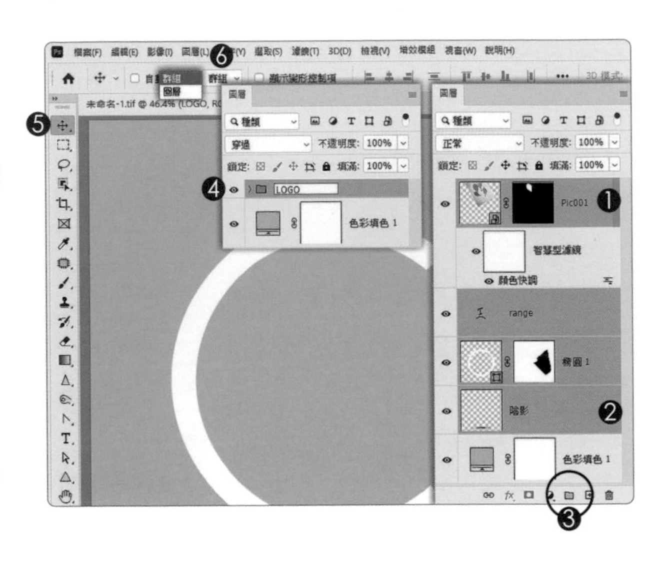

印刷檔案存檔前 程序一

B> 轉換色彩模式

1. 印刷格式存檔前記得
   轉換色彩模式為 CMYK
   功能表「影像 - 模式」
2. 單響「CMYK 色彩」
3. 單響「不要合併」圖層
4. 單響「不要點陣化」

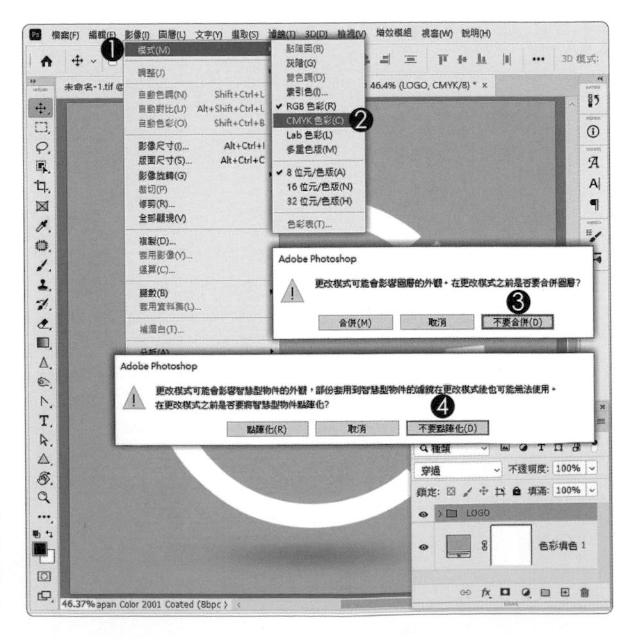

轉換色彩模式可能影響「圖層混合」模式

如果圖層指定混合模式（如：覆蓋）或是加入「調整圖層」（如：顏色查詢）轉換 CMYK 模式時，建議「合併」圖層，才能保有「圖層混合模式」混合出來的顏色與狀態。

印刷檔案存檔前 程序二

C> 加入版權資訊

1. 功能表「檔案」
2. 執行「檔案資訊」指令
3. 基本類別中
4. 輸入相關資訊
5. 版權狀態「版權所有」
   一定要記得設定
6. 版權資料可以儲存起來
   方便日後反覆使用
7. 單響「確定」按鈕
8. 檔案標題列中
   顯示版權標記「（C）」

印刷檔案存檔前 程序三

D> 儲存為 TIF 格式

1. 功能表「檔案」
2. 執行「另存新檔」指令
   指定存檔格式
   支援印刷的 TIF 或 PDF
3. 指定「影像壓縮」
   為非破壞性的 LZW
   其餘參數不變
4. 單響「確定」按鈕
5. 檔案標題列顯示
   版權記號 / 檔案名稱
   色彩模式 / 位元深度

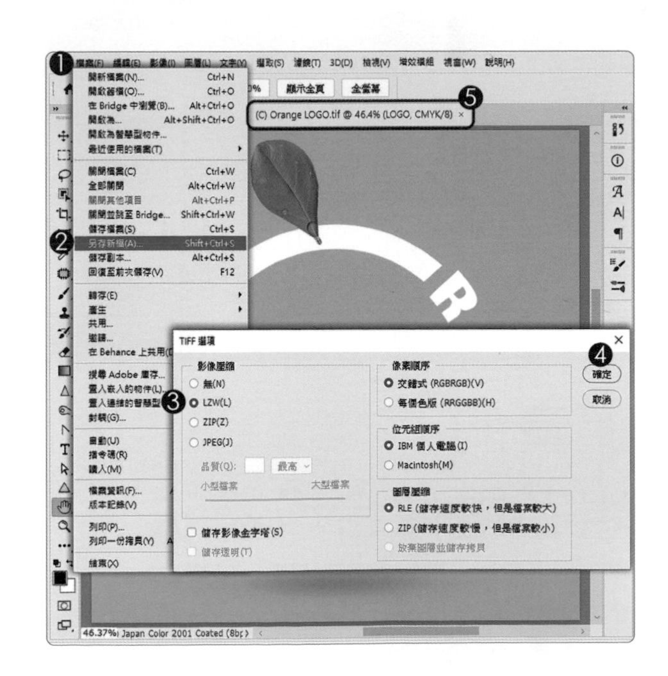

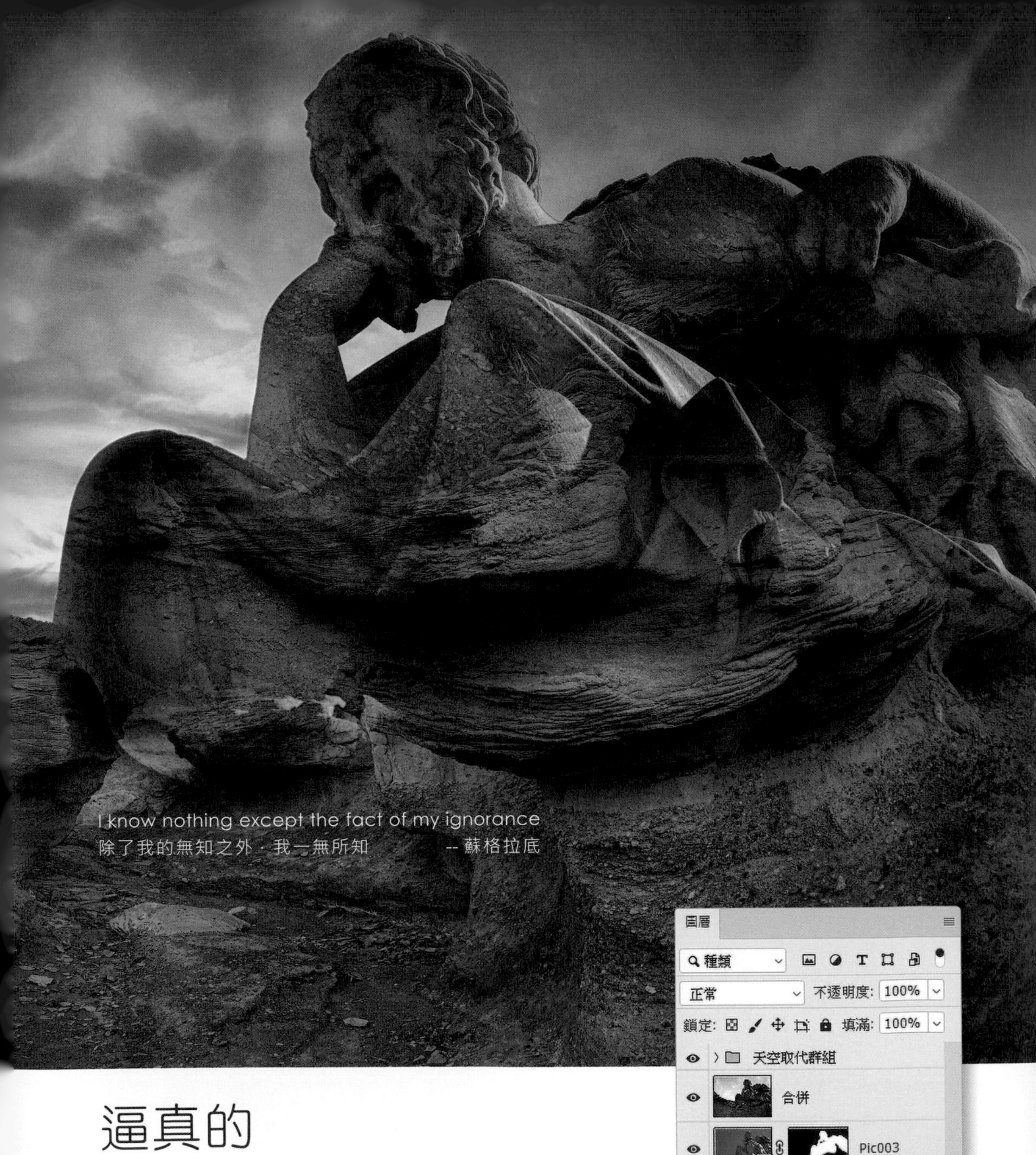

逼真的
岩石雕像合成技法

參考範例　Example\07\Pic002、Pic003.JPG

階段一 匯入圖片快速移除背景

電腦前熬了一個多月，真的寫到最後一個範例，心裡還是有點小小難過，感覺上就像大家要畢業了、要分開了(唉！感情太豐富了)。這個範例看起來複雜，其實很容易上手，我們分三個階段來完成，先把圖片匯入，再移除背景。

▲ 範例圖片 Pic002.JPG　▲ 匯入 Pic003.JPG　▲ 選取主體並建立圖層遮色片

階段二 岩石紋理佈滿蘇格拉底的雕像

這個階段要細心一點，除了基本的圖層混合之外，還要使用「印章工具」將岩石紋理複製在「蘇格拉底」的雕像上，每一個部份都鋪滿，不要漏掉了。

▲ 清除雕像底部太亮的範圍　▲ 改變 Pic003 混合模式：實光　▲ 印章工具仿製岩石到雕像上

階段三 天空取代

/ Photoshop 2021 (v22.x) 以上適用

全新的「天空取代」只要一兩個按鍵就可以更換天空，快速又容易；更換後的天空會自動組合成「圖層群組」，方便我們移動位置、調整範圍。

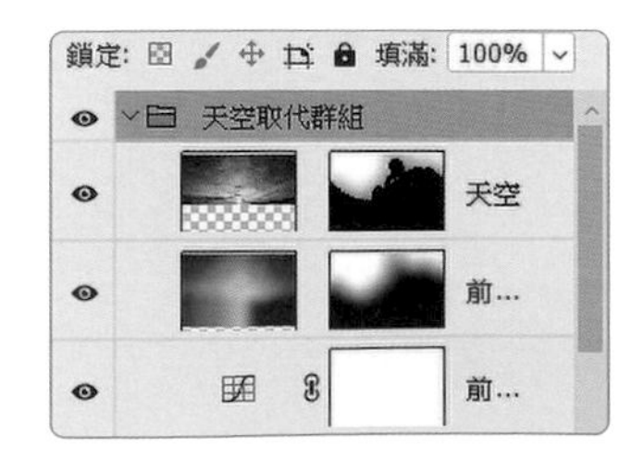

匯入圖片
快速移除背景

A> 匯入圖片

1. 先開啟範例 Pic002.JPG
   就是目前的「背景」圖層
2. 功能表「檔案」
   執行「置入嵌入的物件」
   選取範例 Pic003.JPG
3. 圖片置入後先不調整尺寸
   直接按 Enter
4. 顯示「智慧型物件」圖層

B> 選取主體

一看就知道「無敵」好選，天空這麼乾淨(可惜鏡頭有點髒)，應該一秒鐘就能選好！

1. 功能表「選取」
   執行「主體」
2. 立刻選到「蘇格拉底」
   手中間的空隙很重要
3. 單響「魔術棒工具」
4. 使用「減去」模式
5. 容許度「30」左右
6. 單響手中間的天空

C> 選取範圍轉換為遮色片

1. 編輯區的選取範圍建立完成
2. 單響「增加遮色片」
   選取範圍轉換為圖層遮色片
   黑色能遮住天空
   白色顯示「蘇格拉底」石像
3. 單響「移動工具」
   將蘇格拉底拖曳到上方
   頭、手、部份膝蓋
   都要拉到天空
   就像楊比比目前拉的高度

D> 調整遮色片範圍

1. 單響「筆刷工具」
2. 單響選項列的筆尖圖案
   筆刷尺寸可以使用
   左右中括號（[ ]）調整
   硬度「0%」
3. 前景色「黑色」
4. 單響「圖層遮色片」
   確認在遮色片中使用筆刷
5. 遮掉蘇格拉底的座椅
   大概就可以
   不需要很精準

岩石雕像合成
階段二

岩石紋理佈滿蘇格拉底的雕像

A> 變更混合模式

1. 確認選取圖層 Pic003
2. 指定混合模式「實光」
3. 單響「移動工具」
4. 拖曳蘇格拉底雕像
   再調整一下位置
   讓衣服下擺貼合岩石紋路
   也可以使用筆刷工具
   再調整一下遮色片範圍

B> 複製圖層遮色片

1. 單響「建立新圖層」按鈕
2. 建立空白透明的圖層
3. 按著 Alt 鍵不放
   拖曳 Pic003 的遮色片
   到新增的圖層上
   就能複製出相同的遮色片
   雙響圖層名稱「重新命名」

複製圖層遮色片

複製圖層遮色片最容易出錯的地方就是 Alt 鍵放的太早，一定要將遮色片拖曳到新圖層上，確認遮色片複製出來，才能放開 Alt 鍵。

C> 仿製岩石紋理

1. 單響「印章仿製」圖層縮圖
2. 單響「仿製印章工具」
3. 單響選項列筆尖圖案
   使用大尺寸的仿製筆刷
   圖層中已經有遮色片
   不會超出範圍
4. 樣本「目前及底下的圖層」
5. 按 Alt 鍵 + 單響
   指定仿製來源
6. 移動到蘇格拉底石雕上
   拖曳仿製筆刷

D> 隨時調整仿製來源點

1. 確認在「印章修補」圖層上
2. 再次按 Alt + 單響岩石
   變更複製來源
3. 仿製印章移動
   到蘇格拉底石雕上
   繼續拖曳塗抹
   蘇格拉底的臉
   盡量找明亮一點的岩石紋理
   一旦發現來源點有問題
   就再按著 Alt + 單響岩石
   再次變更仿製來源

天空取代

/ Photoshop 2021 (v22.x) 以上適用

A> 準備好天空取代的圖層

1. 單響最上方圖層
   就是 Pic003
2. 按 Ctrl + Shift + Alt + E
   將目前圖層以下的所有圖層
   合併起來成為新圖層
   這稱為「蓋印圖層」
3. 確認選取合併出來的圖層
4. 功能表「編輯 - 天空取代」

B> 選取天空素材

1. 單響「天空」
2. 開啟「壯觀」選單
3. 單響天空素材
4. 使用「移動工具」
5. 將指標移動到編輯區
   可以拖曳調整天空位置

可以自己增加「天空素材」嗎？

當然可以。同學可以單響選單下的「+」按鈕，選取電腦中的天空圖片，很方便喔！

C> 天空與地景接合的範圍

1. 調移邊緣
   控制素材顯示的多寡
2. 淡化邊緣
   控制素材邊緣模糊的範圍
3. 天空調整可以控制
   素材亮度、色溫、縮放
4. 前景調整可以控制
   地景的「光源」與「顏色」
5. 天空素材輸出至「新圖層」
6. 單響「確定」按鈕

D> 新增天空取代群組

1. 單響「箭頭記號」
   展開「天空取代群組」
   我們修改過的參數越多
   圖層數量也越多
2. 如果要修改天空素材的明暗
   可以雙響調整圖層縮圖
3. 在「內容」面板修改參數

辛苦大家囉

完成後請將檔案以能保留圖層結構的 TIF（或是 PSD）儲存下來，謝謝大家這段時間的辛苦（很乖）我是楊比比，下次課程再見！

完稿日期 2021.09.07　20：20 於桃園

我想學設計！人氣精選Photoshop影像編修技：工具 x 調色 x 文字 x 合成 x 廣告設計

作　　者：楊比比
企劃編輯：王建賀
文字編輯：王雅雯
設計裝幀：張寶莉
發 行 人：廖文良

發 行 所：碁峰資訊股份有限公司
地　　址：台北市南港區三重路 66 號 7 樓之 6
電　　話：(02)2788-2408
傳　　真：(02)8192-4433
網　　站：www.gotop.com.tw
書　　號：ACU083900
版　　次：2021 年 10 月初版
2023 年 09 月初版二刷
建議售價：NT$390

國家圖書館出版品預行編目資料

我想學設計！人氣精選 Photoshop 影像編修技：工具 x 調色 x 文字 x 合成 x 廣告設計 / 楊比比著. -- 初版. -- 臺北市：碁峰資訊, 2021.10
面；　公分
ISBN 978-986-502-964-7(平裝)
1.數位影像處理
312.837　　110016271

讀者服務

- 感謝您購買碁峰圖書，如果您對本書的內容或表達上有不清楚的地方或其他建議，請至碁峰網站：「聯絡我們」\「圖書問題」留下您所購買之書籍及問題。（請註明購買書籍之書號及書名，以及問題頁數，以便能儘快為您處理）
http://www.gotop.com.tw

- 售後服務僅限書籍本身內容，若是軟、硬體問題，請您直接與軟體廠商聯絡。

- 若於購買書籍後發現有破損、缺頁、裝訂錯誤之問題，請直接將書寄回更換，並註明您的姓名、連絡電話及地址，將有專人與您連絡補寄商品。